"十四五"职业教育国家规划教材  高职高专土建专业"互联网+"创新规划教材

建筑工程测量

（含实验指导手册）

第三版

主　编◎石　东　陈向阳
副主编◎许　茜　李瑞红　吴生海
主　审◎肖凯成

内 容 简 介

本书是高职高专土建专业"互联网+"创新规划教材之一,反映了建筑工程测量的最新动态。本书结合大量工程实例,并参照中华人民共和国住房和城乡建设部颁发的《工程测量标准》(GB 50026—2020)及相关标准,系统地阐述了建筑工程测量包含的内容、各种测量仪器的构造和使用方法、地形图的测绘方法及应用、施工测量的基本工作、建筑物的定位放样、施工测量等。

本书介绍了建筑工程测量中普遍采用的水准仪、经纬仪和钢尺等常规测绘技术,还详细介绍了电子经纬仪、光电测距仪、全站仪和全球导航卫星系统定位等现代测绘技术。本书主要包括测量概述、水准测量、角度测量、距离测量与直线定向、全站仪及其使用、小地区控制测量、GNSS 技术、地形图的基本知识、地形图测绘、地形图的应用、施工测量的基本工作、建筑工程施工测量概述等内容。此外,本书还附有实验指导手册,供读者参考使用。

本书可作为高职高专院校建筑工程类相关专业的教材和指导用书,也可作为相关工程技术人员培训和自学的参考用书。

图书在版编目(CIP)数据

建筑工程测量/石东,陈向阳主编. —3 版. —北京:北京大学出版社,2023.7
高职高专土建专业"互联网+"创新规划教材
ISBN 978-7-301-33854-4

Ⅰ. ①建… Ⅱ. ①石… ②陈… Ⅲ. ①建筑测量—高等职业教育—教材 Ⅳ. ①TU198

中国国家版本馆 CIP 数据核字(2023)第 051627 号

书　　　名	建筑工程测量(第三版) JIANZHU GONGCHENG CELIANG(DI-SAN BAN)
著作责任者	石　东　陈向阳　主编
策划编辑	杨星璐　刘健军
责任编辑	王莉贤　赵思儒
数字编辑	蒙俞材
标准书号	ISBN 978-7-301-33854-4
出版发行	北京大学出版社
地　　　址	北京市海淀区成府路 205 号　100871
网　　　址	http://www.pup.cn　新浪微博:@北京大学出版社
电子信箱	编辑部 pup6@pup.cn　总编室 zpup@pup.cn
电　　　话	邮购部 010-62752015　发行部 010-62750672　编辑部 010-62750667
印刷者	天津中印联印务有限公司
经销者	新华书店
	787 毫米×1092 毫米　16 开本　21 印张　511 千字 2011 年 10 月第 1 版　2017 年 6 月第 2 版 2023 年 7 月第 3 版　2025 年 8 月第 6 次印刷(总第 23 次印刷)
定　　　价	59.00 元(含实验指导手册)

未经许可,不得以任何方式复制或抄袭本书之部分或全部内容。
版权所有,侵权必究
举报电话:010-62752024　电子邮箱:fd@pup.cn
图书如有印装质量问题,请与出版部联系,电话:010-62756370

第三版前言

本书依据高等职业院校建筑工程技术专业的培养目标和教学大纲编写，是编者在总结多年高职高专教学改革经验以及工程实践经验的基础上编写而成的。在编写上，本书力求基本理论讲授准确，使各部分内容紧扣工程的实际运用和培养目标，文字简练，图文并茂，使读者易于理解；力求体现高职高专对学生注重应用能力培养的特点，便于学生巩固理论知识，培养实际应用的综合能力。

本书第一版于 2011 年 10 月出版发行，随着建筑工程测量技术的发展和建筑测量仪器的日新月异，以及高职高专建筑工程技术专业的特点变化，2017 年 6 月在第一版的基础上修订后出版发行第二版，以"互联网+"教材的思路对教材进行了升级，将平时教学时搜集整理的各种形式的学习素材（视频、图片、案例、规范、习题、课后题答案等），通过二维码的形式链接到书中相关的知识点处，读者可以通过手机的"扫一扫"功能进行查看。现在我们又在第二版的基础上完成了修订，在修订过程中，融入党的二十大精神，突出职业素养的培养，全面贯彻党的二十大内容。第三版主要是增加了第 2 章电子水准仪和第 3 章电子经纬仪的详细介绍，针对具体仪器，做了仪器如何使用的讲解；对第 5 章全站仪及其使用和第 7 章全球导航卫星系统（GNSS）技术重新进行了编写，使得此部分内容更符合目前发展的需要，更贴合实际工作的内容。同时，对第二版中部分错误进行了纠正。

本书注重理论与实践相结合，采用全新体例编写。书中内容丰富、案例翔实，并附有配套的课件和多种类型的习题供教师使用和读者练习。为积极顺应人工智能发展趋势，本书提供 AI 伴学内容及提示词，引导学生利用生成式人工智能（GenAI）工具，如 DeepSeek、Kimi、文心一言等来进行拓展学习。

本书共 12 章，教学时数建议按 74 学时安排，其中 20 学时为实训课时。各学校可根据实际情况及不同专业灵活安排。

学习内容与建议学时见下表。

学习内容	建议学时		
	理论学时	实践学时	合计
第 1 章　测量概述	2	0	2
第 2 章　水准测量	6	4	10
第 3 章　角度测量	6	4	10
第 4 章　距离测量与直线定向	4	2	6
第 5 章　全站仪及其使用	6	4	10
第 6 章　小地区控制测量	6	0	6
第 7 章　全球导航卫星系统（GNSS）技术	4	2	6

续表

学习内容	建议学时		
	理论学时	实践学时	合计
第 8 章 地形图的基本知识	2	0	2
第 9 章 地形图测绘	3	0	3
第 10 章 地形图的应用	3	0	3
第 11 章 施工测量的基本工作	4	2	6
第 12 章 建筑工程施工测量概述	8	2	10
合计	54	20	74

  本书第三版由南通职业大学石东和陈向阳担任主编，南通职业大学许茜、李瑞红、吴生海担任副主编。具体编写分工如下：第 4、10、11、12 章由石东编写，第 3、6、7 章由陈向阳编写，第 1、2 章由许茜编写，第 8、9 章由李瑞红编写，第 5 章由吴生海编写。全书由石东统稿，并由常州工程职业技术学院肖凯成担任主审。

  本书第二版由南通职业大学石东和陈向阳担任主编，南通职业大学夏泽龙和焦作大学李丽担任副主编。具体编写分工如下：第 1、4、8、9、10、11、12 章由石东编写，第 2 章由李丽编写，第 3、6、7 章由陈向阳编写，第 5 章由夏泽龙编写。全书由石东统稿，并由常州工程职业技术学院肖凯成担任主审。

  本书第一版由南通职业大学石东和陈向阳担任主编，陈明杰、向环丽、宋向东和孙伟担任副主编。

  本书在编写过程中，参考和引用了国内外大量文献资料，在此谨向原书作者表示衷心感谢。由于时间仓促，加之编者水平有限，书中难免存在不妥和疏漏之处，恳请广大读者批评指正。如有意见或建议请发邮件至 958557225@qq.com。

编 者

目录 catalog

第 1 章 测量概述 ············ 001
1.1 建筑工程测量的任务 ············ 004
1.2 地面点位的确定 ············ 005
1.3 测量工作概述 ············ 014
本章小结 ············ 017
思考题与习题 ············ 017

第 2 章 水准测量 ············ 019
2.1 水准测量原理 ············ 022
2.2 水准测量的仪器和工具 ············ 023
2.3 水准仪的使用 ············ 026
2.4 水准测量的施测方法 ············ 029
2.5 水准测量的成果计算 ············ 035
2.6 水准仪的检验与校正 ············ 038
2.7 水准测量误差及注意事项 ············ 042
2.8 精密水准仪、自动安平水准仪和电子水准仪 ············ 044
本章小结 ············ 053
思考题与习题 ············ 054

第 3 章 角度测量 ············ 057
3.1 角度测量原理 ············ 060
3.2 光学经纬仪的构造 ············ 061
3.3 经纬仪的使用概述 ············ 064
3.4 水平角测量 ············ 067
3.5 竖直角测量 ············ 071
3.6 经纬仪的检验与校正 ············ 075
3.7 角度测量误差与注意事项 ············ 079
3.8 其他经纬仪简介 ············ 081
本章小结 ············ 085
思考题与习题 ············ 085

第 4 章 距离测量与直线定向 ············ 088
4.1 钢尺量距 ············ 090

4.2	普通视距测量	099
4.3	光电测距	102
4.4	直线定向	105
本章小结		108
思考题与习题		109

第5章 全站仪及其使用 ... 111

5.1	全站仪的结构与功能概述	114
5.2	测量前的准备工作	116
5.3	全站仪常规测量工作	119
本章小结		127
思考题与习题		128

第6章 小地区控制测量 ... 129

6.1	控制测量概述	131
6.2	导线测量的外业工作	134
6.3	导线测量的内业计算	137
6.4	交会定点	146
6.5	高程控制测量	149
本章小结		155
思考题与习题		155

第7章 全球导航卫星系统(GNSS)技术 ... 158

7.1	全球导航卫星系统概述	160
7.2	GNSS 的组成	161
7.3	GNSS 定位原理	163
7.4	GNSS 测量常用坐标系	168
7.5	RTK 测量应用	169
7.6	北斗卫星导航系统简介	176
本章小结		183
思考题与习题		183

第8章 地形图的基本知识 ... 184

8.1	地形图的比例尺	187
8.2	地形图的图名、分幅与编号、图廓及接合图表	189
8.3	地物符号	191
8.4	地貌符号	199
本章小结		204
思考题与习题		204

第 9 章 地形图测绘 ... 206
- 9.1 测图前的准备工作 ... 209
- 9.2 地形图的测绘 ... 210
- 9.3 地形图的拼接、检查与整饰 ... 215
- 9.4 数字测图概述 ... 217
- 本章小结 ... 219
- 思考题与习题 ... 219

第 10 章 地形图的应用 ... 220
- 10.1 地形图的识读 ... 223
- 10.2 地形图应用的基本内容 ... 224
- 10.3 地形图在工程规划设计中的应用 ... 230
- 本章小结 ... 235
- 思考题与习题 ... 235

第 11 章 施工测量的基本工作 ... 237
- 11.1 施工测量概述 ... 239
- 11.2 测设的基本工作 ... 240
- 11.3 测设点位的方法 ... 244
- 11.4 已知坡度线的测设 ... 247
- 11.5 建筑施工场地的控制测量 ... 248
- 本章小结 ... 252
- 思考题与习题 ... 253

第 12 章 建筑工程施工测量概述 ... 254
- 12.1 民用建筑施工测量 ... 256
- 12.2 高层建筑施工测量 ... 264
- 12.3 工业建筑施工测量 ... 268
- 12.4 建筑物变形观测 ... 276
- 12.5 竣工总平面图的编绘 ... 281
- 本章小结 ... 283
- 思考题与习题 ... 283

AI 伴学内容及提示词 ... 284

参考文献 ... 286

思维导图

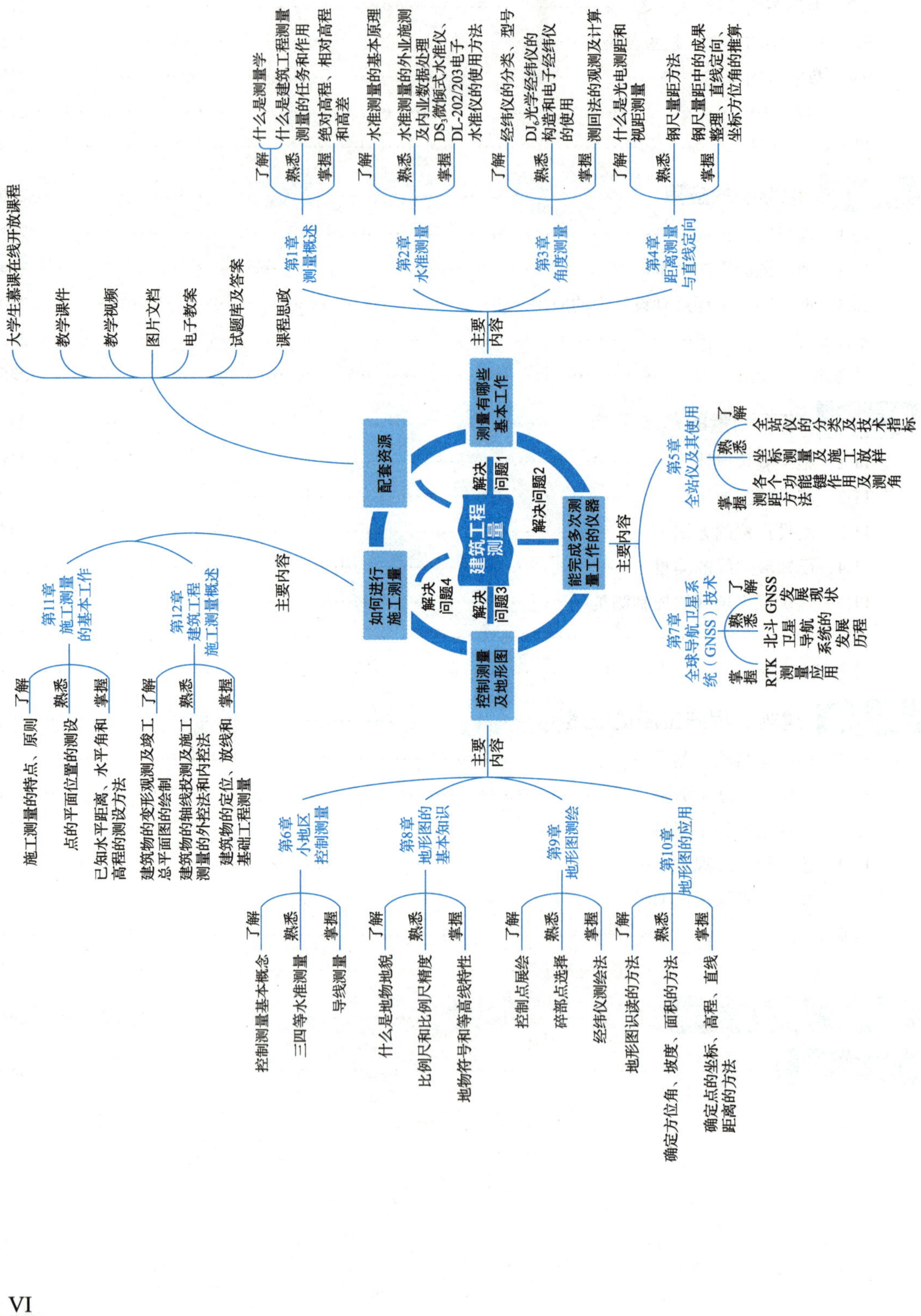

第 1 章 测 量 概 述

教学目标

(1) 掌握工程测量的基本概念、任务与作用；理解地面点位的确定，绝对高程、相对高程和高差的概念；理解水准面、大地水准面、地理坐标系、高斯平面直角坐标系、独立平面直角坐标系；了解用水平面代替水准面的限度。

(2) 掌握测量工作的基本内容、测量工作应遵循的基本原则；掌握常用的测量元素和单位。

教学重点

确定地面点位的方法；绝对高程、相对高程和高差的概念；平面直角坐标系的应用。

教学难点

大地水准面的理解以及高程基准面的选取；高斯平面直角坐标系的建立。

思维导图

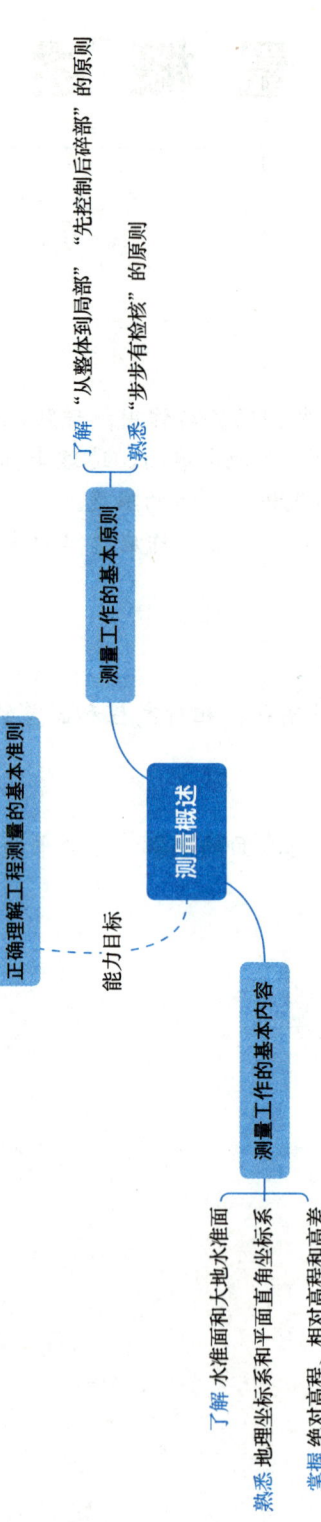

第 1 章 测量概述

章节导读

一个陌生人找你,你可以说明你所在区域的相对位置;如果你身处地震灾区或者一个陌生的荒岛,要对你的位置做一个确切的描述,只有通过你所处位置的坐标和高程。本章就此讲解以下内容:建筑工程测量在建筑施工中的主要任务,空间点的平面位置和高程的确定,绝对高程和相对高程基准面的选取,确定坐标时坐标系的选用,坐标系的建立,测量工作的基本内容和应遵循的原则,分析用水平面代替水准面的限度,测量采用的计量单位等。掌握本章内容是学好建筑工程测量的前提和基础。

案例引入

公元前 210 年 6 月,盛夏的烈日高悬在古埃及亚历山大古城的上空。行人都不愿在骄阳下久留,只有一位秃顶的老人,肩披一件白色宽袍,跟着骆驼的步子。骆驼冉冉向前,每走一步,驼铃就"啮"的响一声。老人聚精会神地数呀数,当骆驼走完 1000 步,老人就在手中的一根木棍上刻上一道刀痕。就这样,老人随着骆驼在炽热的沙漠上朝南走,一直走到赛伊尼(今阿斯旺)。

经过几十次反复的测量,老人终于计算出了从亚历山大古城到赛伊尼(今阿斯旺)的距离,还利用正午太阳的投影计算出地球子午线的长度,然后推算出地球南北极的直径是 12630824m。这是人类第一次推算出地球的极直径。这位老人就是古希腊的科学家埃拉托色尼。引例图给出了地球的卫星图片和埃拉托色尼推算出的夏至正午的亚历山大古城的太阳光线斜度。

(a)地球的卫星图片

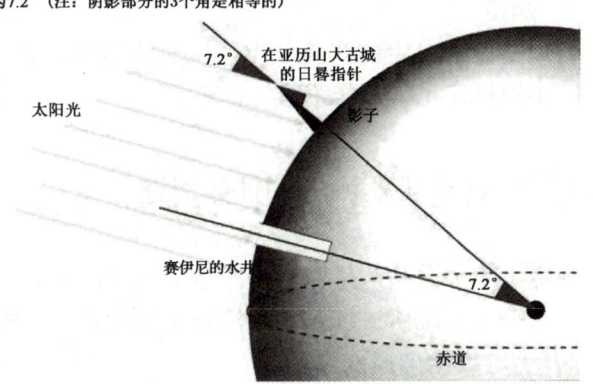
(b)夏至正午的亚历山大古城的太阳光线斜度

引例图　地球的卫星图片和夏至正午的亚历山大古城的太阳光线斜度

经过了 1700 多年,到公元 1553 年春,法国巴黎的费涅尔博士乘着马拉的轿车,驶向避暑胜地亚眠。他一面闭目养神,一面数着车轮的转数。车到亚眠,他量了一下轿车轮子的直径,坐下来就算了起来。不一会儿,费涅尔博士就算出了巴黎到亚眠的距离。接着,他也利用正午太阳的位置,算出地球南北极直径的数值是 12680253m。

又过了近 200 年,1735 年 5 月 16 日,一艘法国军舰护送着一支由天文学家、数学家和制图学家组成的考察队,从法国的拉罗谢尔港出发,驶向南美。舰上配备着当时最新的测量工具、转镜经纬仪、望远镜等仪器。经过8年的考察，1743年，他们宣布了地球南北极直径的数值为12707216m。1841年，著名的德国天文学家贝塞尔精心计算了关于地球的一系列数据。他宣布，地球南北极直径应该是12712156m。第二次世界大战结束后，美国空军利用先进的航空测量技术，对地球南北极直径又做了一次更为精确的测量，测量结果是12713756m。20世纪60年代初，科学家借助人造卫星和电子计算机，计算出了地球南北极直径是12713884m。

1976年，国际天文学联合会宣布了地球赤道半径的数字，根据这个数字推算，地球南北极直径应该是12713510m。这个数字以后还会不会再次修正呢？

1.1 建筑工程测量的任务

1.1.1 测量学的概念

测量学是研究地球的形状、大小，以及确定地面点位的科学，它包括测定和测设两部分。

1. 测定

测定是指使用测量仪器和工具，通过测量和计算，得到一系列测量数据，可将地球表面的地物和地貌缩绘成地形图，供经济建设、国防建设、规划设计及科学研究使用。

2. 测设

测设是指用一定的测量仪器、工具和方法，将设计图样上规划设计好的建(构)筑物位置，在实地标定出来，作为施工的依据。

1.1.2 建筑工程测量的任务概述

建筑工程测量是测量学的一个重要组成部分。它是研究建筑工程在勘测、设计、施工，以及运营管理阶段所进行的各种测量工作的理论、技术和方法的学科。它的主要任务如下。

1. 测绘大比例尺地形图

把工程建设区域内的各种地面物体的位置和形状以及地面的起伏状态，依照规定的符号和比例尺绘成地形图，为工程建设的规划设计提供必要的图样和资料。

2. 建筑物的施工测量

把图样已设计好的建(构)筑物，按设计要求在现场标定出来，作为施工的依据；配合建筑施工，进行各种测量工作，以保证施工质量；开展竣工测量，为工程验收，日后扩建和维修管理提供资料。

3. 建筑物的变形观测

对于一些重要的建(构)筑物，在施工和运营期间，为了确保安全，应定期对建(构)筑物进行变形观测。

总之，测量工作贯穿于工程建设的整个过程，测量工作的质量直接关系到工程建设的速度和质量。因此，任何从事工程建设的人员，都必须掌握必要的测量知识和技能。

> **特别提示**
>
> 　　施工阶段测量的内容主要有：场地平整、建筑物的定位放线(角桩、轴线控制桩的确定，开挖边界线的确定等)、基础工程(基坑高程传递、垫层轴线投测等)、主体砌筑工程中的施工测量、竣工测量及变形观测等。

1.2　地面点位的确定

1.2.1　地球的形状和大小

1. 水准面和水平面

测量工作是在地球的自然表面进行的，而地球自然表面是不平坦和不规则的，有高达 8848.86m 的珠穆朗玛峰，也有深至 10909m 的马里亚纳海沟，虽然它们高低起伏悬殊，但与地球的半径 6371km 相比较，还是可以忽略不计的。另外，地球表面海洋面积约占 71%，陆地面积仅占 29%，因此，人们设想以一个静止不动的海水面延伸穿越陆地，形成一个闭合的曲面包围了整个地球，这个闭合曲面称为水准面。水准面的特点是：水准面上任意一点的铅垂线都垂直于该点的曲面。与水准面相切的平面，称为水平面。

拓展讨论

1975 年 5 月 27 日，我国测量登山队从北坡登上珠穆朗玛峰(简称珠峰)峰顶，展开了中国国旗，测量了峰顶积雪厚度，竖起红色金属测量觇标。这是人类测量史上首次将觇标带至珠峰顶峰。同年 7 月 23 日，我国政府宣布：我国测绘工作者精确测得珠峰的海拔高程为 8848.13m(已减去积雪厚度 0.92m)。

2005 年 3 月，我国再度启动珠峰高程复测。同年 10 月 9 日，原国家测绘局正式公布：珠峰峰顶岩石面海拔高程为 8844.43m。

2020 年，第三次珠峰高程测量重新定义了世界最高峰的高程为 8848.86m。此次测量中，我国首次将 5G 和北斗卫星导航系统结合，具有一定的技术突破。党的二十大报告中指出，增强全党全国各族人民的志气、骨气、底气，不信邪、不怕鬼、不怕压，知难而进、迎难而上，统筹发展和安全，全力战胜前进道路上各种困难和挑战，依靠顽强斗争打开事业发展新天地。本次登顶测量一波三折，但测量登山队顶住压力，展现了为国测绘、为国攀登、不屈不挠的精神。本次测量，表明我国珠峰高程测量和测绘综合科学技术水平，已经走到了世界前列。

请思考：珠穆朗玛峰在 2020 年的测量是如何完成的？克服了哪些艰难险阻？

2. 大地水准面

事实上，海水受潮汐及风浪的影响，时高时低，所以水准面有无数个，其中与平均海水面相吻合的水准面称为大地水准面，它是测量工作的基准面。由大地水准面所包围的形体，称为大地体，它代表了地球的自然形状和大小。

3. 铅垂线

由于地球的自转，地球上任意一点都同时受到离心力和地球引力的作用，这两个力的合力称为重力，重力的方向线称为铅垂线，它是测量工作的基准线。在 O 点悬挂一吊锤，在重力作用下形成下垂线，即为悬挂点 O 的铅垂线，如图 1.1 所示。

4. 地球椭球体

由于地球内部质量分布不均匀，引起铅垂线的方向产生不规则的变化，致使大地水准面成为一个有微小起伏的复杂曲面，如图 1.2(a) 所示，人们无法在这样的曲面上直接进行测量数据的处理。为了解决这个问题，人们选用了一个既非常接近大地水准面，又能用数学式表示的几何形体来代表地球形状，这个几何形体是由椭圆 NWSE 绕其短轴 NS 旋转而成的旋转椭球体，又称为地球椭球体，其表面称为参考椭球面，如图 1.2(b) 所示。

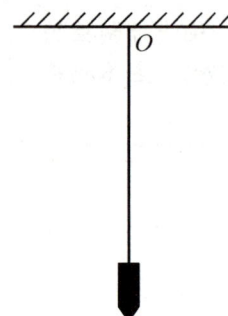

图 1.1 铅垂线

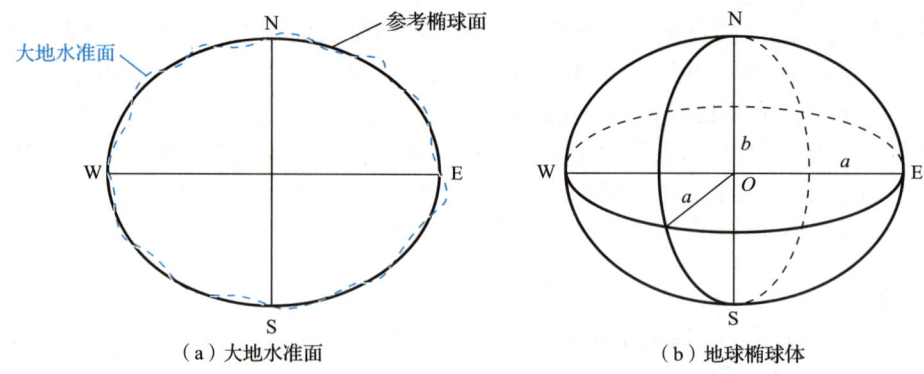

（a）大地水准面　　　　　　（b）地球椭球体

图 1.2 大地水准面与地球椭球体

决定地球椭球体形状和大小的参数有椭圆的长半径 a、短半径 b 及扁率 f，其关系式为

$$f = \frac{a-b}{a} \tag{1-1}$$

我国目前采用的地球椭球体的参数值为 $a = 6378137\text{m}$，$b = 6356752.31414\text{m}$，$f = 1 : 298.257222101$。

由于地球椭球体的扁率 f 很小，当测量的区域不大时，可将地球看作半径为 6371km 的圆球。

在小范围内进行测量工作时，可以用参考椭球面或水平面代替大地水准面。

1.2.2 确定地面点位的方法

测量工作的实质是确定地面点的空间位置，而地面点的空间位置需由 3 个参数来确定，其中两个参数是地面点沿着投影线(铅垂线或法线)在投影面(大地水准面、参考椭球面或水平面)上的坐标；第 3 个参数是点沿着投影线到投影面的距离(高程)。

> **特别提示**
>
> 为了确定地面点的高程位置，实际测量中以铅垂线为基准线，大地水准面作为测量工作的基准面。但是由于大地水准面是不规则的曲面，实际计算时一般选用与大地水准面接近的参考椭球面。

1. 地面点的高程

1) 绝对高程

地面点到大地水准面的铅垂距离，称为该点的绝对高程，简称高程，用 H 表示，如图 1.3 所示，地面点 A、B 的高程分别为 H_A、H_B。

我国在青岛设立了验潮站，长期观测和记录黄海海水面的高低变化，并取其平均值作为绝对高程的基准面。目前，我国采用的"1985 年国家高程基准"，是以 1952 年至 1979 年青岛验潮站观测资料确定的黄海平均海水面作为绝对高程基准面制定的基准，并在青岛建立了国家水准原点，其高程为 72.260m。

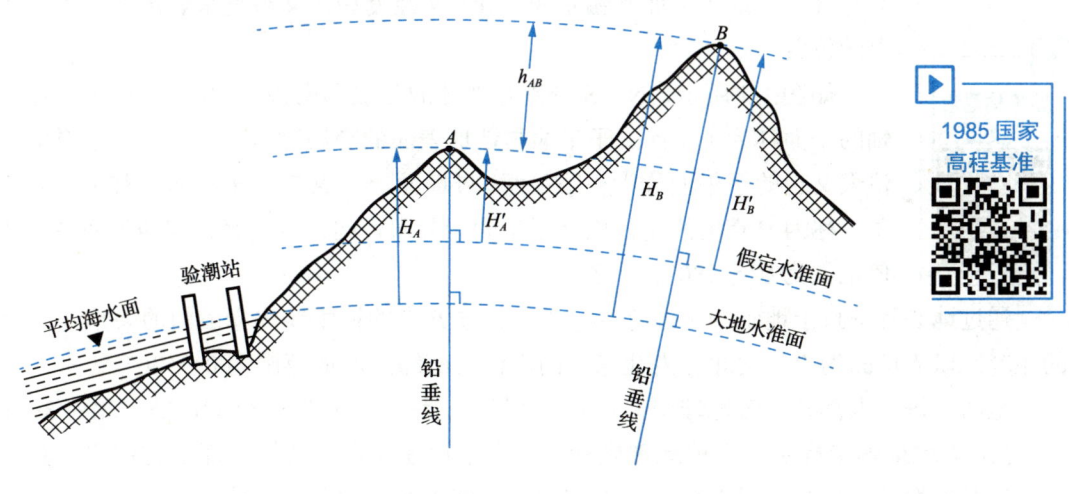

图 1.3 高程

2) 相对高程

个别地区采用绝对高程有困难时，也可以假定一个水准面作为高程起算的基准面，这个水准面称为假定水准面，地面点到假定水准面的铅垂距离，称为该点的相对高程或假定高程。图 1.3 中，A、B 两点的相对高程为 H'_A、H'_B。

3) 高差

地面两点间的高程之差称为高差，用 h 表示。高差有方向和正负之分，图 1.3 中，A、B 两点的高差为

$$h_{AB}=H_B-H_A \tag{1-2}$$

当 h_{AB} 为正时，B 点高于 A 点；当 h_{AB} 为负时，B 点低于 A 点。B、A 两点的高差为

$$h_{BA}=H_A-H_B \tag{1-3}$$

由此可见，A、B 两点的高差与 B、A 两点的高差绝对值相等，符号相反。即

$$h_{AB}=-h_{BA} \tag{1-4}$$

> **特别提示**
>
> 地面点的平面坐标可根据实际工作选用合适的坐标系来表示，不同坐标系之间可以相互转换。

2. 地面点的坐标

经线经度

原格林尼治天文台

地面点的坐标表示方法与所选用的坐标系有关。测量中常用的坐标系有地理坐标系和平面直角坐标系两种。

1) 地理坐标系

地面点在球面上的位置常采用经度和纬度来表示，称为地理坐标。

(1) 天文地理坐标系。天文地理坐标表示地面点在大地水准面上的位置，其基准是大地水准面和铅垂线，用天文经度和天文纬度来表示地面点在球面上的位置。

如图 1.4 所示，N、S 分别是地球的北极和南极，NS 称为地轴。包含地轴的平面称为子午面。子午面与地球表面的交线称为子午线。通过原格林尼治天文台的子午面称为首子午面。过地面上一点 P 的子午面与首子午面的夹角，称为 P 点的经度。以首子午面为界限，向东为东经，向西为西经，其取值范围为 0°～180°。

通过地心且垂直于地轴的平面称为赤道面。过 P 点的铅垂线与赤道面的夹角称为 P 点的纬度。以赤道面为界，向北称为北纬，向南称为南纬，取值范围为 0°～90°。

地面上每一点都有一对地理坐标，如北京某点的地理坐标为东经 116°28′，北纬 39°54′。

(2) 大地地理坐标系。大地地理坐标用于表示地面点在参考椭球面上的位置，其基准是参考椭球面及其法线，用大地经度 L 和大地纬度 B 表示地面点的位置。

如图 1.5 所示，过 P 点的大地子午面和首子午面所夹的两面角称为 P 点的大地经度 L；过 P 点的参考椭球面法线与赤道面的夹角称为 P 点的大地纬度 B；P 点沿参考椭球面法线到参考椭球面上的距离称为 P 点的大地高程 H；则 P 点的大地地理坐标为 (B, L, H)。

我国目前常用的坐标系有"1954 北京坐标系""1980 西安坐标系""2000 国家大地坐标系""WGS-84 坐标系(World Geodetic System)"。

"1954 北京坐标系"是中华人民共和国成立初期采用克拉索夫斯基椭球建立的参考坐标系。由于大地原点在苏联，我国便以东北边境呼玛、吉拉林、东宁 3 个点与苏联大地网联测后的坐标作为我国天文大地网起算数据，然后通过天文大地网坐标计算，推算出北京

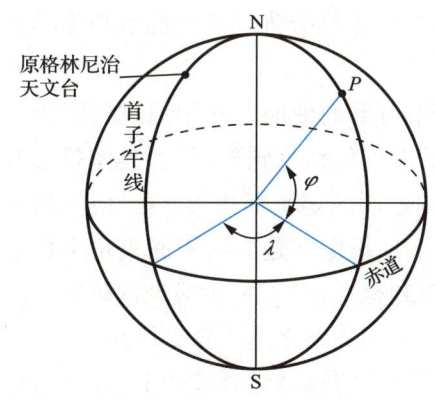
图 1.4 天文地理坐标系

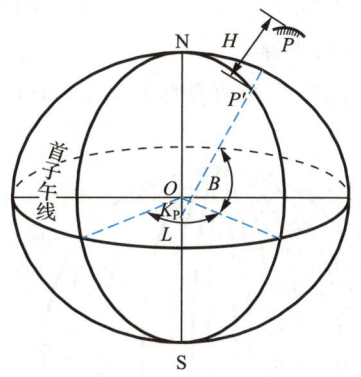
图 1.5 大地地理坐标系

一点的坐标,故命名为"1954 北京坐标系"。中华人民共和国成立以来,用这个坐标系进行了大量的测绘工作,在我国经济建设和国防建设中发挥了重要作用。但是这个坐标系存在一些问题,导致点位精度不高。

为了更好地适应经济建设、国防建设和地球科学研究的需要,克服"1954 北京坐标系"存在的问题,充分发挥我国原有天文大地网的潜在精度,我国于 20 世纪 70 年代末,对原大地网重新进行平差,建立了"1980 西安坐标系"。

随着社会的进步,国民经济建设、国防建设、科学研究等领域对国家大地坐标系提出了新的要求,迫切需要采用原点位于地球质心的坐标系(简称地心坐标系)作为国家大地坐标系。采用地心坐标系,有利于采用现代空间技术对坐标系进行维护和快速更新,测定高精度大地控制点三维坐标,并提高测图工作效率。

大地原点

自 2008 年 7 月 1 日起,我国全面启用"2000 国家大地坐标系"。

"2000 国家大地坐标系"的原点为包括海洋和大气的整个地球的质心;"2000 国家大地坐标系"的 z 轴由原点指向历元 2000.0 的地球参考极的方向,该历元的指向由国际时间局给定的历元为 1984.0 的初始指向推算,定向的时间演化保证相对于地壳不产生残余的全球旋转,x 轴由原点指向首子午线与地球赤道面(历元 2000.0)的交点,y 轴与 z 轴、x 轴构成右手正交坐标系。

"WGS-84 坐标系"是世界大地坐标系,是美国国防部为进行 GPS 导航定位于 1984 年建立的地心坐标系,其坐标系的原点位于地球质心,采用 WGS-84 椭球定义,可与参心坐标系(如"1954 北京坐标系"和"1980 西安坐标系")相互转换。

利用全球定位系统(Global Positioning System,GPS)得到的地面点位置就是 WGS-84 坐标。

2) 平面直角坐标系

地理坐标系是大地测量的基本坐标系,它对于解算大地问题、研究地球形状和大小、编制地图都十分有用。但是若将它直接用于地形图测绘,用于工程建设(如规划、设计、施工),并不便于进行各种计算。若将球面上的地理坐标按一定数学法则归算到平面上,在平面上进行数据运算比在椭球面上方便得多。将球面上的图形、数据转到平面上的方法就是地图投影的方法。由于投影方法的不同，所建立的坐标系又分为高斯平面直角坐标系和独立平面直角坐标系。

(1) 高斯平面直角坐标系。地球椭球面是一个不可展的曲面，必须通过投影的方法将地球椭球面的点位换算到平面上。地图投影方法有多种，我国采用的是高斯投影法(采用等角投影原理)，利用高斯投影法建立的平面直角坐标系称为高斯平面直角坐标系。在广大区域内确定点的平面位置，一般采用高斯平面直角坐标系。

高斯投影法将地球划分成若干带，然后将每带投影到平面上。

如图 1.6 所示，投影带是从首子午线起，每隔经度 6°划分一带，称为 6°带，将整个地球划分成 60 个带。带号从首子午线起自西向东编号，0°～6°为第 1 号带，6°～12°为第 2 号带……位于各带中

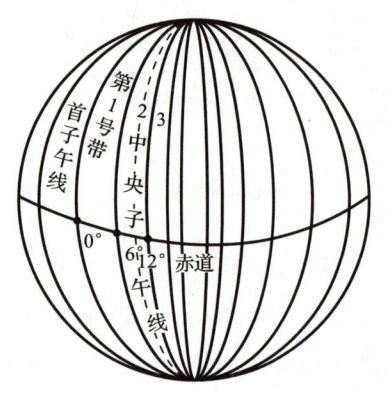

图 1.6　高斯平面直角坐标系的分带(1)

央的子午线称为中央子午线，第 1 号带中央子午线的经度为 3°，设任意号带中央子午线的经度为 λ_0，其值可按式(1-5)计算。

$$\lambda_0 = 6°N - 3° \tag{1-5}$$

式中：N 为 6°带的带号。

为了叙述方便，可把地球看作圆体，并设想把投影面卷成圆柱面套在地球上。

如图 1.7 所示，使圆柱的轴心通过圆球的中心，并与某 6°带的中央子午线相切，在球面图像与柱面图形保持等角的条件下将该 6°带上的图形投影到圆柱面上，将圆柱面沿过南、北极的母线剪开，并展成平面，这个平面称为高斯投影平面。

如图 1.8 所示，投影后在高斯投影平面上中央子午线和赤道的投影是两条互相垂直的直线，其他的经线和纬线是曲线。

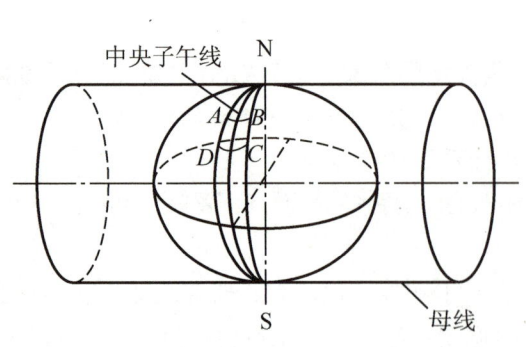

图 1.7　高斯平面直角坐标系的分带(2)

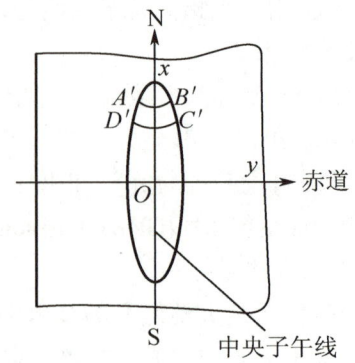

图 1.8　高斯投影平面

规定中央子午线的投影为高斯平面直角坐标系的纵轴 x，赤道的投影为高斯平面直角

坐标系的横轴 y，两坐标的交点为坐标原点 O，并令 x 轴向北为正，y 轴向东为正，由此建立了高斯平面直角坐标系，如图 1.9 所示。

在图 1.9(a)中，地面点 A、B 的平面位置可用高斯平面直角坐标 $(x、y)$ 来表示。

由于我国位于北半球，x 坐标均为正值，y 坐标则有正有负，如图 1.9(a)所示，$y_A=+136780\text{m}$，$y_B=-272440\text{m}$。为了避免 y 坐标出现负值，可将每带的坐标原点向西移 500km，如图 1.9(b)所示。纵轴西移后 A、B 两点的 y 值为

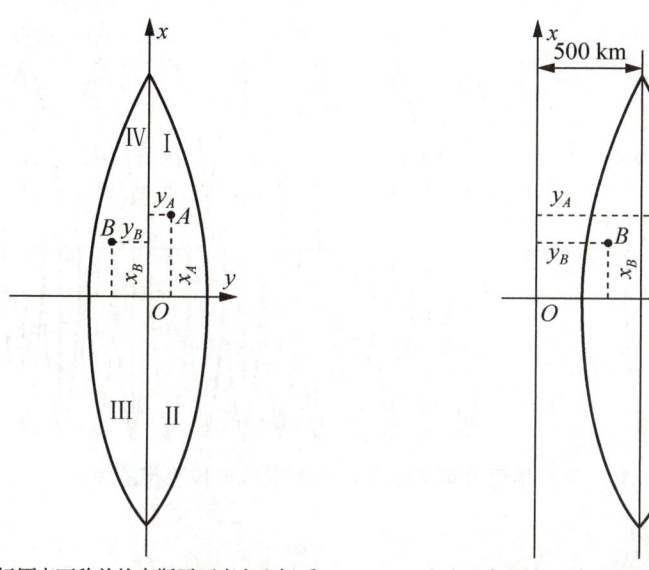

（a）坐标原点西移前的高斯平面直角坐标系　　（b）坐标原点西移后的高斯平面直角坐标系

图 1.9　高斯平面直角坐标系

$$y_A=(500000+136780)\text{m}=636780\text{m}$$
$$y_B=(500000-272440)\text{m}=227560\text{m}$$

为了正确区分某点所处投影带的位置，规定在横坐标值前冠以投影带带号，如 A、B 两点均位于 20 号带，则

$$y_A=20636780\text{m}，y_B=20227560\text{m}$$

在高斯投影中，除中央子午线外，球面上其余的曲线投影后都会产生变形，离中央子午线近的部分变形小，离中央子午线越远则变形越大，两侧对称，当要求投影变形更小时，可采用 3°投影带。

如图 1.10 所示，3°带是从东经 1°30′开始，每隔 3°划分一带，将整个地球划分成 120 号带，每一带按前面所述方法，建立各自的高斯平面直角坐标系。各带中央子午线的经度 λ'_0，可按式(1-6)计算。

$$\lambda'_0=3°n \tag{1-6}$$

式中：n 为 3°带的带号。

(2) 独立平面直角坐标系。当测量范围较小时(如半径不大于 10km 的范围),可以将该测区大地水准面看作平面,并在该面上建立独立平面直角坐标系。如图 1.11 所示,地面点 A 在大地水准面上的投影位置就可以用该平面直角坐标系中的坐标值来确定。

在实际测量中,一般将坐标原点选在测区的西南角,使测区内的点位坐标均为正值(位于Ⅰ象限),并以该测区的真子午线(或磁子午线)的投影为 x 轴,向北为正,与之相垂直的为 y 轴,向东为正,由此建立了该测区的测量平面直角坐标系,如图 1.12 所示。

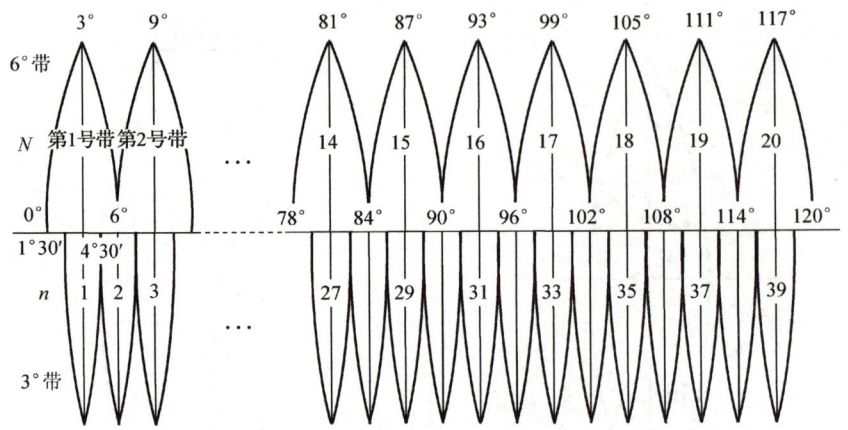

图 1.10 高斯平面直角坐标系 6°投影带与 3°投影带的关系

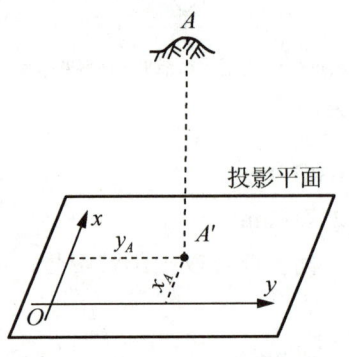

图 1.11 独立平面直角坐标系

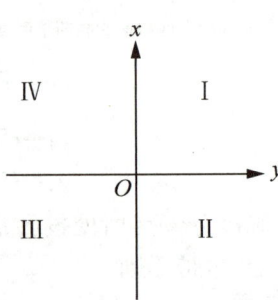

图 1.12 测量平面直角坐标系

上述几种坐标系统之间也是相互联系的,它们以不同的方式来表示地面点的平面位置。

综上所述,只要知道地面点的 3 个参数 x、y、H,那么地面点的空间位置就可以确定了。

特别提示

测量平面直角坐标系与数学上的坐标系在纵轴和象限定义上是不同的,测量平面直角坐标系一般将坐标原点选在测区的西南角,纵轴为子午线的投影,用 x 表示,向北为正,与之相垂直的为 y 轴,向东为正,象限按顺时针方向为Ⅰ、Ⅱ、Ⅲ、Ⅳ。

1.2.3 用水平面代替水准面的限度

由前述可知,当测区范围较小时,可以把水准面看作水平面。为此,要讨论用水平面代替水准面对水平距离、水平角和高程的影响,以便给出用水平面代替水准面的限度。为叙述方便,假定水准面为球面。

1. 对水平距离的影响

如图 1.13 所示,地面上 A、B、C 3 个点在大地水准面上的投影点分别是 a、b、c,用过 a 点的水平面代替水准面,则地面点在水平面上的投影点分别是 a、b'、c'。

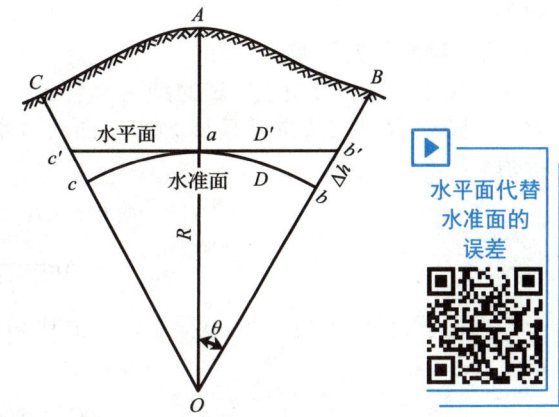

图 1.13 用水平面代替水准面对水平距离和高程的影响

设 ab 的弧长为 D,ab' 的长度为 D',球面半径为 R,D 所对圆心角为 θ,则以水平长度 D' 代替弧长 D 所产生的误差 ΔD 为

$$\Delta D = D' - D = R\tan\theta - R\theta = R(\tan\theta - \theta) \tag{1-7}$$

将 $\tan\theta$ 用级数展开为

$$\tan\theta = \theta + \frac{1}{3}\theta^3 + \frac{2}{15}\theta^5 + \cdots$$

因 θ 角很小,所以只取前两项带入式(1-7),得

$$\Delta D = R\left(\theta + \frac{1}{3}\theta^3 - \theta\right) = \frac{1}{3}R\theta^3 \tag{1-8}$$

将 $\theta = \dfrac{D}{R}$ 代入式(1-8),得

$$\Delta D = \frac{D^3}{3R^2} \tag{1-9}$$

$$\frac{\Delta D}{D} = \frac{D^2}{3R^2} \tag{1-10}$$

取地球半径 $R = 6371\,\mathrm{km}$,并以不同的距离 D 值代入式(1-9)和式(1-10),则可求出距离误差 ΔD 和相对误差 $\Delta D/D$,见表 1-1。

表 1-1 水平面代替水准面的距离误差和相对误差

D/km	ΔD/cm	$\Delta D/D$
5	0.1	1/4870000
10	0.8	1/1220000
20	6.6	1/304000
50	102.7	1/49000
100	821.2	1/12000

由表 1-1 可知，当距离 D 为 10km 时，用水平面代替水准面所产生的距离相对误差为 1∶1220000，这样小的误差，就是对精密的距离测量也是允许的。因此，在半径为 10km 的面积范围内进行距离测量时，可以用水平面代替水准面，而不必考虑地球曲率对距离的影响。

2．对高程的影响

在图 1.13 中，地面点 B 的绝对高程 $H_B=Bb$，用水平面代替水准面时，B 点的高程为 $H'_B=Bb'$，H_B 与 H'_B 的差值即为水平面代替水准面产生的高程误差，用 Δh 表示。由图 1.13 可得

$$(R+\Delta h)^2=R^2+D'^2$$

$$\Delta h=\frac{D'^2}{2R+\Delta h}$$

前面已证明 D' 与 D 相差很小，上式中可用 D 代替 D'，同时 Δh 与 $2R$ 相比很小，可忽略不计，则

$$\Delta h=\frac{D^2}{2R} \tag{1-11}$$

以不同的距离 D 值代入式(1-11)，可求出相应的高程误差 Δh，见表 1-2。

表 1-2　水平面代替水准面的高程误差

距离 D/km	0.1	0.2	0.3	0.4	0.5	1	2	5	10
Δh/mm	0.8	3	7	13	20	78	314	1962	7848

由表 1-2 可知，用水平面代替水准面，对高程的影响是很大的，在 0.2km 的距离上，就有 3mm 的高程误差，这是不能允许的。因此，在进行高程测量时，即使距离很短，也应顾及地球曲率对高程的影响。

> **特别提示**
>
> 用水平面代替水准面，对水平距离、水平角、高程三者都会产生不同程度的影响。其中，对高程的影响最大，即使在 0.2km 距离上，也会产生 3mm 的高程误差，所以一定要考虑地球曲率的影响。

1.3　测量工作概述

1.3.1　测量工作的基本内容

地面点的位置可以用它的平面直角坐标和高程来确定。在实际测量工作中，地面点的平面直角坐标和高程一般不是直接测定的，而是间接测定的。通常是测出待定点与已知点

(已知平面直角坐标和高程的点)之间的几何关系，然后推算出待定点的平面直角坐标和高程。

如图 1.14 所示，设 A、B 为坐标、高程均已知的点，C 为待定点，三点在投影平面上的投影位置分别是 a、b、c。在 $\triangle abc$ 中，只要测出一条未知边和一个角(或两个角，或两条未知边)，就可以推算出 C 点的坐标。可见地面点坐标的测定主要是水平距离和水平角的测量。

欲求 C 点的高程，则要测量出高差 h_{AC}(或 h_{BC})，即可推算出 C 点的高程。所以测定某点高程的主要测量工作是测量高差。

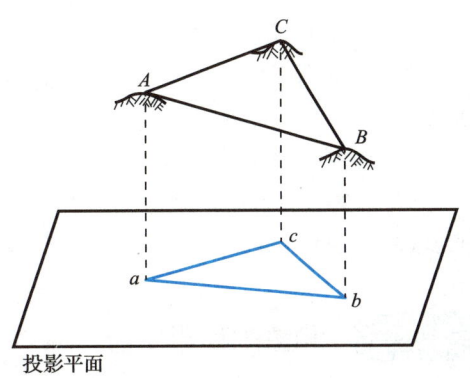

图 1.14 测量工作的基本内容

综上所述，测量工作的基本内容是：高差测量、水平角测量和水平距离测量。

1.3.2 测量工作的基本原则

1. "从整体到局部""先控制后碎部"的原则

无论是测绘地形还是建筑物的施工放样，其最基本的问题都是测定或测设地面点的位置。在测量过程中，为了避免误差的积累，保证测量区域内所测点位具有必要的精度，首先要选择若干对整体具有控制作用的点作为控制点，用较精密的仪器和精确的测量方法，测定这些控制点的平面位置和高程，然后根据控制点进行碎部测定和测设工作。这种"从整体到局部""先控制后碎部"的方法是测量工作的一个重要原则，它可以减少误差的积累，并可同时在几个控制点上进行测量，以加快测量工作进度。

2. "步步有检核"原则

"步步有检核"原则即前一步工作未做检核不进行下一步工作的原则。当测定控制点的相对位置有错误时，以其为基础所测定的碎部点或测设的放样点，也必然有错，为避免错误的结果对后续测量工作的影响，测量工作必须重视检核。因此"步步有检核"原则，是测量工作必须遵循的又一个原则。

1.3.3 测量工作的基本要求

1. "质量第一"的观念

为了确保施工质量符合设计要求，需要进行相应的测量工作，测量工作的精度会影响施工质量。因此，施工测量人员应有"质量第一"的观念。

2. 严肃认真的工作态度

测量工作是一项科学工作，它具有客观性。在测量工作中，为避免差错的产生，应进行相应的检查和检核，杜绝弄虚作假、伪造成果、违反测量原则的错误行为。因此，施工测量人员应有严肃认真的工作态度。

3. 保证测量成果的真实、客观和原始性

测量的观测成果是施工的依据，需长期保存。因此，应保证测量成果的真实、客观和原始性。

4. 爱护测量仪器与工具

每一项测量工作，都要使用相应的测量仪器，测量仪器的状态直接影响测量观测成果的精度。因此，施工测量人员应爱护测量仪器与工具。

1.3.4 测量的计量单位

1. 长度计量单位

国际通用长度计量单位为 m，我国法定长度计量单位采用的米(m)制与其他长度单位的关系如下。

长度计算单位为 km、m、dm、cm、mm，其中

$$1km=1000m, 1m=10dm=100cm=1000mm$$

2. 面积计量单位

面积计量单位是 m^2，大面积则用 hm^2(公顷)或 km^2 表示，在农业上常用市亩作为面积单位。

$$1hm^2=10000m^2=15 \text{ 市亩}, 1km^2=100hm^2=1500 \text{ 市亩}, 1 \text{ 市亩}=666.67m^2$$

3. 体积计量单位

体积计量单位为 m^3，在工程上简称"立方"或"方"。

4. 角度计量单位

测量上常用的角度计量单位有度分秒制和弧度制两种。

(1) 度分秒制。1 圆周角＝360°，1°＝60′，1′＝60″。

(2) 弧度制。弧长等于圆半径的圆弧，其所对的圆心角称为 1 弧度的角。

$$1 \text{ 圆周角}=2\pi \text{ 弧度}, 1 \text{ 弧度}=\frac{180°}{\pi}=57.3°=3438′=206265″$$

5. 测量数据计算的凑整规则

测量数据在成果计算过程中，往往涉及凑整问题。为了避免凑整误差的积累而影响测量成果的精度，通常采用以下凑整规则。

(1) 被舍去数值部分的首位大于 5，则保留数值的最末位并加 1。

(2) 被舍去数值部分的首位小于 5，则保留数值的最末位不变。

(3) 被舍去数值部分的首位等于 5，则保留数值的末位，并凑成偶数。

综合上述原则，可表述为：大于 5 则进，小于 5 则舍，等于 5 视前一位数而定，奇进偶不进。例如，下列数字凑整后保留 3 位小数时，以上述原则，对小数点后第 4 位来做如下判断：2.64575→2.646(进 1)，1.41421→1.414(舍去)，3.14159→3.142(奇进)，7.14256→7.142(偶不进)。

第 1 章 测量概述

本章小结

本章讲述的主要内容包括：建筑工程测量的任务、地面点位的确定方法、测量工作的一般概念和测量误差的原因、分类及评定精度的标准等。在学习建筑工程测量的任务时，要理解测量学的定义和建筑工程测量的三项任务，对于测量工作的基准面、绝对高程、相对高程、高差、经度、纬度、平面直角坐标系等测量学的基本词汇应理解并牢记。能够掌握地面点位确定的原理和方法。而对地理坐标系、高斯平面直角坐标系、独立平面直角坐标系只做一般性了解即可。

要熟悉测量的三要素，即水平距离、水平角和高差；掌握测量的三项基本工作，即距离测量、角度测量和高程测量。在此基础上要领会测量工作的基本原则。

思考题与习题

一、名词解释

1. 测定 2. 测设 3. 水准面 4. 水平面 5. 大地水准面 6. 铅垂线
7. 绝对高程(高程) 8. 相对高程 9. 高差

二、选择题

1. 在测量直角坐标系中，纵轴为( )。
   A. x 轴，向东为正   B. y 轴，向东为正
   C. x 轴，向北为正   D. y 轴，向北为正
2. 确定地面点的空间位置，就是确定该点的( )。
   A. 平面位置和高程   B. 方位角和高程
   C. 已知坐标和方位角   D. 未知坐标和高程
3. 假定的平均的静止海平面称为( )。
   A. 基准面   B. 水准面
   C. 水平面   D. 大地水准面
4. 大地水准面处处与铅垂线( )。
   A. 正交   B. 平行
   C. 重合   D. 以上都不是
5. 我国目前采用的高程基准是( )。
   A. 1954 北京坐标系   B. 1980 西安坐标系
   C. 黄海高程系   D. 1985 年国家高程基准
6. 地面一点 A 到假定水准面的铅垂距离称为( )。
   A. 绝对高程   B. 海拔
   C. 高差   D. 相对高程

三、简答题

1. 测量学研究的对象是什么？
2. 测定与测设有何区别？
3. 建筑工程测量的任务是什么？
4. 何谓铅垂线？何谓大地水准面？它们在测量中的作用是什么？
5. 为何选择大地水准面和铅垂线作为测量工作的基准面和基准线？
6. 如何确定地面点的位置？
7. 何谓绝对高程？何谓相对高程？何谓高差？何谓标高？
8. 测量学中的平面直角坐标系与数学中的平面直角坐标系有何不同？
9. 何谓水平面？用水平面代替水准面对水平距离和高程分别有何影响？
10. 测量工作的基本内容是什么？
11. 测量工作应遵循的基本原则是什么？

四、计算题

1. 已知 $H_A=36.735$m，$H_B=48.386$m，求 h_{BA}。
2. 已知 $H_A=54.632$m，$H_B=63.239$m，求 h_{AB} 和 h_{BA}。
3. 已知某点 A 的高斯平面直角坐标为：$x_A=3102467.28$m，$y_A=20792538.69$m，试问 A 点所处 6°投影带和 3°投影带的带号各是多少？该点所在 6°投影带的中央子午线经度是多少？该点在中央子午线的哪一侧？在高斯投影平面上，该点距中央子午线和赤道的距离约为多少？

第 2 章 水 准 测 量

教学目标

(1) 理解水准测量的基本原理。
(2) 掌握 DS_3 微倾式水准仪、自动安平水准仪的构造特点，水准尺和尺垫的用法。
(3) 掌握水准仪的使用及检验与校正方法；掌握水准测量的外业实施(观测、记录、计算和检核)及内业数据处理(高差闭合差的调整)方法。
(4) 了解水准测量的注意事项、精密水准仪和电子水准仪的构造及操作方法。

教学重点

水准测量原理；水准测量的外业实施及内业数据处理。

教学难点

水准路线高差闭合差的分配方法；水准仪的检验与校正。

思维导图

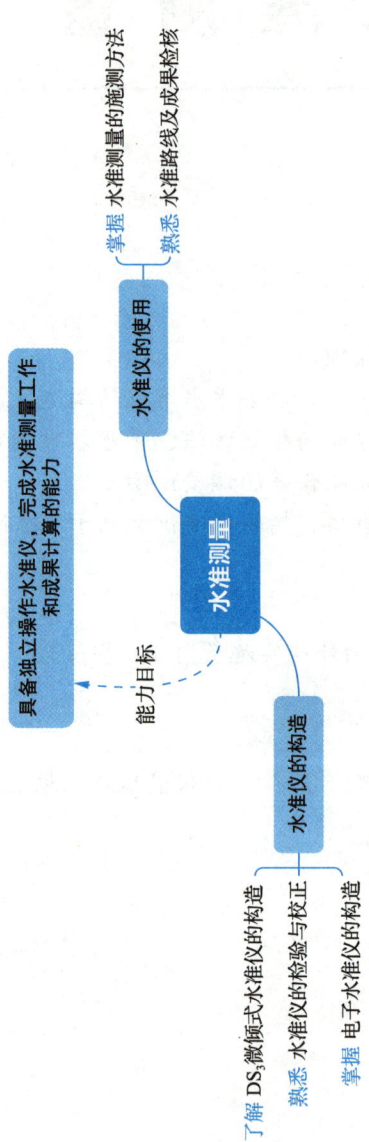

第 2 章 水准测量

章节导读

你是否知道自己所处楼房的室内地坪标高 ±0.000m 是如何确定的？它比附近的已知水准点高还是低？这就要弄清楚水准点、基准面的选择和高差的计算等问题。通过本章的学习，你将会得到上述问题的答案。本章主要内容：水准测量的原理和方法；水准仪的构造、使用及其检验与校正，水准测量误差来源及消除方法；水准路线施测方法及数据处理；不同类型水准仪的构造和使用方法。

传承珠峰精神

为了确定地面点的空间位置，需要测定地面点的高程。测量地面上各点高程的工作称为高程测量。高程测量按所使用的仪器和施测方法的不同，可分为水准测量、三角高程测量、液体静力水准测量、气压高程测量、GNSS 高程测量。水准测量是一种经典的高差测量方法，并能够精确测定地面点高程。本章主要介绍水准测量的有关知识。引例图所示为水准仪与电子水准仪。

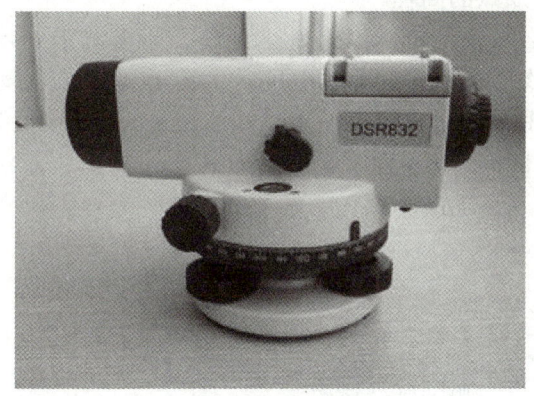 

引例图　水准仪与电子水准仪

案例引入

孟子曰："孔子登东山而小鲁，登泰山而小天下。"古人觉得泰山很高，是通天拔地的。

那么泰山的高度到底是多少呢？各类资料显示，泰山"身高"1545m，这也是刻在泰山极顶石上的数值，但山东省国土测绘院表示，这只是几个常用的泰山高度数据之一，另外几个数据还有 1536m、1533m 等。数据越多，就越有争议，泰山高度 1545m 的数据从何而来，已经无可考证，这是大家目前普遍使用的数据；其他几个数据分别是 20 世纪 50 年代、80 年代用三角高程测量法和航测加模型等方法得出的，误差比较大。

2006 年 7 月至 2007 年 3 月，原国家测绘局(2011 年更名为中华人民共和国国家测绘地理信息局)组织实施了我国部分名山高程测量工程。山东省国土测绘院对泰山高度的测定采用 GNSS 卫星定位高程拟合测量法和三等水准测量法相结合的方式来测量，其精度和之前所有的测量不可同日而语，其方法和精度则和测量珠峰的相似，是我国继珠峰高度测量后首次进行如此高精度的山峰高程测量。三等水准测量法需要先确定泰安地震台和山东农业大学内的两个基准点，然后测量队再携带高精度测量仪器登上泰山，到达精选出的 19 个基准点进行测量。这些基准点今后还将复测，以采集泰山的自然演化等数据。由于山陡，要经过 18 弯等艰险的路段，测量难度比较大。这种方法精确度很高，一般情况下误差在 30mm 以下。而 GNSS 测量法主要是靠卫星定位计算的方式来测量，这种方法由于比较新，目前国内外尚未有固定的标准规范。GNSS 测量的数据是作为三等水准测量数据的一种检验和辅证。如两者数据相差比较大，就需要重测。两种数据，保证的就是一个精度。

2007 年，原国家测绘局和建设部(现更名为住房和城乡建设部)在国务院新闻办公室联合公布了我国第一批 19 座风景名胜山峰的高程数据，其中泰山的高程数据为 1532.7m。

2.1 水准测量原理

水准测量的实质是利用水准仪提供的水平视线，测定地面上两点间的高差，然后根据已知点的高程和测得的高差，推算出未知点的高程。

如图 2.1 所示，地面上有 A、B 两点，设已知 A 点的高程为 H_A，现要测定 B 点的高程 H_B。在 A、B 两点上各铅直竖立一根有刻划的尺子——水准尺，并在 A、B 两点之间安置一台能提供水平视线的仪器——水准仪，利用水准仪提供的水平视线在 A、B 两点水准尺上所截取的读数分别为 a、b，则 A、B 两点间高差 h_{AB} 为

$$h_{AB} = a - b \tag{2-1}$$

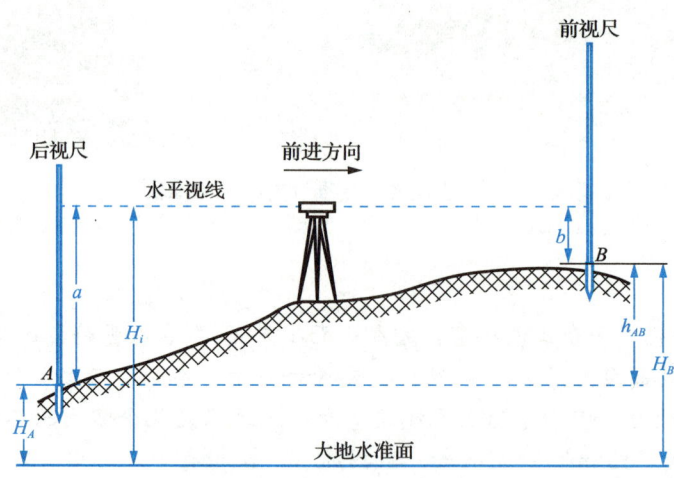

图 2.1　水准测量原理

设水准测量是由 A 向 B 进行的，则 A 点为后视点，A 点尺上的读数 a 称为<u>后视读数</u>；B 点为前视点，B 点尺上的读数 b 称为<u>前视读数</u>。因此，<u>高差等于后视读数减去前视读数</u>。如果 a 大于 b，则高差 h_{AB} 为正，表示 B 点高于 A 点；如果 a 小于 b，则高差 h_{AB} 为负，表示 B 点低于 A 点。

计算未知点高程的方法有以下几种。

1. 高差法

测得 A、B 两点间高差 h_{AB} 后，如果已知 A 点的高程 H_A，则 B 点的高程 H_B 为

$$H_B = H_A + h_{AB} \tag{2-2}$$

这种直接利用高差来计算未知点 B 的高程的方法称为高差法。

2. 视线高法

如图 2.1 所示，B 点高程也可以通过水准仪的视线高程 H_i 来计算，即

$$\begin{cases} H_i = H_A + a \\ H_B = H_i - b \end{cases} \tag{2-3}$$

这种利用仪器视线高程 H_i 来计算未知点 B 的高程的方法称为视线高法。在施工测量中，有时安置一次仪器，需测定多个地面点的高程，采用视线高法就比较方便。

2.2 水准测量的仪器和工具

水准测量所使用的仪器为水准仪，工具有水准尺和尺垫。国产水准仪按其精度分，有 DS_{05}、DS_1、DS_3 及 DS_{10} 等几种型号。"D""S"分别为"大地测量"和"水准仪"的汉语拼音第一个字母，05、1、3 和 10 表示水准仪的精度等级。以往在工程测量中 DS_3 微倾式水准仪比较普及，因此，本节重点介绍 DS_3 微倾式水准仪。

2.2.1 DS_3 微倾式水准仪的构造

DS_3 微倾式水准仪(简称 DS_3 水准仪)主要由望远镜、水准器及基座 3 部分组成，其外观和具体组成如图 2.2 所示。

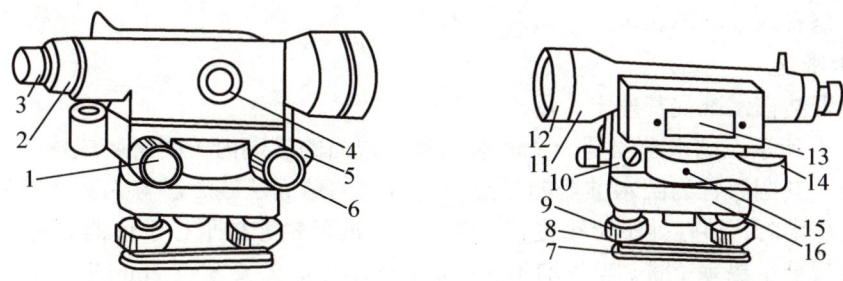

1—微倾螺旋；2—分划板护罩；3—目镜；4—物镜对光螺旋；5—制动螺旋；
6—微动螺旋；7—底板；8—三角压板；9—脚螺旋；10—弹簧帽；11—望远镜；
12—物镜；13—水准管；14—圆水准器；15—连接小螺钉；16—轴座。

图 2.2 DS_3 微倾式水准仪外观和具体组成

1. 望远镜

望远镜是用来精确瞄准目标并对水准尺进行读数的，DS_3 水准仪望远镜的构造如图 2.3 所示，它主要由十字丝分划板、物镜、目镜和对光透镜组成。

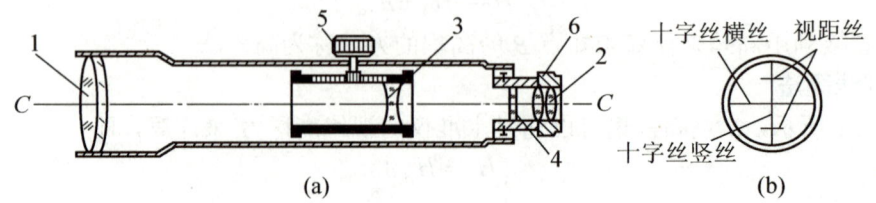

1—物镜；2—目镜；3—对光透镜；4—十字丝分划板；5—物镜对光螺旋；6—目镜对光螺旋。

图 2.3 DS_3 水准仪望远镜的构造

1) 十字丝分划板

十字丝分划板上刻有两条互相垂直的长线[图 2.3(b)]，称为十字丝。竖直的一条称为竖丝，中间横的一条称为中丝(又称为横丝)，用来瞄准目标和读数。在中丝的上、下还有对称的两根短横丝，称为视距丝(又分别称为上丝和下丝)。十字丝大多刻在玻璃片上，玻璃片装在分划板板座上。

2) 物镜和目镜

物镜和目镜多采用复合透镜组。物镜的作用是和对光透镜一起将远处的目标在十字丝分划板上形成缩小而明亮的实像，目镜的作用是将物镜所成的实像与十字丝一起放大成虚像。

3) 视准轴

十字丝交点与物镜光心的连线称为视准轴(图 2.3 中的 CC)。视准轴的延长线即为视线，水准测量就是在视准轴水平时，用十字丝的中丝在水准尺上截取读数。

2. 水准器

水准器是用来整平仪器的一种装置，可用它来指示视准轴是否水平，仪器的竖轴是否竖直。水准器有圆水准器和水准管两种。

1) 圆水准器

圆水准器装在水准仪基座上，用于粗略整平。

如图 2.4 所示，圆水准器是一个玻璃圆盒，顶面的玻璃内表面研磨成球面，球面的正中刻有圆圈，其圆心称为圆水准器的零点。过零点的球面法线 $L'L'$ 称为圆水准器轴。当圆水准器气泡居中时，该轴处于铅垂位置，如果圆水准器轴 $L'L'$ 平行于仪器竖轴 VV，则气泡居中时竖轴就处于铅垂位置。当气泡不居中时，气泡中心偏离零点 2mm 时竖轴所倾斜的角值，称为圆水准器的分划值，一般为 $8'\sim10'$，精度较低。

2) 水准管

水准管(又称为管水准器)用于精准整平仪器。如图 2.5 所示，它是用玻璃管制成的，其纵剖面方向的内壁研磨成一定半径的圆弧形，管内装入酒精和乙醚的混合液，加热融封，冷却后留有一个气泡，由于气泡较轻，它恒处于管内最高位置。

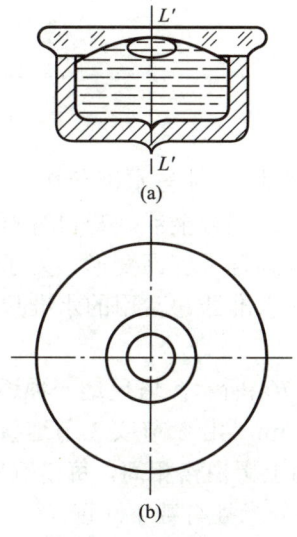

图 2.4 圆水准器

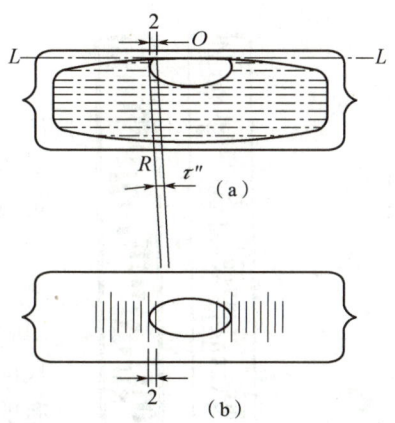

图 2.5 水准管

水准管上一般刻有间隔为 2mm 的分划线,分划线的中点 O 称为水准管零点,通过零点与圆弧相切的纵向切线 LL 称为水准管轴。当水准管气泡中心与水准管零点重合时,称气泡居中,这时水准管轴处于水平位置。如果水准管轴平行于视准轴,则水准管气泡居中时,视准轴也处于水平位置,水准仪视线即为水平视线。

水准管上 2mm 圆弧所对的圆心角 τ,称为水准管的分划值,即

$$\tau = \frac{2}{R}\rho \tag{2-4}$$

式中:ρ 为 1 弧度秒值,$\rho = 206\,265''$;R 为圆弧半径,mm。

显然,圆弧半径越大,水准管分划值越小,水准管灵敏度越高,用其整平仪器的精度也越高。DS_3 微倾式水准仪的水准管分划值为 $20''$,记作 $20''/2mm$。

3) 符合水准器

为了提高水准管气泡居中的精度,目前生产的微倾式水准仪,都在水准管上方装有一组符合棱镜,如图 2.6(a)所示。通过符合棱镜的反射作用,使气泡两端的半个影像成像在望远镜目镜左侧的水准管气泡观察窗中,如果气泡两端的半个影像吻合时,就表示气泡居中,如图 2.6(b)所示。如果气泡两端的半个影像错开,则表示气泡不居中,如图 2.6(c)所示。这种装有符合棱镜的水准管称为符合水准器。

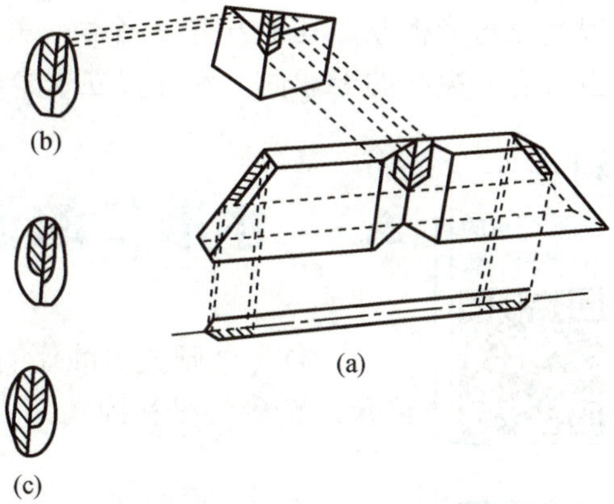

图 2.6 水准管与符合棱镜

3. 基座

基座的作用是支承仪器的上部,并通过连接螺旋与三脚架连接。它主要由轴座、脚螺旋、底板和三角压板组成,如图 2.2 所示。转动脚螺旋,可使圆水准气泡居中。

2.2.2 水准尺和尺垫

1) 水准尺

水准尺是进行水准测量时与水准仪配合使用的标尺，由干燥的优质木材、铝合金或硬塑料等材料制成，要求尺长稳定、分划准确且不容易变形。为了判定立尺是否竖直，尺上还装有水准器。常用的水准尺有塔尺和双面水准尺两种。

(1) 塔尺。如图 2.7(a)所示，塔尺是一种逐节缩小的组合尺，其长度为 2~5m，由 2 节或 3 节连接在一起，尺的底部为零点，尺面上黑白格相间，每格宽度为 1cm，有的为 0.5cm，在米和分米处有数字注记。

(2) 双面水准尺。如图 2.7(b)所示，双面水准尺尺长为 3m，两根尺为一对。尺的双面均有刻划，一面为黑白相间，称为黑面尺(又称为主尺)；另一面为红白相间，称为红面尺(又称为辅尺)。两面的最小刻划均为 1cm，在分米处注有数字。两根尺的黑面尺尺底均从零开始，而红面尺尺底，一根从 4.687m 开始，另一根从 4.787m 开始。

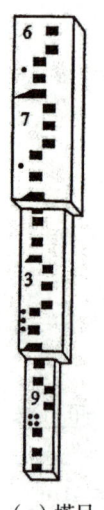
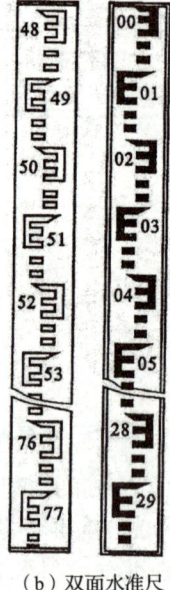

（a）塔尺　　（b）双面水准尺

图 2.7　塔尺与双面水准尺

在视线高度不变的情况下，同一根水准尺的红面和黑面读数之差应等于常数 4.687m 或 4.787m，这个常数称为尺常数，用 K 来表示，以此可以检核读数是否正确。

2) 尺垫

尺垫用于转点处，由生铁铸成，如图 2.8 所示。尺垫一般为三角形板座，其下方有 3 个脚，可以踏入土中。尺垫上方有一突起的半球体，水准尺立于半球体顶面。

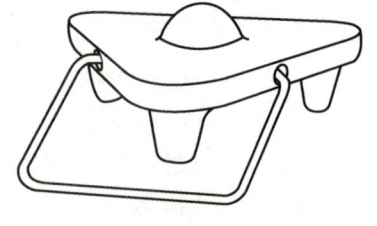

图 2.8　尺垫

2.3　水准仪的使用

DS_3 微倾式水准仪的基本操作程序为：安置仪器，粗略整平，瞄准水准尺，精确整平和读数。

2.3.1 安置仪器

(1) 在测站上松开三脚架架腿的固定螺旋，按需要的高度调整架腿长度，再拧紧固定螺旋，张开三脚架将架腿踩实，并使三脚架架头大致水平。

(2) 从仪器箱中取出水准仪,用连接螺旋将水准仪固定在三脚架架头上。

2.3.2 粗略整平

粗略整平简称粗平。通过调节脚螺旋使圆水准器气泡居中,从而使仪器的竖轴大致铅垂,视准轴大致处于水平。具体操作步骤如下。

(1) 如图 2.9 所示,用两手按箭头所指的方向相对转动脚螺旋①和②,使气泡沿着①、②连线方向由 a 移至 b。

(2) 用左手按箭头所指方向转动脚螺旋③,使气泡由 b 移至中心。

粗平时,气泡移动的方向与左手大拇指旋转脚螺旋时的移动方向一致,与右手大拇指旋转脚螺旋时的移动方向相反。

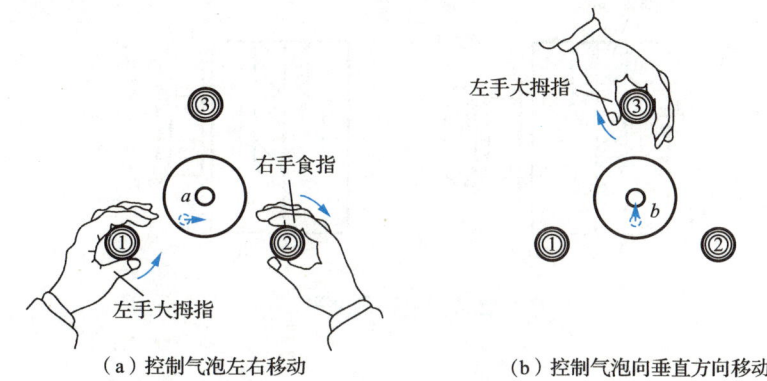

图 2.9 圆水准器粗平

2.3.3 瞄准水准尺

1. 目镜调焦

松开制动螺旋,将望远镜转向明亮的背景,转动目镜对光螺旋,使十字丝成像清晰。

2. 初步瞄准

通过望远镜筒上方的照门和准星瞄准水准尺,旋紧制动螺旋。

3. 物镜调焦

转动物镜对光螺旋,使水准尺的成像清晰。

4. 精确瞄准

转动微动螺旋,使十字丝的竖丝瞄准水准尺边缘或中央,如图 2.10 所示。

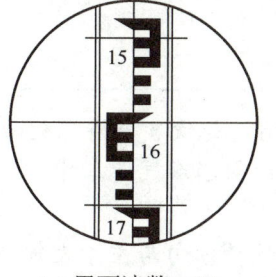
(a) 黑面读数1608

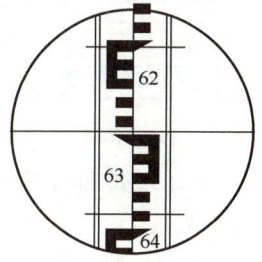
(b) 红面读数6297

图 2.10 瞄准水准尺与读数

5．消除视差

眼睛在目镜端上下移动，有时可看见十字丝的中丝与水准尺影像之间相对移动，这种现象称为视差。产生视差的原因是水准尺的尺像与十字丝平面不重合。视差的存在将影响读数的正确性，应予消除。消除视差的方法是仔细地转动物镜对光螺旋，直至尺像与十字丝平面重合。

2.3.4 精确整平

精确整平简称精平，眼睛观察水准管气泡观察窗内的气泡影像，用右手缓慢地转动微倾螺旋，使气泡两端的影像严密吻合，此时视线即为水平视线。微倾螺旋的转动方向与左侧半气泡影像的移动方向一致，如图 2.11 所示。

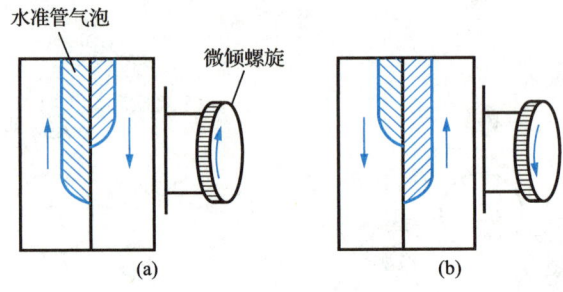

图 2.11 精确整平

2.3.5 读数

符合水准器气泡居中后，应立即用十字丝在水准尺上读数。读数时应从小数向大数读，如果从望远镜中看到的水准尺影像是倒像，在尺上应从上到下读取，直接读取 m、dm 和 cm，并估读出 mm，共 4 位数。如图 2.10 所示，其中图 2.10(a)读数为 1608，图 2.10(b)读数为 6297。读数后再检查符合水准器气泡是否居中，若不居中，应再次精平，重新读数。

> **特别提示**
>
> （1）安置水准仪之前，先使 3 个脚螺旋回位到中间位置。
> （2）用脚螺旋不能使圆水准气泡居中时，说明架头很不平，要调整脚架的某条腿高度。
> （3）圆水准气泡的移动方向与左手大拇指的移动方向一致，符合水准器气泡右边影像的移动方向与微倾螺旋的转动方向一致(DS₃微倾式水准仪)，由于符合水准器气泡移动灵敏且有惯性，所以转动微倾螺旋的速度要适中。

2.4 水准测量的施测方法

2.4.1 水准点

用水准测量的方法测定的高程控制点称为水准点，记为 BM。水准点有永久性水准点和临时性水准点两种。

1．永久性水准点

国家等级水准点一般作为永久性水准点，永久性水准点一般用混凝土或石料制成标石，在标石顶部嵌有不锈钢的半球形标志。永久性水准点如图 2.12 所示。有些永久性水准点的金属标志也可镶嵌在稳定的墙角上，称为墙上水准点，如图 2.13 所示。

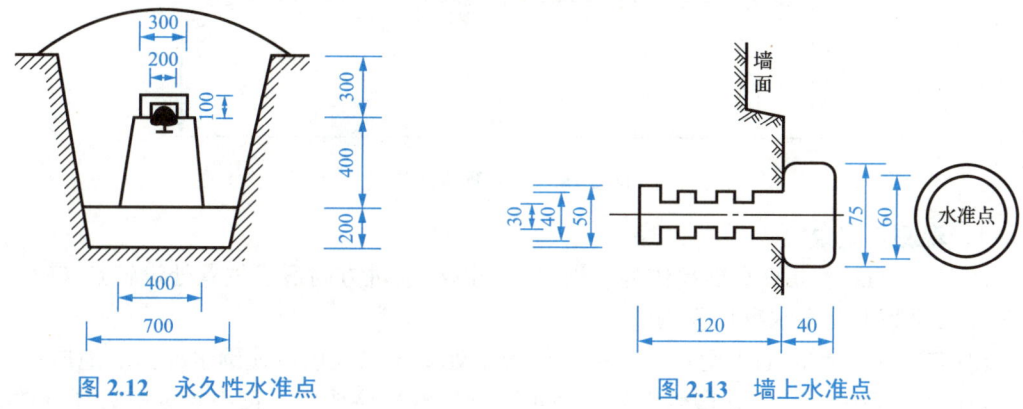

图 2.12　永久性水准点　　　　　　　图 2.13　墙上水准点

建筑工地上的永久性水准点，一般用混凝土制成，顶部嵌入半球形金属作为标志，其形式如图 2.14(a)所示。

2．临时性水准点

临时性的水准点可用地面上突出的坚硬岩石或用大木桩打入地下，桩顶钉以半球状铁钉作为水准点的标志。建筑工地上的临时性水准点如图 2.14(b)所示。

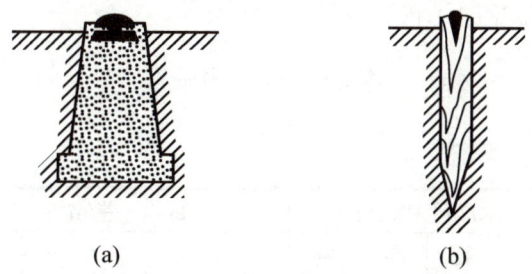

图 2.14　建筑工地上的水准点

水准点埋设后，应绘出水准点点位略图，称为"点之记"，以便于日后寻找和使用。

2.4.2 水准测量的施测

当已知高程的水准点距欲测定高程点较远或高差很大时,就需要在两点间加设若干个立尺点,分段设站,连续进行观测。加设的这些立尺点并不需要测定其高程,它们只起传递高程的作用,故称之为转点,用 TP 表示。

如图 2.15 所示,已知水准点 BMA 的高程为 H_A,现欲测定 B 点的高程 H_B,由于 BMA、B 两点相距较远,需分段设站进行测量,具体施测步骤如下。

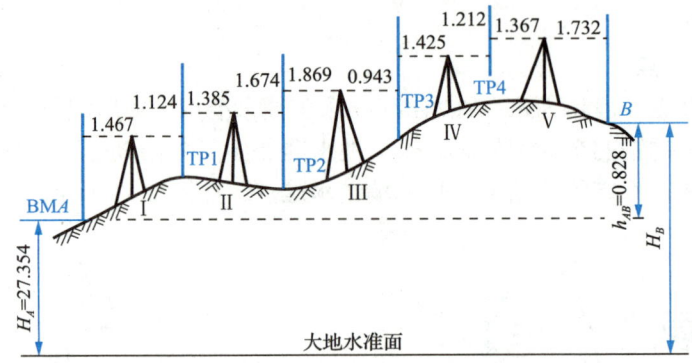

图 2.15 水准测量的施测

1. 观测与记录

(1) 在 BMA 点立直水准尺作为后视尺,在路线前进方向适当位置处设转点 TP1,安放尺垫,在尺垫上立直水准尺作为前视尺。

(2) 在 BMA 点和 TP1 两点大致中间位置 Ⅰ 处安置水准仪,使圆水准器气泡居中。

(3) 瞄准后视尺,转动微倾螺旋,使水准管气泡严格居中,按中丝读取后视读数 a_1=1.467m,记入表 2-1 "水准测量手簿" 第 3 栏内。

(4) 瞄准前视尺,转动微倾螺旋,使水准管气泡严格居中,读取前视读数 b_1=1.124m,记入表 2-1 第 4 栏内。

(5) 将 BMA 点水准尺移至转点 TP2 上,转点 TP1 上的水准尺不动,水准仪移至 TP1 和 TP2 两点大致中间位置 Ⅱ 处,按上述相同的操作方法进行第二站的观测。如此依次操作,直至终点 B。其观测记录见表 2-1。

表 2-1 水准测量手簿

日期_____　　仪器_____　　　　　　　　　　　　观测_____
天气_____　　地点_____　　　　　　　　　　　　记录_____

测站	测点	水准尺读数/m		高差/m		高程/m	备注
		后视	前视	+	−		
Ⅰ	BMA TP1	1.467	1.124	0.343		27.354	

续表

测站	测点	水准尺读数/m		高 差/m		高程/m	备 注
		后 视	前 视	+	−		
Ⅱ	TP1 TP2	1.385	1.674		0.289		
Ⅲ	TP2 TP3	1.869	0.943	0.926			
Ⅳ	TP3 TP4	1.425	1.212	0.213			
Ⅴ	TP4 B	1.367	1.732		0.365	28.182	
计算检核	∑	7.513	6.685	+1.482	−0.654		
		$\sum a - \sum b = +0.828$		$\sum h = +0.828$		$H_B - H_A = +0.828$	

2. 计算与检核

1) 计算

每一测站都可测得前、后视两点的高差，即

$$h_1 = a_1 - b_1$$
$$h_2 = a_2 - b_2$$
$$\vdots$$
$$h_5 = a_5 - b_5$$

将上述各式相加，得

$$h_{AB} = \sum h = \sum a - \sum b \tag{2-5}$$

则 B 点高程为

$$H_B = H_A + h_{AB} = H_A + \sum h$$

2) 水准测量的测站检核

如上所述，B 点的高程是根据 A 点的已知高程和转点之间的高差计算出来的，如果中间测错任何一个高差，B 点的高程就不正确。因此，为了保证每一站高差的正确性，必须对其进行检核，这种检核称为测站检核，测站检核通常采用变动仪器高法或双面水准尺法。

(1) 变动仪器高法。此法是指在同一个测站上用两次不同的仪器高度，测得两次高差进行检核。测得第一次高差后，改变仪器高度(大于 10cm)再测一次高差，两次所测高差之差不超过容许值(如等外水准测量容许值为 6mm)，则认为符合要求。取其平均值作为该测站最后结果，否则须重测。

(2) 双面水准尺法。此法是指仪器的高度不变，而分别对双面水准尺的黑面和红面进行观测。这样可以利用前、后视的黑面和红面的读数，分别算出两个高差。在理论上这两个高差应相差 100mm(因为一对双面尺的尺常数分别为 4.687m 和 4.787m)，如果这两个高差的差值与 100mm 相比，不超过规定的容许值(如四等水准测量容许值为 5mm)，则取其平均值作为该测站的最后结果，否则须重测。

3) 计算检核

为了保证水准测量手簿中数据的正确性，应对水准测量手簿中计算的高差和高程进行检核，即后视读数总和减前视读数总和、高差总和、B 点高程与 A 点高程之差，这 3 个数字应相等。否则，计算有错。如表 2-1 中

$$\sum a - \sum b = 7.513 - 6.685 = +0.828\text{m}$$
$$\sum h = 1.482 - 0.654 = +0.828\text{m}$$
$$h_{AB} = H_B - H_A = 28.182 - 27.354 = +0.828\text{m}$$

2.4.3 水准路线及成果检核

在水准点间进行水准测量所经过的路线称为水准路线。相邻两水准点间的路线称为测段。已知水准点和待定点组成一定的水准路线，根据测区已知水准点分布情况和实际需要，水准路线一般布设成单一水准路线或水准网。

1. 单一水准路线

在水准测量中，为了保证水准测量成果能达到一定的精确要求，必须对水准测量进行成果检核。检核方法是将水准路线布设成某种形式，利用水准路线布设形式的条件，检核所测成果的正确性。在一般的工程测量中，单一水准路线布设主要有以下 3 种形式。

1) 附合水准路线

(1) 附合水准路线的布设方法。如图 2.16(a)所示，从已知高程的水准点 BMA 出发，沿待定高程的水准点 1、2、3 进行水准测量，最后附合到另一个已知高程的水准点 BMB 所构成的水准路线称为附合水准路线。

(2) 成果检核。从理论上讲，附合水准路线各测段高差代数和应等于两个已知高程的水准点之间的高差，即 $\sum h_{理} = H_B - H_A$。

由于测量成果中不可避免地包含有误差，使得实测的各测段高差代数和 $\sum h_{测}$ 与其理论值 $\sum h_{理}$ 并不相等。两者的差值称为高差闭合差，用 f_h 表示，即

$$f_h = \sum h_{测} - \sum h_{理} = \sum h_{测} - (H_B - H_A) \tag{2-6}$$

2) 闭合水准路线

(1) 闭合水准路线的布设方法。如图 2.16(b)所示，从已知高程的水准点 BMA 出发，沿各待定高程的水准点 1、2、3、4 进行水准测量，最后又回到原出发点 BMA 的环形路线称为闭合水准路线。

(2) 成果检核。从理论上讲，闭合水准路线各测段高差代数和应等于零，即

$$\sum h_{理} = 0 \tag{2-7}$$

如果各测段实测高差代数和 $\sum h_{测}$ 不等于零，则高差闭合差为

$$f_h = \sum h_{测} - \sum h_{理} = \sum h_{测} \tag{2-8}$$

3) 支线水准路线

(1) 支线水准路线的布设方法。如图 2.16(c)所示，从已知高程的水准点 BMA 出发，沿

待定高程的水准点 1、2 进行水准测量,这种既不闭合又不附合的水准路线称为支线水准路线,支线水准路线要进行往返测量,以资检核。

(2) 成果检核。从理论上讲,支线水准路线往测高差与返测高差的代数和应等于零,即

$$\sum h_{理}=\sum h_{往}+\sum h_{返}=0$$

如果不等于零,则高差闭合差为

$$f_h=\sum h_{测}-\sum h_{理}=(\sum h_{往}+\sum h_{返})-0=\sum h_{往}+\sum h_{返} \tag{2-9}$$

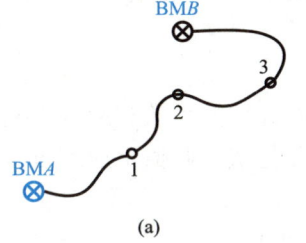 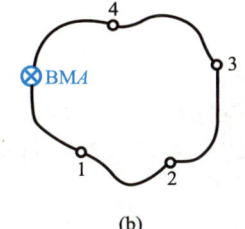 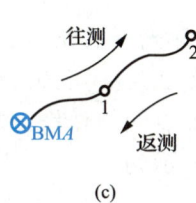

(a) (b) (c)

图 2.16 水准测量路线略图

2. 水准网

如图 2.17 所示,若干条单一水准路线相互连接构成的形状称为水准网。水准网中单一水准路线相互连接的点称为结点。如图 2.17(a)中的点 4,图 2.17(b)中的点 1、点 2、点 3,图 2.17(c)中的点 1、点 2、点 3 和点 4 均为结点。

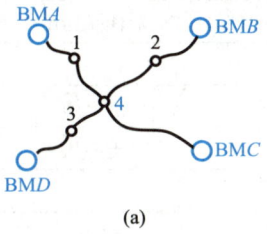 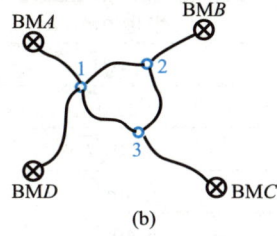 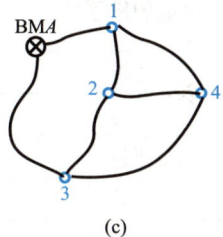

(a) (b) (c)

图 2.17 水准网

各种路线形式的水准测量,其高差闭合差均不应该超过容许值,否则即认为观测结果不符合要求。不同等级的水准测量,其高差闭合差的容许值不同。

> **特别提示**
>
> 从检核条件及精度控制考虑,工程中多采用附合水准路线和闭合水准路线,特殊情况(如已知水准点有限或狭长区域)才采用支线水准路线;不同等级的水准测量,其高差闭合差的容许值不同,等级越高,容许值越小。

2.4.4 水准测量的成果检核

在水准测量的实施过程中,进行测站检核只能检核一个测站上是否存在错误或误差超限。对于一条水准路线来说,测站检核还不足以说明所求水准点的高程精度是否符合要求。由温度、风力、大气折射和水准尺下沉等外界条件引起的误差,尺子倾斜和估读的误差,以及水准仪本身的误差,等等。这些误差虽然在一个测站上反映不很明显,但随着测站数的增多,误差累计,有时也会超过规定的限差。因此,还须进行整个水准路线的检核。

1. 附合水准路线的成果检核

由图 2.16(a)可知,在附合水准路线中,各待定高程点间高差的代数和应等于两个已知高程水准点间的高差。如果不相等,两者之差称为高差闭合差 f_h,其值不应超过容许值。用公式表示为

$$f_h = \sum h_{测} - \sum h_{理} = \sum h_{测} - (H_B - H_A) \tag{2-10}$$

各种测量规范对不同等级的水准测量规定了高差闭合差的容许值。表 2-2 为《工程测量标准》(GB 50026—2020)中水准测量成果的技术要求。

当 $|f_h| \leqslant |f_{h容}|$ 时,则成果合格,否则须重测。

表 2-2　水准测量成果的技术要求

水准测量等级	往返较差、附合或环线闭合差	
	平地/mm	山地/mm
二等	$\pm 4\sqrt{L}$	—
三等	$\pm 12\sqrt{L}$	$\pm 4\sqrt{n}$
四等	$\pm 20\sqrt{L}$	$\pm 6\sqrt{n}$
五等	$\pm 30\sqrt{L}$	—
等外	$\pm 40\sqrt{L}$	$\pm 12\sqrt{n}$

2. 闭合水准路线的成果检核

在图 2.16(b)的闭合水准路线中,各待定高程点之间的高差的代数和应等于零,即 $\sum h_{理}$ 等于零。由于测量误差的影响,实测高差总和 $\sum h_{测}$ 不等于零,它与理论高差总和的差值即为高差闭合差。

$$f_h = \sum h_{测} - \sum h_{理} = \sum h_{测} - 0 = \sum h_{测} \tag{2-11}$$

其高差闭合差不应超过容许值,否则须重测。

3. 支线水准路线的成果检核

在图 2.16(c)的支线水准路线中,理论上往测高差与返测高差的绝对值相等,符号相反,两者的代数和应等于零,由于测量的误差,实测值不为零,即高差闭合差为

$$f_h = \sum h_{测} - \sum h_{理} = (\sum h_{往} + \sum h_{返}) - 0 = \sum h_{往} + \sum h_{返} \tag{2-12}$$

通过往返测进行成果检核，其高差闭合差不应超过容许值，否则必须重测。

2.5 水准测量的成果计算

水准测量外业工作结束后，首先要检查外业观测手簿，计算相邻各点间高差。经检查无误后，才能按水准路线布设形式进行成果计算。

2.5.1 附合水准路线成果计算

图 2.18 是附合水准路线等外水准测量示意图，A、B 为已知高程的水准点，1、2、3 为待定高程的水准点，h_1、h_2、h_3 和 h_4 为各测段观测高差，n_1、n_2、n_3 和 n_4 为各测段测站数，L_1、L_2、L_3 和 L_4 为各测段水准路线长度。现已知 $H_A=65.376$m，$H_B=68.623$m，各测段测站数、水准路线长度及实测高差均注于图 2.18 中。计算步骤如下(表 2-3)。

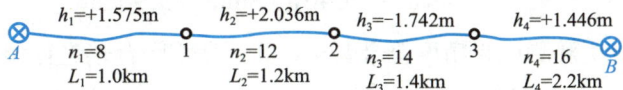

图 2.18 附合水准路线等外水准测量示意图

1. 填写观测数据和已知数据

依次将图 2.18 中点号、测段水准路线长度、测站数、观测高差及已知水准点 A、B 的高程填入附合水准路线测量成果计算表中有关各栏内，见表 2-3。

表 2-3 附合水准路线测量成果计算表

测段编号	点号	距离 L/km	测站数	观测高差 /m	高差改正数/m	改正后高差/m	高程/m	备注
1	A	1.0	8	+1.575	−0.012	+1.563	65.376	
2	1	1.2	12	+2.036	−0.014	+2.022	66.939	
3	2	1.4	14	−1.742	−0.016	−1.758	68.961	
4	3	2.2	16	+1.446	−0.026	+1.420	67.203	
∑	B	5.8	50	+3.315	−0.068	+3.247	68.623	
辅助计算	\multicolumn{8}{l}{$f_h = \sum h_{测} - \sum h_{理} = 3.315\text{m} - 3.247\text{m} = +0.068\text{m} = +68\text{mm}$ $f_{h_容} = \pm 40\sqrt{L} = \pm 40\sqrt{5.8}\text{mm} \approx \pm 96\text{mm}$，$	f_h	<	f_{h_容}	$，成果合格}

> **特别提示**
>
> 某一量的闭合差等于该量的测量值减去该量的理论值，检核条件应满足高差改正数之和与高差闭合差之和互为相反数，改正后的高差之和应等于理论高差之和。

2. 计算高差闭合差

用式(2-6)计算附合水准路线高差闭合差。

$$f_h = \sum h - (H_B - H_A) = 3.315\text{m} - (68.623\text{m} - 65.376\text{m}) = +0.068\text{m} = +68\text{mm}$$

根据附合水准路线的测站数及各测段水准路线长度求出每千米测站数，以便确定采用平地或山地高差闭合差容许值的计算公式。在本例中

$$\frac{\sum n}{\sum L} = \frac{50\text{站}}{5.8\text{km}} = 8.6(\text{站/km}) < 16(\text{站/km})$$

故高差闭合差容许值采用平地公式计算。由表 2-3 可知，等外水准测量平地高差闭合差容许值 $f_{h_{\text{容}}}$ 的计算公式为

$$f_{h_{\text{容}}} = \pm 40\sqrt{L} = \pm 40\sqrt{5.8}\text{mm} = \pm 96\text{mm}$$

因 $|f_h| < |f_{h_{\text{容}}}|$，说明观测成果精度符合要求，可对高差闭合差进行调整；如果 $|f_h| > |f_{h_{\text{容}}}|$，说明观测成果不符合要求，必须重新测量。

3. 调整高差闭合差

高差闭合差调整的原则和方法，是按与测站数或测段水准路线长度成正比的原则，将高差闭合差反号分配到各相应测段的高差上，得改正后高差，即

$$v_i = -\frac{f_h}{\sum n} n_i \quad \text{或} \quad v_i = -\frac{f_h}{\sum L} L_i$$

式中：v_i 为第 i 测段的高差改正数；$\sum n$、$\sum L$ 为水准路线总测站数与总长度；n_i、L_i 为第 i 测段的测站数与测段长度。

本例中，各测段高差改正数为

$$v_1 = -\frac{f_h}{\sum L} L_1 = -\frac{68\text{mm}}{5.8\text{km}} \times 1.0\text{km} = -12\text{mm}$$

$$v_2 = -\frac{f_h}{\sum L} L_2 = -\frac{68\text{mm}}{5.8\text{km}} \times 1.2\text{km} = -14\text{mm}$$

$$v_3 = -\frac{f_h}{\sum L} L_3 = -\frac{68\text{mm}}{5.8\text{km}} \times 1.4\text{km} = -16\text{mm}$$

$$v_4 = -\frac{f_h}{\sum L} L_4 = -\frac{68\text{mm}}{5.8\text{km}} \times 2.2\text{km} = -26\text{mm}$$

计算检核，$\sum v_i = -f_h$。

将各测段高差改正数填入表 2-3 中第 6 栏内。

4．计算各测段改正后高差

各测段改正后高差等于各测段观测高差加上相应的高差改正数，即

$$\bar{h}_i = h_i + v_i$$

式中：$\bar{h}_i$ 为第 i 段的改正后高差。

本例中，各测段改正后高差为

$$\bar{h}_1 = h_1 + v_1 = +1.575\text{m} + (-0.012\text{m}) = +1.563\text{m}$$
$$\bar{h}_2 = h_2 + v_2 = +2.036\text{m} + (-0.014\text{m}) = +2.022\text{m}$$
$$\bar{h}_3 = h_3 + v_3 = -1.742\text{m} + (-0.016\text{m}) = -1.758\text{m}$$
$$\bar{h}_4 = h_4 + v_4 = +1.446\text{m} + (-0.026\text{m}) = +1.420\text{m}$$

计算检核，$\sum \bar{h}_i = H_B - H_A$。

将各测段改正后高差填入表 2-3 中第 7 栏内。

5．计算待定点高程

根据已知水准点 A 的高程和各测段改正后高差，即可依次推算出各待定点的高程，即

$$H_1 = H_A + \bar{h}_1 = 65.376\text{m} + 1.563\text{m} = 66.939\text{m}$$
$$H_2 = H_1 + \bar{h}_2 = 66.939\text{m} + 2.022\text{m} = 68.961\text{m}$$
$$H_3 = H_2 + \bar{h}_3 = 68.961\text{m} + (-1.758\text{m}) = 67.203\text{m}$$

计算检核，$H'_B = H_3 + \bar{h}_4 = 67.203\text{m} + 1.420\text{m} = 68.623\text{m} = H_B$。

最后推算出 B 点高程 H'_B 应与已知的 B 点高程 H_B 相等，以此作为计算检核。将推算出各待定点的高程填入表 2-3 中第 8 栏内。

2.5.2 闭合水准路线成果计算

闭合水准路线成果计算的步骤与附合水准路线相同。

如图 2.19 所示，水准点 A 和待定高程点 1、2、3 组成一闭合水准路线，各测段高差及测站数如图所示。

表 2-4 为该闭合水准路线测量成果计算表。

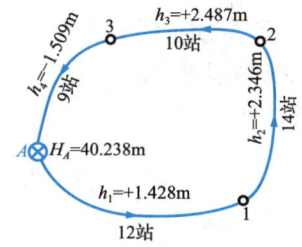

图 2.19　闭合水准路线成果计算略图

表 2-4　闭合水准路线测量成果计算表

点　号	测　站　数	观测高差/m	高差改正数/mm	改正后高差/m	高程/m
A					40.238
	12	+1.428	-16	+1.412	
1					41.650
	14	-2.346	-19	-2.365	
2					39.285
	10	+2.487	-13	+2.474	

续表

点　号	测　站　数	观测高差/m	高差改正数/mm	改正后高差/m	高程/m
3					41.759
	9	−1.509	−12	−1.521	
A					40.238
∑	45	+0.060	−60	0.000	
辅助计算	$f_h=+60\text{mm}$，$f_{h_容}=\pm12\sqrt{n}=\pm12\sqrt{45}\text{ mm}=\pm80\text{mm}$ $\lvert f_h\rvert<\lvert f_{h_容}\rvert$，成果合格				

2.5.3　支线水准路线成果计算

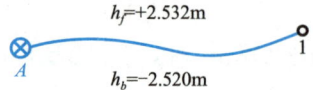

图 2.20　支线水准路线成果计算略图

如图 2.20 所示，A 为已知高程的水准点，其高程 H_A 为 45.276m，1 点为待定高程的水准点，h_f 和 h_b 为往、返测量的观测高差。n_f 和 n_b 为往、返测的测站数，共 16 站，则 1 点的高程计算如下。

1．计算高差闭合差

用式(2-8)计算支线水准路线的高差闭合差

$$f_h=h_f+h_b=+2.532\text{m}+(-2.520\text{m})=+0.012\text{m}=+12\text{mm}$$

2．计算高差容许闭合差

测站数：$n=\frac{1}{2}(n_f+n_b)=\frac{1}{2}\times16\text{ 站}=8\text{ 站}$

$$f_{h_容}=\pm12\sqrt{n}\text{ mm}=\pm12\sqrt{8}\text{mm}=\pm34\text{mm}$$

因 $\lvert f_h\rvert<\lvert f_{h_容}\rvert$，故精确度符合要求。

3．计算改正后高差

取往测和返测的高差绝对值的平均值作为 A 和 1 两点间的高差，其符号和往测高差符号相同，即

$$h_{A1}=\frac{+2.532\text{m}+2.520\text{m}}{2}=+2.526\text{m}$$

4．计算待定点高程

$$H_1=H_A+h_{A1}=45.276\text{m}+2.526\text{m}=47.802\text{m}$$

2.6　水准仪的检验与校正

2.6.1　水准仪应满足的几何条件

根据水准测量的原理，水准仪必须提供一条水平的视线，才能正确地测出两点间的高

差。为此,水准仪在结构上应满足图 2.21 所示的条件。

(1) 圆水准器轴 $L'L'$ 应平行于仪器的竖轴 VV。

(2) 十字丝的中丝应垂直于仪器的竖轴 VV。

(3) 水准管轴 LL 应平行于视准轴 CC。

水准仪应满足上述各项条件,水准仪出厂时这些条件经检验都是满足的,但由于仪器在长期使用和运输过程中受到振动等因素的影响,可能使各轴线之间的关系发生变化,若不及时检验校正,将会影响测量成果的精度。所以,在水准测量之前,应对水准仪进行认真的检验与校正。

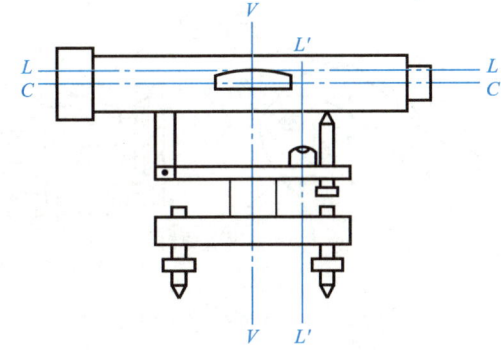

图 2.21 水准仪轴线图

2.6.2 水准仪的检验与校正概述

1. 圆水准器的检验与校正

目的:使圆水准器轴平行于仪器的竖轴,即 $L'L'//VV$。

1) 检验方法

旋转脚螺旋使圆水准器气泡居中,然后将仪器绕竖轴旋转 180°,如果气泡仍居中,则表示该几何条件满足;如果气泡偏出分划圈外,则需要校正。

2) 校正方法

如图 2.22(a)所示,当圆水准器气泡居中时,圆水准器轴 $L'L'$ 处于铅垂位置,设圆水准器轴 $L'L'$ 与竖轴 VV 不平行,且交角为 α,那么竖轴 VV 与铅垂位置偏差角度为 α;如图 2.22(b)所示,将仪器绕竖轴旋转 180°,圆水准器轴 $L'L'$ 转到竖轴 VV 的左面,圆水准器轴 $L'L'$ 不但不铅垂,而且与铅垂线的交角为 2α。

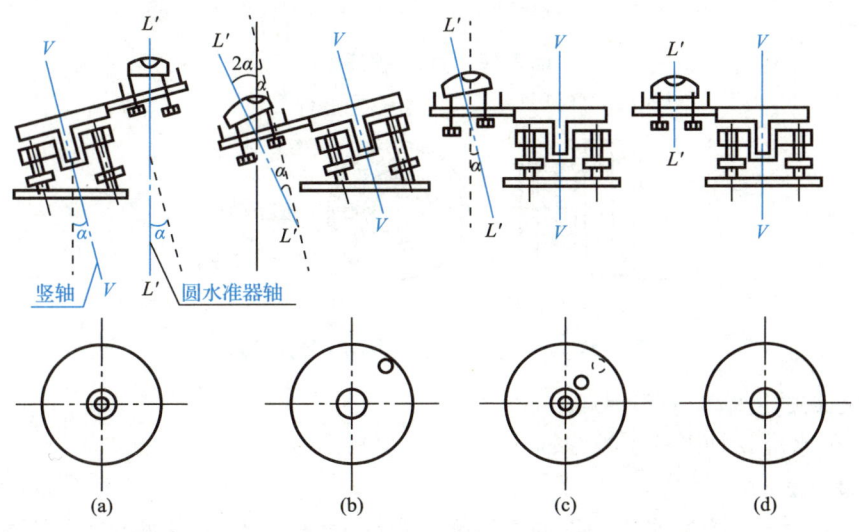

图 2.22 圆水准器轴平行于仪器竖轴的检验与校正

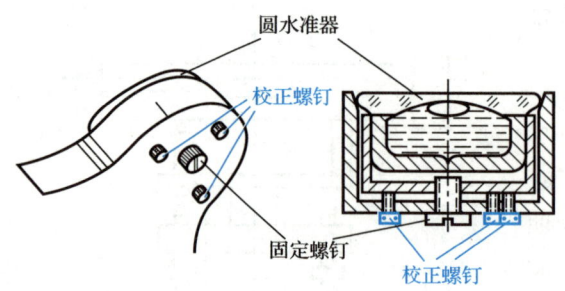

校正时，先调整脚螺旋，使气泡向零点方向移动偏离值的一半，如图2.22(c)所示，此时竖轴 VV 处于铅垂位置；然后，稍旋松圆水准器底部的固定螺钉，用校正针拨动3个校正螺钉，使气泡居中，这时圆水准器轴 $L'L'$ 平行于仪器竖轴 VV 且处于铅垂位置，如图2.22(d)所示。

圆水准器校正螺钉的结构如图2.23所示。此项校正，需反复进行，直至仪器旋转到任何位置时，圆水准器气泡皆居中。最后旋紧固定螺钉。

图 2.23　圆水准器校正螺钉的结构

2. 十字丝的检验与校正

目的：使十字丝中丝垂直于仪器的竖轴。

1) 检验方法

安置水准仪，使圆水准器的气泡严格居中后，先用十字丝交点瞄准某一明显的点状目标 M，如图2.24所示；然后旋转制动螺旋，转动微动螺旋，如果目标点 M 不离开中丝，如图2.24(a)、(b)所示，则表示中丝垂直于仪器的竖轴；如果目标点 M 离开中丝，如图2.24(c)、(d)所示，则需要校正。

2) 校正方法

松开十字丝分划板座的固定螺钉，如图2.25所示，转动十字丝分划板座，使中丝一端对准目标点，再将固定螺钉拧紧，此项校正也需反复进行。

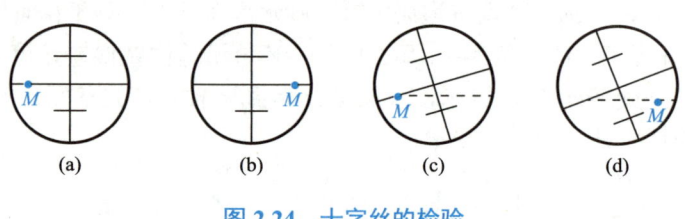

图 2.24　十字丝的检验

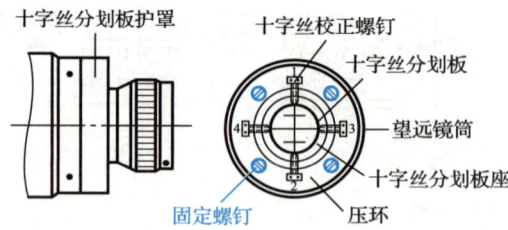

图 2.25　十字丝分划板座固定螺钉的校正

3. 水准管的检验与校正

目的：使水准管轴平行于视线轴。

1) 检验方法

如图2.26所示，在较平坦的地面上选择相距约80m 的 A、B 的两点，打下木桩或放置尺垫。用皮尺丈量，定出 AB 的中间点 C。

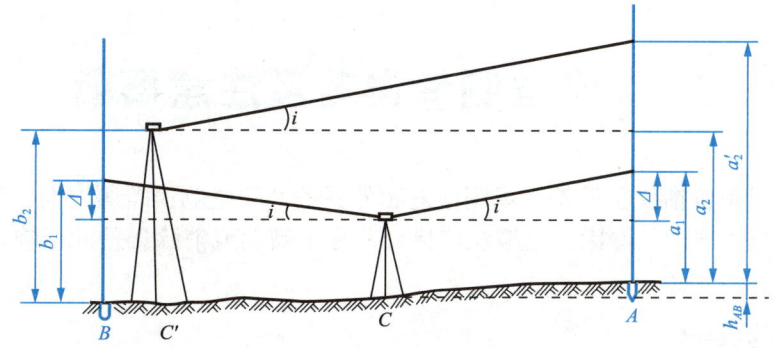

图 2.26 水准管的检验

(1) 在 C 点处安置水准仪，用变动仪器高法，连续两次测出 A、B 两点的高差，若两次测定的高差之差不超过 3mm，则取两次高差的平均值 h_{AB} 作为最后结果，由于距离相等，视准轴与水准管轴不平行所产生的前、后视读数误差 x_1 相等，故高差 h_{AB} 不受视准轴误差的影响。

$$h_{AB} = (a_1 - \Delta) - (b_1 - \Delta) = a_1 - b_1$$

(2) 在离 B 点 3m 左右的 C' 点处安置水准仪，精平后读得 B 点尺上的读数为 b_2，因水准仪离 B 点很近，两轴不平行引起的读数误差 x_2 可忽略不计。根据 b_2 和高差 h_{AB} 计算出 A 点尺上视线水平时的读数应为

$$a_2 = b_2 + h_{AB}$$

然后，瞄准 A 点水准尺，读出中丝的读数 a_2'，如果 a_2' 与 a_2 相等，表示两轴平行，否则存在角度 i，其值为

$$i = \frac{a_2' - a_2}{D_{AB}} \rho \tag{2-13}$$

式中：D_{AB} 为 A、B 两点间的水平距离，m；i 为视准轴与水准管轴的夹角，(")；ρ 为 1 弧度的秒值，$\rho = 206265''$。

对于 DS_3 微倾式水准仪来说，i 值不得大于 20"，如果超限，则需要校正。

2) 校正方法

转动微倾螺旋，使十字丝的中丝对准 A 点水准尺读数 a_2'，此时视准轴处于水平位置，而水准管气泡不居中。用校正针先拨松水准管一端左、右校正螺钉，如图 2.27 所示，再拨动上、下两个校正螺钉，使偏离的气泡重新居中，最后要将校正螺钉旋紧，此项校正工作需反复进行，直至达到要求。

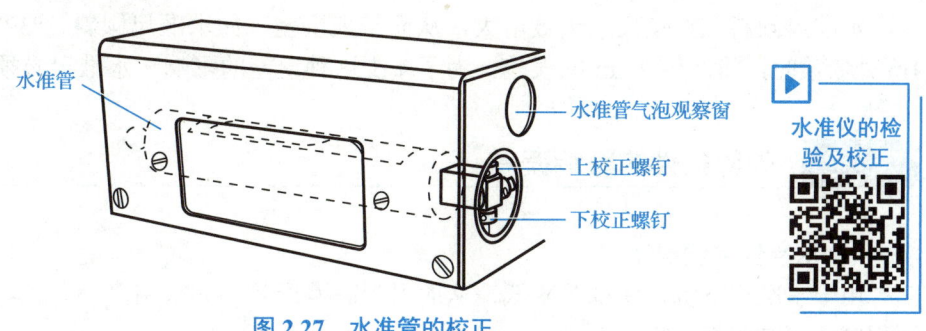

图 2.27 水准管的校正

2.7 水准测量误差及注意事项

水准测量误差包括仪器误差、观测误差和外界条件的影响误差等方面。在水准测量作业中，应根据产生误差的原因，采取相应措施，尽量减弱或消除误差的影响。

2.7.1 仪器误差

1. 水准管轴与视准轴不平行误差

水准管轴与视准轴不平行，虽然经过校正，仍然可存在少量的残余误差。这种误差的影响与距离成正比，只要观测时前后视距相等，便可消除此项误差对测量结果的影响。

2. 水准尺误差

由于水准尺刻划不准确、尺长变化、弯曲等会影响水准测量的精度，因此，水准尺要经过检核才能使用。

2.7.2 观测误差

1. 水准管气泡的居中误差

水准测量时，视线的水平是根据水准管气泡居中来实现的。由于气泡居中存在误差，致使视线偏离水平位置，从而带来读数误差。为减小此误差的影响，每次读数时，都要使水准管气泡严格居中。

2. 估读水准尺的误差

水准尺估读毫米数误差的大小与望远镜的放大倍率以及视线长度有关。在测量作业中，应遵循不同等级的水准测量对望远镜放大倍率和最大视线长度的规定，以保证估读精度。

3. 视差影响的误差

当存在视差时，十字丝平面与水准尺影像不重合，若眼睛的位置不同，便会读出不同的读数，从而产生读数误差。因此，观测时要仔细调焦，严格消除视差。

4. 水准尺倾斜的影响误差

水准尺倾斜，将使尺上读数增大，从而带来误差。如水准尺倾斜 3°30″，在水准尺上 1m 处读数时，将产生 2mm 的误差。为了减少这种误差的影响，水准尺必须扶直。

2.7.3 外界条件的影响误差

1. 水准仪下沉误差

由于水准仪下沉，使视线降低，从而引起高差误差。如采用"后、前、前、后"的观测程序，可减弱其影响。

2. 尺垫下沉误差

如果在转折点发生尺垫下沉，将使下一站的后视读数增加，也将引起高差的误差。采用往返观测的方法，取成果的中数，可减弱其影响。

为了防止水准仪和尺垫下沉，测站和转点应选在土质坚实处，并踩实三脚架和尺垫，使其稳定。

3. 地球曲率及大气折光的影响

如图 2.28 所示，A、B 为地面上两点，大地水准面是一个曲面，如果水准仪的视线 $a'b'$ 平行于大地水准面，则 A、B 两点的正确高差为

$$h_{AB}=a'-b'$$

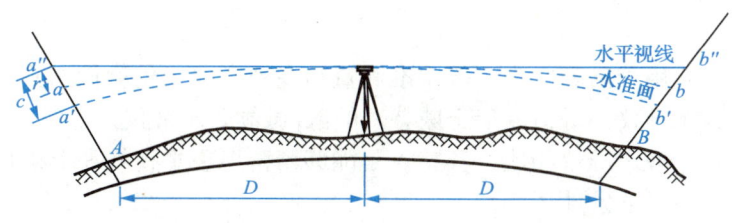

图 2.28 地球曲率和大气折光的影响

但是，水平视线在水准尺上的读数分别为 a''、b''。a'、a'' 之差与 b'、b'' 之差，就是地球曲率对读数的影响，用 c 表示。由式(1-11)知

$$c=\frac{D^2}{2R} \tag{2-14}$$

式中：D 为水准仪到水准尺的距离，km；R 为地球的平均半径，$R=63712$km。

实际上，由于大气折光的影响，视线并不水平，而是一条曲线，在水准尺上的实际读数分别为 a、b。a、a'' 之差与 b、b'' 之差，就是大气折光对读数的影响，用 γ 表示，在稳定的气象条件下，γ 约为 c 的 1/7，即

$$\gamma=\frac{1}{7}c=0.07\frac{D^2}{R} \tag{2-15}$$

地球曲率和大气折光的共同影响为

$$f=c-r=0.43\frac{D^2}{R} \tag{2-16}$$

地球曲率和大气折光的影响，可采用前、后视距离相等的方法来消除。

4. 温度的影响误差

一方面，温度的变化会引起大气折光的变化；另一方面，当烈日照射水准管时，由于水准管本身和管内液体温度的升高，气泡向着温度高的方向移动，将会影响水准管轴的水平，产生气泡居中误差。所以，测量中应随时注意为仪器打伞遮阳。

> **特别提示**
>
> (1) 水准测量中，测段设置偶数站可消除水准尺零点误差。
>
> (2) 前、后视距相等可消除仪器残余误差，视准轴 i 角误差，地球曲率及大气折光的影响。

2.8 精密水准仪、自动安平水准仪和电子水准仪

2.8.1 精密水准仪

1. 概述

精密水准仪主要用于国家一、二等水准测量和高精度的工程测量，其种类也很多，如国产的 DS_1 微倾式水准仪，进口的瑞士威特厂的 N_3 微倾式水准仪，等等。

精密水准仪与一般水准仪相比，其特点是能够精密地整平视线和准确地读取读数。因此，在结构上应满足以下条件。

(1) 水准器具有较高的灵敏度。如 DS_1 微倾式水准仪的水准管 τ 值为 $10''/2mm$。

(2) 望远镜具有良好的光学性能。如 DS_1 微倾式水准仪望远镜的放大倍数为 38 倍，望远镜的有效孔径为 47mm，视场亮度较高。十字丝的中丝刻成楔形，能较精确地瞄准水准尺的分划。

(3) 具有光学测微器装置，如图 2.29 所示，可直接读取水准尺一个分格(1cm 或 0.5cm)的 1/100 单位(0.1mm 或 0.05mm)，提高读数精度。

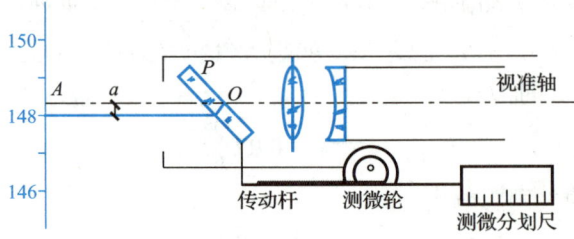

图 2.29 光学测微器装置

(4) 视准轴与水准管轴之间的联系相对稳定。精密水准仪均采用钢构件，并且密封起来，受温度变化影响小。

精密水准仪的光学测微器装置主要由平行玻璃板、测微分划尺、传动杆、测微轮和测微读数系统组成，如图 2.29 所示。平行玻璃板装在物镜前面，它通过有齿条的传动杆与测微分划尺及测微轮连接。测微分划尺上刻有 100 个分划，再另设的固定棱镜上刻有指标线，可通过目镜旁的读数显微镜进行读数。当转动测微轮时，传动杆推动平行玻璃板前后倾斜，此时视线通过平行玻璃板产生平行移动，移动的数值可由测微分划尺读数反映出来，当视线上下移动为 5mm(或 1cm)时，测微分划尺恰好移动 100 格，即测微分划尺最小格值为 0.05mm(或 0.1mm)。

2. 精密水准尺

精密水准仪必须配有精密水准尺。这种尺一般是在木质尺身的槽内，安有一根因瓦合金带，带上标有刻划，数字注在木尺上，如图 2.30 所示。精密水准尺的分划有 1cm 和 0.5cm 两种，它必须与精密水准仪配套使用。

精密水准尺上的分划注记形式一般有如下两种。

(1) 尺身上刻有左右两排分划，右边为基本分划，左边为辅助分划。基本分划的注记从零开始，辅助分划的注记从某一常数 K 开始，K 称为基辅差。

(2) 尺身上两排均为基本分划，其最小分划为 10mm，但彼此错开 5mm，尺身一侧注记米数，另一侧注记分米数。尺身标有大、小三角形，小三角形表示 1/2 分米处，大三角表示分米的起始线。这种水准尺上的注记数比实际长度增大一倍，即 5cm 注记为 1dm。因此使用这种水准尺进行测量时，要将观测高差除以 2 才是实际高差。

图 2.30 精密水准尺

3. 精密水准仪的操作方法

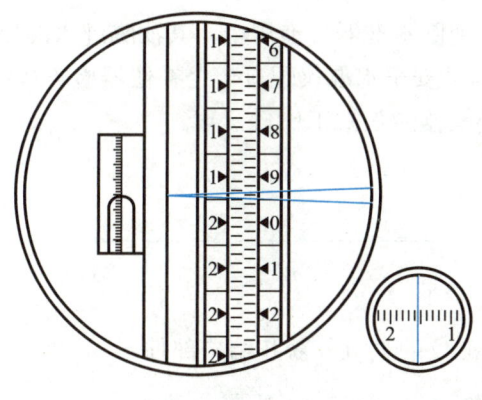

图 2.31 精密水准尺读数

精密水准仪的操作方法与一般水准仪大体相同，只是读数方法有些差异。在水准仪精平后，十字丝中丝往往不恰好对准水准尺上某一整分划线，这时就要转动测微轮使视线上、下平行移动，十字丝的楔形正好夹住一个整分划线。如图 2.31 所示，被夹住的分划线读数为 1.94m。

此时视线上下平移的距离则由测微器读数窗中读出，其读数为 1.501mm，所以水准尺的读数为 1.94m＋0.00150m＝1.94150m。实际读数为全读数的一半，即 1.94150m/2＝0.97075m。

2.8.2 自动安平水准仪

自动安平水准仪与微倾式水准仪的区别在于：自动安平水准仪没有水准管和微倾螺旋，而是在望远镜的光学系统中装置了补偿器。

1. 视线自动安平的原理

如图 2.32 所示，当圆水准器气泡居中后，视准轴仍存在一个微小的倾角 α，在望远镜的光路上放置一补偿器，使通过物镜光心的水平线经过补偿器后偏转一个 β 角。仍然通过十字丝交点，这样十字丝交点上读出的水准尺读数，即为视线水平时应该处的水准尺读数。

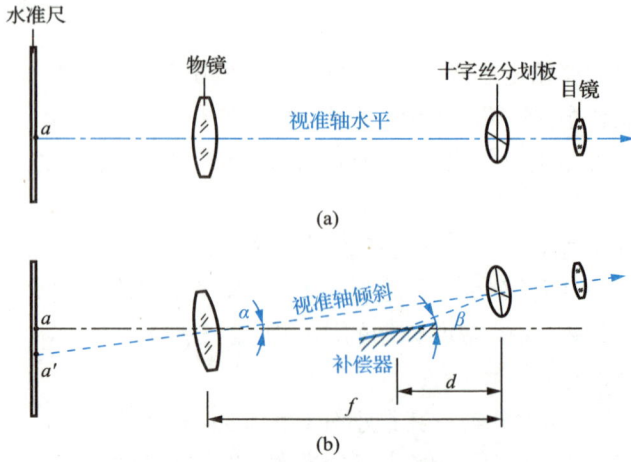

图 2.32 视线自动安平的原理

由于无须精平,自动安平水准仪可以缩短水准测量的观测时间,对于施工场地地面的微小震动、松软土地的仪器下沉以及大风吹刮等引起的视线微小倾斜,能迅速自动安平仪器,提高了水准测量的观测精度。

2. 自动安平水准仪的使用

使用自动安平水准仪时,首先使圆水准器气泡居中,其次瞄准水准尺,等待 2~4s,即可进行读数。有的自动安平水准仪配有一个补偿器检查按钮,每次读数前按一下该按钮,确定补偿器能正常工作再读数。

自动安平水准仪使用

2.8.3 DL-202/203 电子水准仪的使用

1. 显示屏和按键功能介绍

图 2.33 和图 2.34 所示为 DL-202/203 电子水准仪的主机外貌和结构部件。

图 2.33 DL-202/203 电子水准仪的主机外貌

第 2 章 水准测量

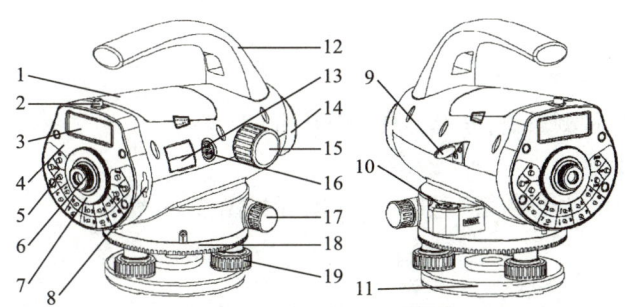

1—电池；2—粗瞄器；3—液晶显示屏；4—面板；5—按键；6—目镜；7—目镜护罩；
8—数据输出插口；9—圆水准器反射镜；10—圆水准器；11—基座；12—提柄 13—型号标贴；
14—物镜；15—调焦手轮；16—电源开关/测量键；17—水平微动手轮；18—水平度盘；19—脚螺旋。

图 2.34　DL-202/203 型电子水准仪的结构部件

1) 操作键及其功能

DL-202/203 电子水准仪操作键及功能见表 2-5。

表 2-5　DL-202/203 电子水准仪操作键及功能

键 符	键 名	功 能
POW/MEAS	电源开关/测量键	仪器开关机和进行测量。 开机：仪器待机时轻按一下；关机：按 2s 左右
MENU	菜单键	在其他显示模式下，按此键可以回到主菜单
DIST	测距键	在测量状态下按此键测量并显示距离
↑↓	选择键	翻页菜单屏幕或数据显示屏幕
→←	数字移动键	查询数据时的左右翻页或输入状态时左右选择
ENT	确认键	用来确认模式参数或输入显示的数据
ESC	退出键	用来退出菜单模式或任一设置模式，也可作输入数据时的后退清除键
0~9	数字键	用来输入数字
—	标尺倒置模式	用来进行标尺倒置输入，并应预先在测量参数下，将标尺倒置模式设置为"使用"
☼	背景光开关	打开或关闭背景光
.	小数点键	数据输入时输入小数点

2) 显示屏

显示屏采用点阵式液晶显示(LCD)，可显示 2 行，每行 16 个字符。

3) 显示屏背景光(ON/OFF)

屏幕背景光可以通过按键"☼"打开或关闭，也可以通过仪器参数的背景光设置来切换。

4) 对比度调节

显示屏亮度分为九级，设置方法见具体参数设置说明。

047

2. 测量准备工作

1) 开机

按下右侧电源开关/测量键(POW/MEAS)开机。

2) 电池剩余电量显示

电池图标可显示电池的剩余容量,电池图标如图 2.35 所示。

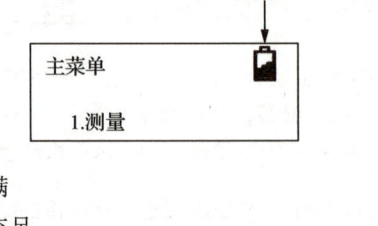

电量满

电量充足

电量过半

电量不足,尽快更换新电池或充电

不能测量,片刻后仪器自动断电,需更换新电池

图 2.35　电池图标

3) 设置数据存储模式

将观测数据存入仪器时,可以设置测量参数的存储模式为自动存储、手动存储或者关,默认的存储模式为"关",在实施线路水准测量之前,测量参数的存储模式必须设置为自动存储。

4) 主菜单

DL-202/203 电子水准仪主菜单见表 2-6。

表 2-6　DL-202/203 电子水准仪主菜单

	一级菜单	二级菜单	三级菜单	四级菜单
主菜单	测量	标准测量		—
		放样测量	高程放样	
			高差放样	
			视距放样	
		线路测量		—
		高程高差		—
	检验与校正			—
	设置	测量参数	测量模式	N 次测量 / 连续测量
			最小读数	1mm / 0.1mm
			标尺倒置	使用 / 不使用
			数据单位	m / ft
			存储模式	不存储 / 自动存储 / 手动存储

续表

一级菜单	二级菜单	三级菜单	四级菜单
		自动关机	开/关
		对比度	
	仪器参数	背景光	开/关
		仪器信息	
		注册信息	
数据管理	输入点		—
	查找作业		输入点/标准测量/线路测量/高程高差
	删除作业		输入点/标准测量/线路测量/高程高差
	检查容量		—
	文件输出		输入点/标准测量/线路测量/高程高差
	格式化		—

5) 水准尺的照准与调焦

(1) 调焦。

测量时，应先调整目镜旋钮，使十字丝成像清晰；然后，调整调焦手轮，使水准尺成像清晰，并使十字丝的竖丝对准水准尺的中间。

精密的调焦可缩短测量时间和提高测量精度，当进行高精度测量时，要求精密地调焦，同时进行多次测量。图 2.36 所示为水准尺的照准与调焦。

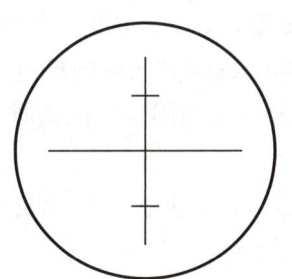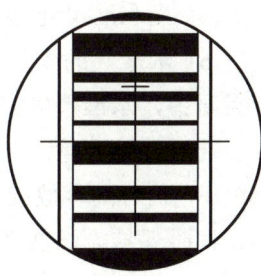

图 2.36　水准尺的照准与调焦

(2) 障碍物。

只要水准尺不被障碍物(如树枝等)遮挡超过 30%，就可以进行测量。即使十字丝中心被遮挡，若水准尺被遮挡的总量小于 30%，也可进行测量，但此时的测量精度可能会受到一定的影响，水准尺被障碍物遮挡如图 2.37 所示。

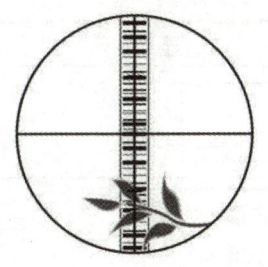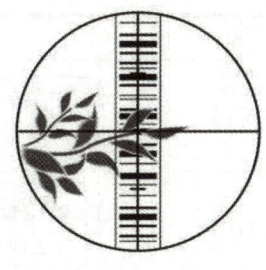

图 2.37　水准尺被障碍物遮挡

(3) 阴影和震动。

当水准尺遇到阴影遮盖和震动时，测量精度可能会受到一定的影响，某些特殊情况下可能会不能测量。

(4) 背光和反光。

当水准尺所处的背景比较亮，影响水准尺的对比度时，电子水准仪可能不能测量，可以遮挡物镜，减弱背景光，以利于测量；当有强光进入目镜时，电子水准仪也可能不能测量，可以遮挡强光，以利于测量。

若水准尺上反射光线过强，稍将水准尺旋转，以减少反射光线强度。

6) 测量注意事项

要充分发挥电子水准仪的功能，请注意下列几点。

(1) 在有足够亮度的地方架设水准尺，在条件许可的情况下应使用全把水准尺，尽量不使用半把水准尺，使用塔尺时应将塔尺拉至卡口位置。若使用照明，则应尽可能照明整个水准尺，否则可能会影响到测量精度。

(2) 水准仪到水准尺的最短距离为1.5m。

(3) 水准尺被遮挡时，大多不会影响测量，但若树枝或树叶遮挡水准尺分划线较多，可能会显示错误，影响测量。

(4) 当水准尺处比目镜处暗，导致错误时，用手遮挡一下目镜可能会解决这一问题。

(5) 水准尺的歪斜和俯仰会影响到测量的精度，测量时要保持水准尺和分划板竖丝平行且对中，水准尺应完全拉开并适当固定；测量时应尽可能保证水准尺连接处的精确性，避免通过玻璃测量。

(6) 长时间存放或长途运输后，要先检验和校正水准仪的视线误差，然后校准圆水准器，同时保持光学部件的清洁。

3．测量模式

1) 标准测量模式

标准测量模式只用来测量水准尺读数和距离，不进行高程计算。有关测量次数的选择见"设置模式"。采用多次测量的平均值，可以提高测量的精度。标准测量模式设置见表2-7。

表2-7　标准测量模式设置

操作过程	操作	显示
①按【ENT】进入测量界面	【ENT】	主菜单 ▶测量
②按【↑↓】选择标准测量，并按【ENT】	【ENT】	▶1.标准测量 2.放样测量

续表

操作过程	操 作	显 示
③测量参数的存储模式设置为自动存储或手动存储	【ENT】	是否记录数据? 是:ENT　否:ESC
④输入作业名,按【ENT】确认	【1】【ENT】	作业名 =>B1_
⑤瞄准水准尺并成像清晰,按【MEAS】测量,多次测量则最后一次为平均值,连续测量按【ESC】退出	【MEAS】	标准测量模式 请按测量键 水准尺:0.8050m 视距:8.550m
⑥按【↑↓】查阅点号;存储后点号会自动递增	【↑↓】	点号:P1
⑦按【ENT】确认或【ESC】退出	【ENT】继续测量或任意键退出	—
⑧任何过程中连续按【ESC】可退回主菜单	【ESC】退出	标准测量模式 请按测量键

2) 高程放样模式

高程放样模式下,用户可以通过输入后视点和放样点的高程来进行放样,高程放样模式设置见表2-8。

表2-8　高程放样模式设置

操作过程	操 作	显 示
①按【ENT】键	【ENT】	主菜单 ▶测量
②按【↑↓】选择放样测量并按【ENT】	【ENT】	1.标准测量 ▶2.放样测量
③选择高程放样并按【ENT】	【ENT】	▶1.高程放样 　2.高差放样
④输入后视点高程并按【ENT】	数字键	输入后视高程? =100m
⑤输入放样点高程并按【ENT】	数字键	输入放样高程? =101m

续表

操 作 过 程	操 作	显 示
⑥瞄准后视水准尺并调焦使水准尺清晰，按【MEAS】测量	【MEAS】	测量后视点 请按测量键
⑦显示后视水准尺和视距，按【ENT】。可按【MEAS】重复测量	【ENT】	B 水准尺：0.8050m B 视距：8.550m
⑧瞄准放样点水准尺并调焦使水准尺清晰	【MEAS】	测量放样点 请按测量键
⑨显示后视水准尺和视距，按【ENT】。可按【MEAS】重复测量	【ENT】	S 水准尺：0.8080m S 视距：8.550m
⑩显示放样点水准尺、视距、放样点的高程和需填挖值。负值表示"填"，正值表示"挖"	【MEAS】	高程：99.9970m 放样：−1.0030m
⑪按【ENT】继续或【ESC】退出	【ENT】	ENT：继续 ESC：新的测量

4．技术指标

电子水准仪常见技术指标见表 2-9。

表 2-9　电子水准仪常见技术指标

技术指标		仪器型号	
		DL-202	DL-203
高程测量精度(每千米往返测标准差)	电子读数	1.5mm	2.5mm
	光学读数	2.0mm	
距离测量精度	电子读数	$D \leqslant 10m:10mm$；$D>10m:D \times 0.001$	
测程	电子读数	1.8～105m	
最小显示	高差	1mm/0.1mm	
	距离	0.1cm/1cm	
测量时间		一般条件下小于 3s	
望远镜	放大倍率	32×	
	视场角	1°20′	
	视距乘常数	100	
	视距加常数	0	

续表

技术指标		仪器型号	
		DL-202	DL-203
补偿器	类型	磁阻尼摆式补偿器	
	补偿范围	>±12′	
	补偿精度	0.50″/1′	
数据存储	内存	16MB,256 个文件	
	点号	递增	
	接口	USB	
圆水准器灵敏度		8′/2mm	
自动断电		5min/OFF	
水平度盘	刻度值	1°	
显示器		带照明的 128×32 点阵液晶	
工作温度		−20~50℃	
尺寸		230mm×150mm×210mm	
质量		2.5kg	

本 章 小 结

水准测量是测定地面点高程的常用方法。本章主要从以下几个方面对水准测量加以分述。

1. 水准仪的基本构造及其使用

这部分主要阐述了常用的 DS_3 微倾式水准仪的使用。对于本部分内容，要在认识水准仪基本构造的基础上，重点掌握 DS_3 微倾式水准仪的粗平、瞄准、精平和读数的方法，这是水准测量的基本功，同时也是学习使用其他水准仪的基础。

2. 普通水准测量的实测与业内计算

这是水准测量的核心内容。水准测量的实测要从观测的基本步骤、数据记录计算和测量检核这 3 个环节加以学习，业内计算要求重点掌握水准仪的高差闭合差的计算与调整。

3. 水准仪的检验与校正

在了解水准仪应满足几何条件的基础上，掌握圆水准器、十字丝、水准管的检验与校正方法。

4. 水准测量的误差与注意事项

在了解水准测量误差的主要来源的基础上，掌握消除或减少误差的基本措施，这对于做好测量工作，提高测量精度具有重要意义。

思考题与习题

一、基本概念

1. 高差法　2. 视线高法　3. 视准轴　4. 水准管轴　5. 视差　6. 水准点
7. 转点　8. 附合水准路线　9. 高差闭合差　10. 测站检核方法

二、选择题

1. 水准测量的实质是测定地面两点间的(　　)。
   A. 水平距离　　　　　　　　　　B. 水平角
   C. 高差　　　　　　　　　　　　D. 高程

2. 在水准测量中,设 A 为后视点,B 为前视点,A 尺读数为 2.713m,B 尺读数为 1.401m,已知 A 点高程为 15.000m,则视线高程为(　　)m。
   A. 13.688　　　　　　　　　　　B. 16.312
   C. 16.401　　　　　　　　　　　D. 17.713

3. 视差产生的原因是(　　)。
   A. 观测时眼睛位置不正　　　　　B. 目标成像与十字丝分划板平面不重合
   C. 前后视距不相等　　　　　　　D. 影像没有调清楚

4. 在普通水准测量中,水准尺上每个读数应该为(　　)位数。
   A. 5　　　　　　　　　　　　　 B. 3
   C. 2　　　　　　　　　　　　　 D. 4

5. 在水准测量中,前后视距相等可消除(　　)。
   A. 视准轴不平行于水准管轴的误差(i 角误差)
   B. 地球曲率与大气折光的影响
   C. 仪器残余误差
   D. 视差

6. 水准仪应满足的主要条件是(　　)。
   A. 水准管轴平行于望远镜的视准轴
   B. 圆水准器轴平行于仪器的竖轴
   C. 十字丝的横丝应垂直于仪器的竖轴
   D. 望远镜的视准轴不因调焦而变动位置

7. 水准测量一个测站的操作步骤为(　　)。
   A. 仪器安置、精平、读数
   B. 仪器安置、粗平、瞄准、精平、读数
   C. 粗平、瞄准、精平后用上丝读数
   D. 仪器安置、粗平、瞄准、读数

8. 水准仪的精平是调节(　　)使水准管气泡居中。
   A．微动螺旋　　　　　　　　　　B．制动螺旋
   C．微倾螺旋　　　　　　　　　　D．脚螺旋
9. 水准测量高差闭合差的调整方法是(　　)。
   A．非平坦地区反符号按测站数平均分配
   B．平坦地区反符号按边长平均分配
   C．反符号按测站数平均分配
   D．反符号按边长平均分配

三、简答题

1. 水准仪由哪些主要部件构成？各有什么作用？
2. 何谓视准轴？何谓视差？产生视差的原因是什么？如何消除视差？
3. 圆水准器和水准管在水准测量中各起什么作用？
4. 何谓水准点？何谓转点？转点在水准测量中起什么作用？
5. 水准测量时，前、后视距离相等可消除哪些误差？
6. DS$_3$微倾式水准仪有哪些轴线？它们之间应满足什么条件？哪些是主要条件？

四、计算题

1. 后视点 A 的高程为 55.318m，读得其水准尺的读数为 2.212m，前视点 B 水准尺上的读数为 2.522m，问 A、B 两点的高差 h_{AB} 是多少？B 点比 A 点高还是低？B 点高程是多少？试绘图说明。

2. 如图 2.38 所示，调整闭合水准路线的观测成果，并求出各点的高程(根据图中测量数据画出表格)。

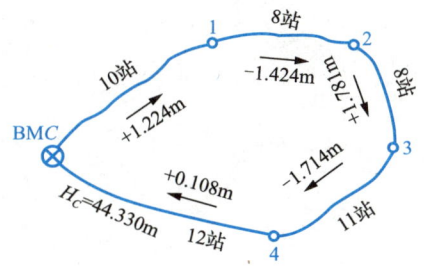

图 2.38　习题 2 图

3. 调整表 2-10 所示附合水准测量成果计算表，并求出各点高程(根据高程和点号绘出草图)。

表 2-10　附合水准测量成果计算表

测段编号	点号	测站数	观测高差/m	高差改正数/mm	改正后高差/m	高程/m
A－1	BMA	7	+4.363			57.967
1－2	1	3	+2.413			
2－3	2	4	−3.121			
3－4	3	5	+1.263			
4－5	4	6	+2.716			
5－B	5	8	−3.715			
	BMB					61.819
辅助计算						

4. 已知 A、B 两点相距 80m，A 点的高程 H_A＝44.286m，B 点的高程 H_B＝44.175m。水准仪安置在 A 点附近，测得 A 点水准尺上读数 a＝1.845m，B 点水准尺上读数 b＝1.966m。问这台仪器的水准管轴是否平行于视准轴？若不平行，当水准管的气泡居中时，视准轴是向上倾斜，还是向下倾斜？如何校正？

第3章 角度测量

教学目标

了解经纬仪的分类、型号，光学经纬仪的检验与校正，电子经纬仪的使用方法；掌握水平角和竖直角的测量原理，DJ_6 光学经纬仪的构造、使用方法，水平角的测量方法及计算方法，竖直角的测量方法及计算方法。

教学重点

DJ_6 光学经纬仪的构造，度盘读数，使用方法。

教学难点

水平角的测量方法中，方向观测法的观测及计算。

思维导图

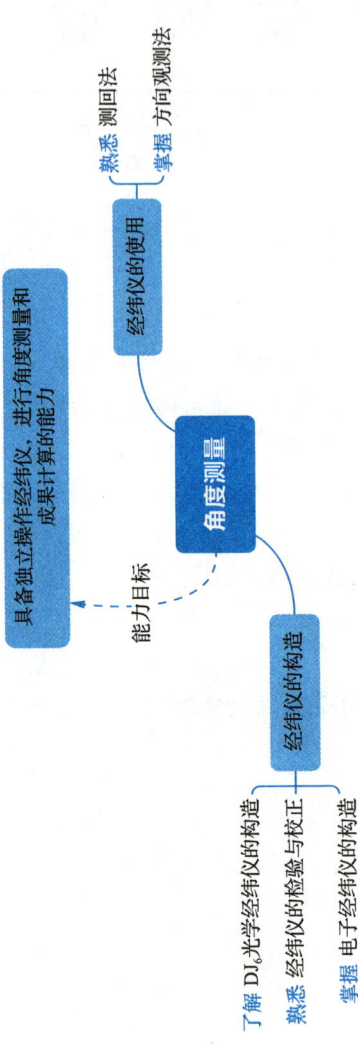

第3章 角度测量

章节导读

要确定地面点的相互位置关系，角度是一个重要的因素，不管是控制测量还是碎部测量，角度都是一项重要的测量工作。经纬仪是根据测角原理设计的，是测量角度的主要仪器，既能测量水平角又能测量竖直角，它由望远镜、水平度盘、竖直度盘（以下简称竖盘）、水准器、基座等组成。引例图给出了经纬仪的实物图。它们的构造具体如何呢？又是如何运用的？读者学完本章的内容就会了然于心。

引例图　经纬仪

案例引入

在建设项目的工地上，人们会经常看到技术人员架着一台仪器在测量角度，他们所使用的仪器就是经纬仪。经纬仪最初的发明与航海有着密切的关系。在 15～16 世纪，英国、法国等国家，出于航海、贸易或战争等原因，需要绘制各种地图、海图。最初绘制地图时，使用的是三角测量法，就是根据 2 个已知点上的观测结果，求出远处第 3 点的位置，但由于没有合适的仪器，导致角度测量手段有限，精度不高，因此绘制出的地图精度也不高。英国机械师西森约于 1730 年首先研制出了经纬仪，1904 年，德国开始生产玻璃度盘经纬仪，也就是现在运用的光学经纬仪。随着电子技术的发展，20 世纪 60 年代出现了电子经纬仪。随后又发展了激光经纬仪、电子速测仪、全站仪等。

经纬仪的发明，提高了角度的观测精度，同时简化了角度测量和计算的过程，也为绘制地图提供了更精确的数据。后来经纬仪被广泛地应用于各项工程建设的测量中。经纬仪包括基座、水平度盘和照准部3个部分。基座用来支撑整个仪器，水平度盘用来测量水平角，照准部上有望远镜、水准管以及读数装置等。

3.1 角度测量原理

3.1.1 水平角测量原理

地面上一点到两个目标的方向线之间的水平角就是通过该两个方向线所作的竖直面间的夹角，或者是这两个方向投影到同一水平面后所夹的角度。如图 3.1 所示，地面上有任意 3 个高度不同的点，分别为 A、O、B，如果通过倾斜线 OA 和 OB 分别作两个铅垂面，铅垂面与水平面之间的交线 oa 与 ob 所构成的夹角 $\angle aob$ 就是空间 $\angle AOB$ 的水平投影，即水平角。

为了测出水平角的大小，假设在 O 点(称为测站点)的铅垂线上水平地安置一个有刻划的圆形度盘，并使圆形度盘的中心位于 O 点的铅垂线上，如果用一个既能在竖直面内上下转动（可瞄准不同高度的目标），又能沿水平方向旋转的望远镜，依次从 O 点瞄准目标 A 和 B，设通过 OA 和 OB 的两竖直面在圆形度盘上截得的读数分别为 m 和 n，则水平角 β 就等于 n−m。即

$$\beta = n - m \tag{3-1}$$

水平角的范围为 0°～360°。

3.1.2 竖直角测量原理

竖直角也称为垂直角，是指地面上的直线与其水平投影线(水平视线)之间的夹角，或者是地面上的直线与水平面之间的夹角。如图 3.1 所示，Aa 垂直于水平面并与水平面交于 a 点，$\angle Aoa$ 就是直线 oA 的竖直角，常用 α 表示(注意：不是直线 OA 的竖直角)。

同理，如果在 o 点处竖直放置一个有刻划的圆形度盘，就可以在圆形度盘上分别读出倾斜视线 oA 的读数 p 和水平视线的读数 q，则 oA 的竖直角就等于 p 减去 q。即

$$\alpha = p - q \tag{3-2}$$

或者，α＝照准目标的读数－视线水平时的读数。

竖直角测量时，倾斜视线在水平视线以上时，α 为正（"＋"），称为仰角；倾斜视线在水平视线以下时，α 为负（"－"），称为俯角。竖直角的范围为 －90°～＋90°，如图 3.2 所示。

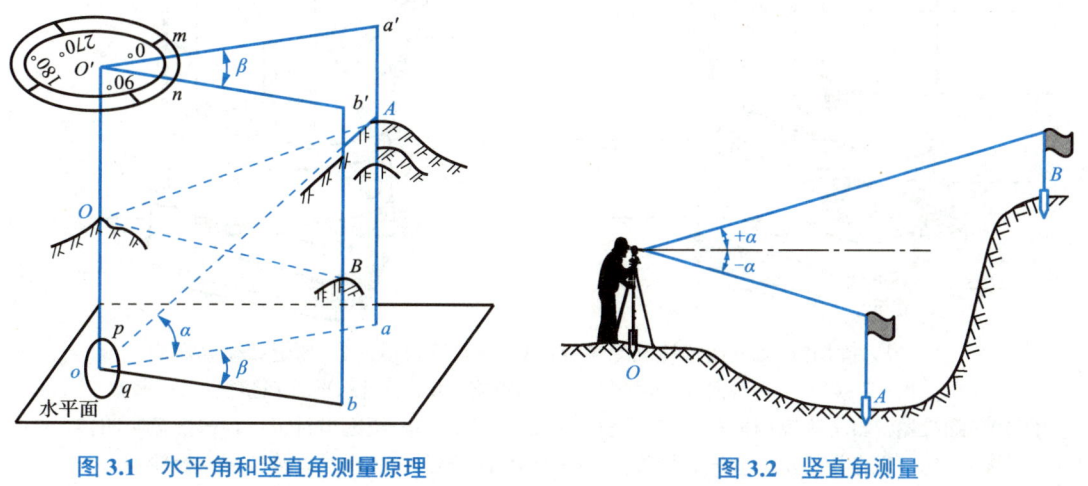

图 3.1　水平角和竖直角测量原理　　　　　图 3.2　竖直角测量

> **特别提示**
>
> 竖直角测量测定的是经纬仪视准轴和水平面之间的夹角，而不是测站点与目标点的连线和水平面的夹角。所以，即使测站点和目标点相同，只要经纬仪架设的高度不同，所测出的角度值也会不一样。

根据以上分析，用于测量水平角和竖直角的仪器，必须配备对中和整平装置，一个水平度盘和一个竖盘，并设有能在水平度盘和竖盘上进行读数的装置，为了瞄准不同高度的目标，仪器要配备望远镜，且望远镜不仅能在水平面内转动，而且也能在竖直面内旋转，这样的仪器设备就是经纬仪。

3.2　光学经纬仪的构造

经纬仪的种类很多，但基本结构相同。我国生产的经纬仪以光学经纬仪为主，按测角精度不同，分为 DJ_{07}、DJ_1、DJ_2、DJ_6 和 DJ_{15} 等不同级别。其中，"D" "J" 分别为 "大地测量" 和 "经纬仪" 的汉字拼音第一个字母，下标数字 07、1、2、6、15 表示仪器的精度等级，即 "一测回方向观测中误差的秒数"。07 表示 0.7 秒。国外生产的经纬仪可按其所能达到的精度纳入相应级别，如 T2、DKM2、Theo010 等可视为 DJ_2；T1、DKM1、Theo030 等可视为 DJ_6。而目前在建筑工程测量中使用较多的是 DJ_6 光学经纬仪。光学经纬仪各部分的具体构造如图 3.3 所示。

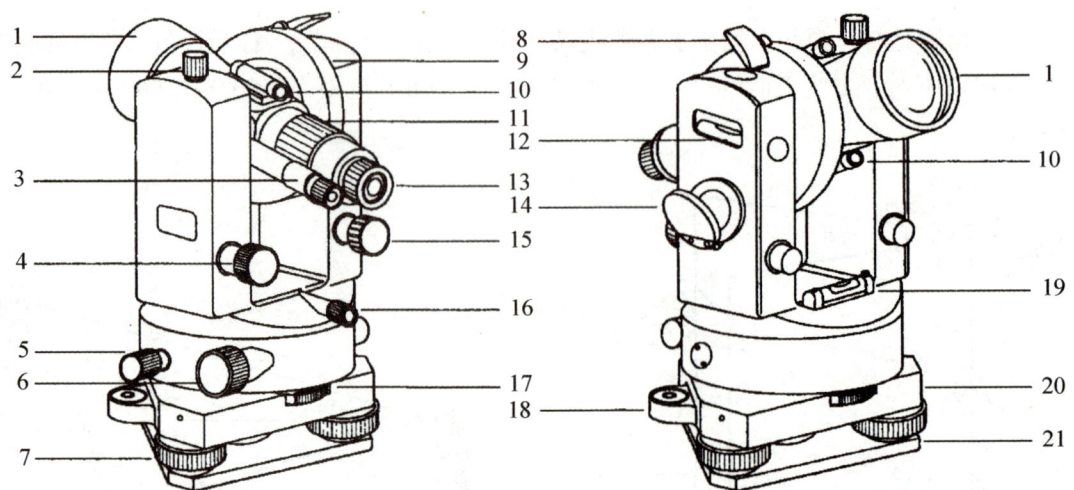

1—望远镜物镜；2—望远镜制动螺旋；3—度盘读数镜；4—望远镜微动螺旋；
5—水平制动螺旋；6—水平微动螺旋；7—脚螺旋；8—竖盘水准管观察窗；9—竖盘；
10—瞄准器；11—物镜调焦环；12—竖盘指标水准管；13—望远镜目镜；14—度盘照明镜；
15—竖盘指标水准管微动螺旋；16—光学对中器；17—水平度盘位置变换轮；
18—基座圆水准器；19—照准部水准管；20—基座；21—基座底板。

图 3.3 光学经纬仪各部分的具体构造

3.2.1　DJ$_6$ 光学经纬仪的构造

DJ$_6$ 光学经纬仪主要由照准部、水平度盘和基座三部分组成，如图 3.4 所示。

1. 照准部

照准部是指经纬仪水平度盘之上，能绕其旋转轴旋转部分的总称。照准部主要由竖轴、望远镜、竖盘、读数设备、照准部水准管和光学对中器等组成。

1) 竖轴

照准部的旋转轴称为仪器的竖轴。通过调节照准部制动螺旋和微动螺旋，可以控制照准部在水平方向的转动。

2) 望远镜

望远镜用于瞄准目标。另外，为了便于精确瞄准目标，经纬仪的十字丝分划板与水准仪的稍有不同，竖丝分为单丝和双丝，如图 3.5 所示。

望远镜的旋转轴称为横轴。通过调节望远镜制动螺旋和微动螺旋，可以控制望远镜的上下转动。

望远镜的视准轴垂直于横轴，横轴垂直于仪器竖轴。因此，在仪器竖轴铅垂时，望远镜绕横轴转动可扫出一个铅垂面。

3) 竖盘

竖盘用于测量竖直角，竖盘固定在横轴的一端，随望远镜一起转动。

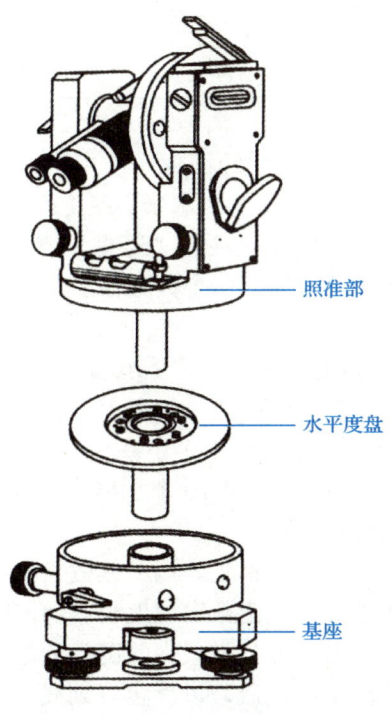

图 3.4 DJ₆ 光学经纬仪的一般构造

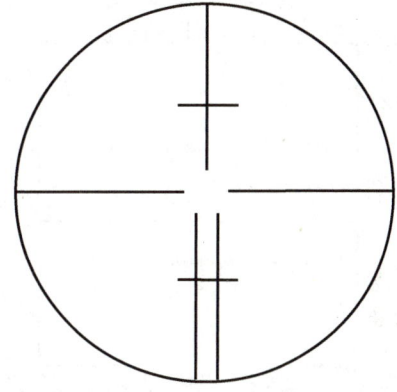

图 3.5 经纬仪的十字丝分划板

4) 读数设备

读数设备用于读取水平度盘和竖盘的读数。

5) 照准部水准管

照准部水准管用于精确整平仪器。水准管轴垂直于仪器竖轴，当照准部水准管气泡居中时，经纬仪的竖轴铅垂，水平度盘处于水平位置。

6) 光学对中器

光学对中器用于使水平度盘中心位于测站点的铅垂线上。

2. 水平度盘

水平度盘用于测量水平角。它是由光学玻璃制成的圆环，环上刻有 0°～360° 的分划线，在整度分划线上标有注记，并按顺时针方向注记，其度盘分划值为 1° 或 30′。

水平度盘与照准部是分离的，当照准部转动时，水平度盘并不随之转动。如果需要改变水平度盘的位置，可通过基座上的水平度盘位置变换轮，将度盘变换到所需要的位置。

3. 基座

基座下的底板和三角压板用于支承整个仪器，并通过中心连接螺旋将经纬仪固定在三脚架上。基座上有 3 个脚螺旋，用于整平仪器。有的仪器在基座上还有一个轴座固定螺旋，用于控制照准部和基座之间的衔接。

3.2.2 读数设备及读数方法

度盘上小于度盘分划值的读数要利用测微器读出,DJ6 光学经纬仪一般采用分微尺测微器。如图 3.6 所示,在读数显微镜内可以看到两个读数窗:注有"水平"或"H"的是水平度盘读数窗;注有"竖直"或"V"的是竖盘读数窗。每个读数窗上有一个分微尺。

分微尺的长度等于度盘上 1°影像的宽度,即分微尺全长代表 1°。将分微尺分成 60 个小格,每 1 个小格代表 1′,可估读到 0.1′,即 6″。每 10 个小格注有数字,表示 10′的倍数。

读数时,首先,调节读数显微镜目镜对光螺旋,使读数窗内度盘影像清晰;其次,读出位于分微尺中的度盘分划线上的度数注记;最后,以度盘分划线为指标,在分微尺上读取不足 1°的分数,并估读秒数。如图 3.6 所示,其水平度盘读数为 164°06′36″,竖盘读数为 86°51′36″。

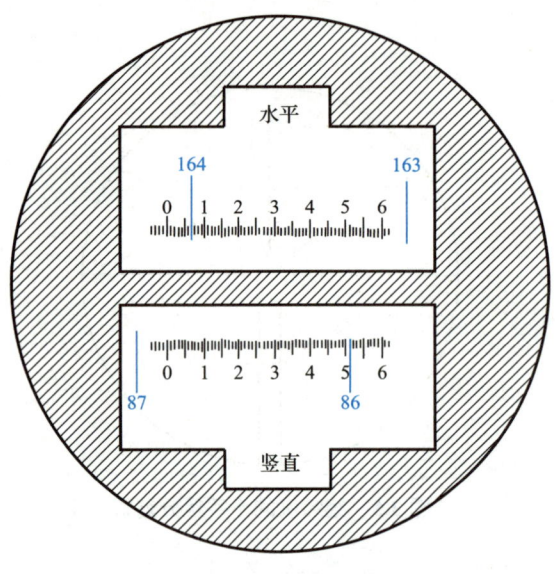

图 3.6 分微尺测微器读数

> **特别提示**
>
> 读数时,在分微尺上很可能会同时看到两个度数注记,一定要读落在分微尺度盘分划线上的度数注记。

3.3 经纬仪的使用概述

3.3.1 安置仪器

安置仪器是指将经纬仪安置在测站点上,包括对中和整平两项内容。对中的目的是使经纬仪中心与测站点标志中心位于同一铅垂线上;整平的目的是使经纬仪竖轴处于铅垂位置,水平度盘处于水平位置。

1. 初步对中和整平
1) 用锤球对中
(1) 将三脚架调整到合适高度,张开三脚架,安置在测站点上方,在脚架的连接螺旋处挂上锤球，如果锤球尖离标志中心太远，可固定一脚移动另外两脚，或将三脚架整体平移，使锤球尖大致对准测站点标志中心，并注意使架头大致水平，然后将三脚架的脚尖踩入土中。

(2) 将经纬仪从箱中取出，用连接螺旋将经纬仪安装在三脚架上。调整脚螺旋，使圆水准器气泡居中。

(3) 此时，如果锤球尖偏离测站点标志中心，可旋松连接螺旋，在架头上移动经纬仪，使锤球尖精确对准测站点标志中心，然后旋紧连接螺旋。

2) 用光学对中器对中

(1) 使架头大致对中和水平，固定经纬仪；调节光学对中器的目镜和物镜对光螺旋，使光学对中器的分划板小圆圈和测站点标志的影像清晰。

(2) 转动脚螺旋，使光学对中器对准测站标志中心，此时圆水准器气泡偏离，伸缩三脚架架腿，使圆水准器气泡居中，注意脚架尖位置不得移动。

3) 初步整平时，容易发生的操作错误

初步整平时，调节三脚架架腿的伸缩连接处，使圆水准器的气泡居中，而千万不能调节经纬仪的脚螺旋，虽然脚螺旋的调节同样可以使圆水准器的气泡居中。这是因为调节三脚架架腿的伸缩连接处时，光学对中不会偏移，从而使初步整平完成后，对中器十字丝仍然对准测站点标志中心，既完成了光学对中又完成了整平。而调节经纬仪的脚螺旋时，调节的幅度越大，光学对中偏移越大，当圆水准器的气泡居中，光学对中又发生了很大的偏移，需重新进行初步对中，而初步对中需要移动三脚架，当初步对中完成时，圆水准器的气泡又发生了偏移，又需进行整平，如此反复，难以成功。

4) 初步整平时，调节三脚架架腿伸缩连接处的技巧

三脚架架腿的伸缩连接处的调节远没有调节脚螺旋那么轻松。调节时需用脚踩住架腿的踏脚，松开固定螺旋，然后伸缩架腿，同时看着圆水准器，气泡移动到需要的位置时，再慢慢弯腰，拧紧固定螺旋。因为调节三脚架架腿的伸缩连接处较麻烦，所以要掌握一定的技巧，动作需到位，尽可能地避免重复调节。

对三脚架架腿的伸缩连接处的调节最终是要使圆水准器的气泡进入中心圆圈，气泡偏向哪边表示哪边高，这样就可以根据气泡的位置判断最先应该调节哪个架腿，伸腿使这一侧抬高，气泡沿着架腿的方向向架腿这一侧移动，缩腿使这一侧降低，气泡沿着架腿的方向向架腿这一侧反方向移动。此时圆水准器的中心圆圈并不一定在气泡的移动线路上，因此，一次调节不能使气泡直接进入中心圆圈内。但可以把气泡调节到一个合适的位置，使气泡、中心圆圈的连线位于另一个架腿的伸缩移动方向上，这样在调节另一个架腿时，气泡就会沿着这个方向移动，从而可以顺利地使气泡进入中心圆圈。也就是说，只要掌握了技巧，只调节三脚架的两个架腿，两次调节就可以完成初步整平。

> 光学经纬仪对中和整平的探讨

特别提示

目前，因为用锤球对中时，锤球很容易受风的影响而来回摆动，从而影响锤球尖精确对准测站点标志中心，所以现在基本不用锤球对中的方法。

2. 精确整平和对中

1) 整平

先转动照准部，使水准管平行于任意一对脚螺旋的连线。如图3.7(a)所示，两手同时向内或向外转动两个脚螺旋，使气泡居中，注意使气泡移动的方向始终与左手大拇指移动方向一致；然后将照准部转动90°，如图3.7(b)所示，转动第3个脚螺旋，使水准管气泡居中。再将照准部转回原位置，检查气泡是否居中，若不居中，按上述步骤反复进行，直到水准管在任何位置时，气泡偏离零点不超过一格。

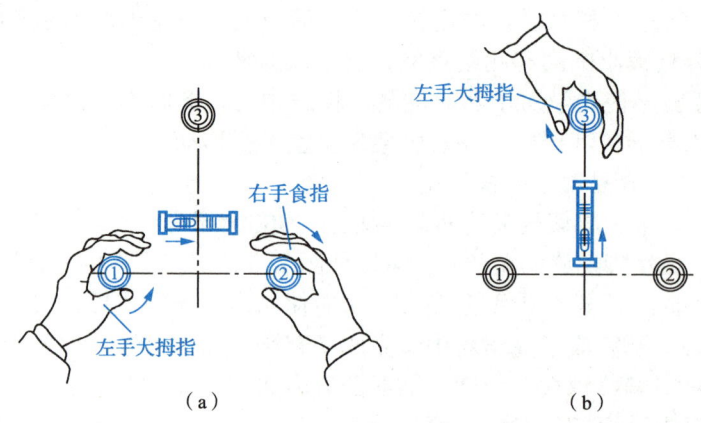

图3.7 经纬仪的整平

2) 对中

先旋松连接螺旋，在架头上轻轻移动经纬仪，使锤球尖精确对中测站点标志中心(锤球对中方法)，或使对中器分划板的刻划中心与测站点标志影像重合(光学对中器对中方法)，然后旋紧连接螺旋。锤球对中误差一般可控制在3mm以内，光学对中器对中误差一般可控制在1mm以内。

精确对中和整平，一般都需要经过几次"精确整平—精确对中—精确整平"的循环过程，直至整平和对中均符合要求。

3.3.2 瞄准目标

(1) 松开望远镜制动螺旋和照准部制动螺旋，将望远镜朝向明亮背景，调节目镜对光螺旋，使十字丝清晰。

(2) 利用望远镜上的照门和瞄准器粗略对准目标，拧紧照准部及望远镜制动螺旋；调节物镜对光螺旋，使目标影像清晰，并注意消除视差。

(3) 转动照准部和望远镜微动螺旋，精确瞄准目标。测量水平角时，应用十字丝交点附近的竖丝瞄准目标底部，如图3.8所示。

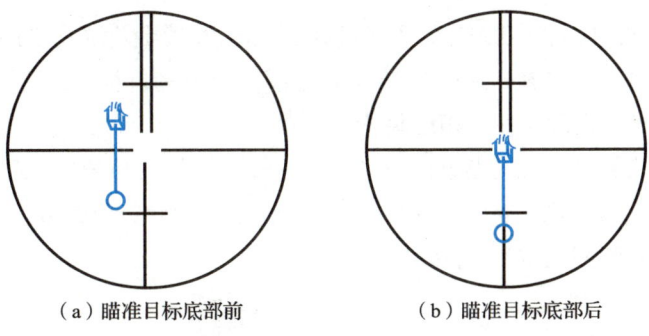

(a) 瞄准目标底部前　　　　　　(b) 瞄准目标底部后

图 3.8　瞄准目标

3.3.3　读数

(1) 打开反光镜，调节反光镜镜面位置，使读数窗亮度适中。
(2) 转动读数显微镜目镜对光螺旋，使度盘、测微器及指标线的影像清晰。
(3) 根据仪器的读数设备，按前述的经纬仪读数方法进行读数。

经纬仪的使用

3.4　水平角测量

水平角的观测方法一般根据同一测站目标的多少而定，常用的方法有测回法和方向观测法。

3.4.1　测回法

测回法适用于观测两个方向之间的水平角。

1. 测回法观测及记录

如图 3.9 所示，设 O 为测站点，A、B 为观测目标，用测回法观测 OA 与 OB 两方向之间的水平角 β，具体施测步骤如下。

(1) 在测站点 O 安置经纬仪，在 A、B 两点竖立测杆或测钎等作为目标标志。
(2) 将仪器置于盘左位置(竖盘在望远镜观测方向的左侧，又称为正镜)，转动照准部，先瞄准左目标 A，读取水平度盘读数 a_L，设读数为 $0°01'30''$，记入水平角观测手簿，即表 3-1 相应栏内。松开照准部制动螺旋，顺时针转动照准部，瞄准右目标 B，读取水平度盘读数 b_L，设读数为 $98°20'48''$，记入表 3-1 相应栏内。

以上称为上半测回，盘左位置的水平角值(也称为上半测回角值) β_L 为

$$\beta_L = b_L - a_L = 98°20'48'' - 0°01'30'' = 98°19'18''$$

(3) 松开照准部制动螺旋，倒转望远镜成盘右位置(竖盘在望远镜观测方向的右侧，又

称为倒镜)，先瞄准右目标 B，读取水平度盘读数 b_R，设读数为 $278°21'12''$，记入表 3-1 相应栏内。松开照准部制动螺旋，逆时针转动照准部，瞄准左目标 A，读取水平度盘读数 a_R，设读数为 $180°01'42''$，记入表 3-1 相应栏内。

以上称为下半测回，盘右位置的水平角值(也称下半测回角值)$β_R$ 为

$$β_R = b_R - a_R = 278°21'12'' - 180°01'42'' = 98°19'30''$$

上半测回和下半测回构成一测回。

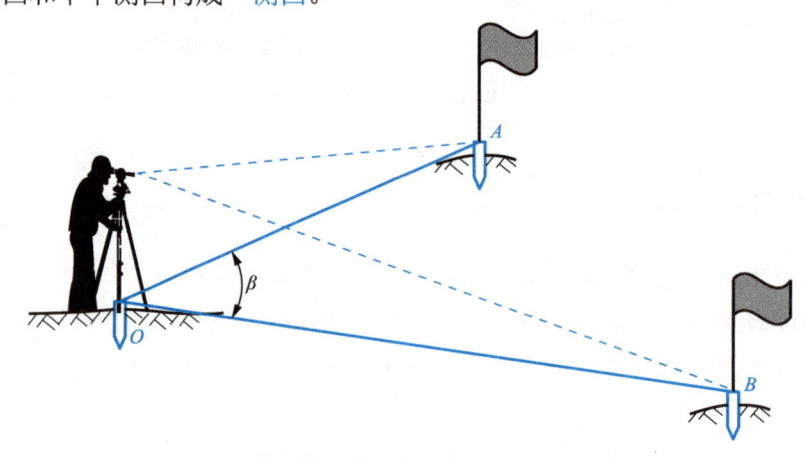

图 3.9　水平角测量(测回法)

表 3-1　水平角观测手簿

测站点	竖盘位置	观测目标	水平度盘读数 °　′　″	半测回角值 °　′　″	一测回角值 °　′　″	各测回角值平均值 °　′　″	备注
第一测回 O	左	A	0　01　30	98　19　18	98　19　24	98　19　30	
		B	98　20　48				
	右	A	180　01　42	98　19　30			
		B	278　21　12				
第二测回 O	左	A	90　01　06	98　19　30	98　19　36		
		B	188　20　36				
	右	A	270　00　54	98　19　42			
		B	8　20　36				

(4) 对于 DJ_6 光学经纬仪，如果上、下两半测回角值之差不大于 $±40''$，则认为观测合格。此时，可取上、下两半测回角值的平均值作为一测回角值 $β$。

在本例中，上、下两半测回角值之差为

$$Δβ = β_L - β_R = 98°19'18'' - 98°19'30'' = -12''$$

一测回角值为

$$β = \frac{1}{2}(β_L + β_R) = \frac{1}{2}(98°19'18'' + 98°19'30'') = 98°19'24''$$

将结果记入表 3-1 相应栏内。

> **特别提示**
>
> 由于水平度盘是顺时针刻划和注记的，所以在计算水平角时，总是用右目标的读数减去左目标的读数，如果不够减，则应在右目标的读数上加 360°，再减去左目标的读数，决不可以倒过来减。

当测角精度要求较高时，需对一个角度观测多个测回，但每个测回均应改变起始读数。无论进行几个测回，第一测回的起始读数始终是略大于 0°的，以后各测回的起始读数应根据测回数 n，以 180°/n 的差值递增，并安置水平度盘起始读数。例如，当测回数 n=2 时，第一测回的起始读数可安置在略大于 0°处；第二测回的起始读数可安置在略大于 90°(180°/2)处。各测回角值互差如果不超过±40″(对于 DJ$_6$ 光学经纬仪)，取各测回角值的平均值作为最后角值，记入表 3-1 相应栏内。

经纬仪测回法测水平角

2. 安置水平度盘

首先，转动照准部瞄准起始目标；其次，打开水平度盘位置变换轮下的保险护盖，并转动水平度盘位置变换轮，直至从读数窗看到所需读数；最后，盖上保险护盖。

3.4.2 方向观测法

方向观测法简称方向法，适用于在一个测站上观测两个以上的方向。

1. 测站观测及记录

如图 3.10 所示，设 O 为测站点，A、B、C、D 为观测目标，用方向观测法观测各方向间的水平角，具体施测步骤如下。

(1) 在测站点 O 安置经纬仪，在 A、B、C、D 观测目标处竖立观测标志。

(2) 盘左位置。选择一个明显目标 C 作为起始方向(零方向)，瞄准零方向 C，将水平度盘读数安置在稍大于 0°处，读取水平度盘读数，记入表 3-2 方向观测法观测手簿第 4 栏。

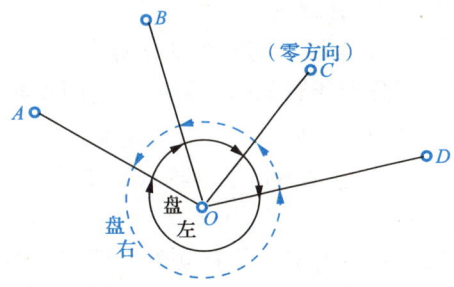

图 3.10 水平角测量(方向观测法)

松开照准部制动螺旋，顺时针方向旋转照准部，依次瞄准 D、A、B 各目标，分别读取水平度盘读数，记入表 3-2 第 4 栏，为了校核，再次瞄准零方向 C，称为上半测回归零，读取水平度盘读数，记入表 3-2 第 4 栏。

零方向 C 的两次读数之差的绝对值称为半测回归零差(简称归零差)，用 Δ 表示，归零差不应超过表 3-3 中的规定，如果归零差超限，应重新观测。以上称为上半测回。

(3) 盘右位置。绕逆时针方向，依次照准目标 C、B、A、D、C，并将水平度盘读数由下向上记入表 3-2 第 5 栏，此为下半测回。

上、下两个半测回合称一测回。为了提高精度，有时需要观测 n 个测回，则各测回起始方向仍按 180°/n 的差值安置水平度盘读数。

表 3-2 方向观测法观测手簿

测站点	测回数	观测目标	水平度盘读数 盘左 ° ′ ″	水平度盘读数 盘右 ° ′ ″	2c ″	平均读数 ° ′ ″	归零后方向值 ° ′ ″	各测回归零后方向值平均值 ° ′ ″	略图及角值
O	1	C	0 02 12	180 02 00	+12	(0 02 09) 0 02 06	0 00 00	0 00 00	
		D	37 44 18	217 44 06	+12	37 44 12	37 42 03	37 42 04	
		A	110 29 06	290 28 54	+12	110 29 00	110 26 51	110 26 54	
		B	150 14 54	330 14 48	+6	150 14 51	150 12 42	150 12 34	
		C	0 02 18	180 02 06	+12	0 02 12			
		Δ	6	6					
	2	C	90 03 30	270 03 24	+6	(90 03 24) 90 03 27	0 00 00		
		D	127 45 36	307 45 24	+12	127 45 30	37 42 06		
		A	200 30 24	20 30 18	+6	200 30 21	110 26 57		
		B	240 15 54	60 15 48	+6	240 15 51	150 12 27		
		C	90 3 24	270 03 18	+6	90 03 21			
		Δ	−6	−6					

略图角值:C 37°42′04″, 72°44′50″, 39°45′40″(O 点, 方向 D、A、B)

2. 计算方法

1）半测回归零差的计算

分别计算起始目标处盘左两次瞄准的读数差和盘右两次瞄准的读数差Δ，并计入表格。一旦归零差超限，应及时重测。

2）计算两倍视准轴误差 $2c$ 值

$$2c = 盘左读数 - (盘右读数 \pm 180°) \tag{3-3}$$

式(3-3)中，盘右读数大于 180°时取"−"号，盘右读数小于 180°时取"+"号。计算各方向的 $2c$ 值，填入表 3-2 第 6 栏。一测回内各方向 $2c$ 值互差不应超过表 3-3 中的规定。如果超限，应在原度盘位置重测。

3）各方向平均读数的计算

平均读数又称为各方向的方向值。

$$平均读数 = \frac{1}{2}[盘左读数 + (盘右读数 \pm 180°)]$$

计算时，以盘左读数为准，将盘右读数加或减 180°后，和盘左读数取平均值。计算各方向的平均读数，填入表 3-2 第 7 栏。起始方向有两个平均读数，故应再取其平均值，填入表 3-2 第 7 栏中的小括号内。

4) 归零后方向值的计算

将各方向的平均读数减去起始方向的平均读数(括号内数值)，即得各方向的"归零后方向值"，填入表3-2第8栏。起始方向归零后的方向值为零。

5) 各测回归零后方向值平均值的计算

多测回观测时，若同一方向值各测回互差符合表3-3中的规定，则取各测回归零后方向值的平均值，作为该方向的最后结果，填入表3-2第9栏。

6) 各目标间水平角值的计算

将第9栏相邻两方向值平均值相减即可求得各目标间水平角值，注于第10栏略图的相应位置上。

当需要观测的方向为3个时，除不做归零观测外，其他均与3个以上方向的观测方法相同。

3. 方向观测法的技术要求

表3-3给出了方向观测法的技术要求。

表3-3 方向观测法的技术要求

经纬仪型号	半测回归零差	一测回内2c值互差	同一方向值各测回互差
DJ_2	12″	18″	12″
DJ_6	18″	—	24″

3.5 竖直角测量

3.5.1 竖盘构造

如图3.11所示，光学经纬仪竖盘的构造包括竖盘、竖盘指标、竖盘指标水准管和竖盘指标水准管微动螺旋。

竖盘固定在横轴的一端，当望远镜在竖直面内转动时，竖盘也随之转动，而用于读数的竖盘指标则不动。

当竖盘指标水准管气泡居中时，竖盘指标所处的位置称为正确位置。

光学经纬仪的竖盘也是一个玻璃圆环，分划与水平度盘相似，度盘刻度0°~360°的注记有顺时针方向和逆时针方向两种。图3.12(a)所示为顺时针方向注记，图3.12(b)所示为逆时针方向注记。

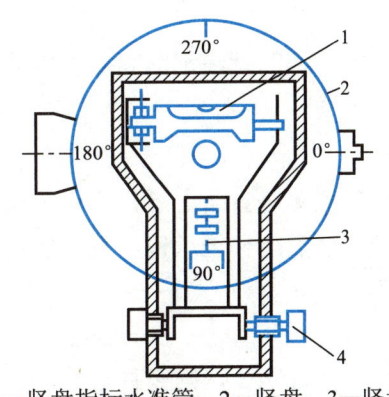

1—竖盘指标水准管；2—竖盘；3—竖盘指标；4—竖盘指标水准管微动螺旋。

图3.11 竖盘的构造

竖盘构造的特点是：当望远镜视线水平、竖盘指标水准管气泡居中时，盘左位置的竖盘读数为 90°，盘右位置的竖盘读数为 270°。

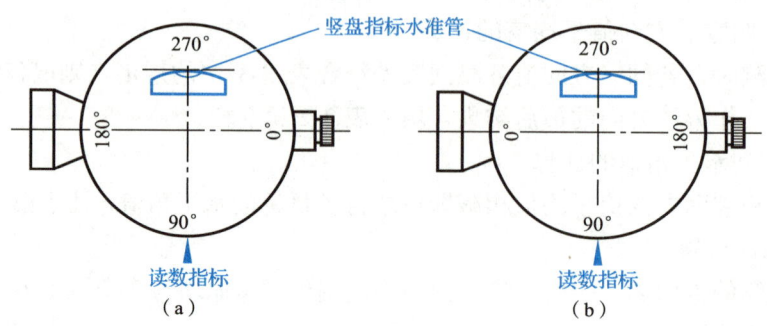

图 3.12 竖盘刻度注记(盘左位置)

3.5.2 竖直角计算公式

由于竖盘刻度注记形式不同，竖直角计算的公式也不一样。现在以顺时针注记的竖盘为例，推导竖直角计算的公式。

如图 3.13(a)所示，对于盘左位置，视线水平时，竖盘读数为 90°。当瞄准目标时，竖盘读数为 L，则盘左竖直角 α_L 为

$$\alpha_L = 90° - L \tag{3-4}$$

如图 3.13(b)所示，对于盘右位置，视线水平时，竖盘读数为 270°。当瞄准原目标时，竖盘读数为 R，则盘右竖直角 α_R 为

$$\alpha_R = R - 270° \tag{3-5}$$

将盘左、盘右位置的两个竖直角取平均值，即得竖直角 α 计算公式为

$$\alpha = \frac{1}{2}(\alpha_L + \alpha_R) \tag{3-6}$$

对于逆时针注记的竖盘，用类似的方法推得竖直角的计算公式为

$$\left. \begin{array}{l} \alpha_L = L - 90° \\ \alpha_R = 270° - R \end{array} \right\} \tag{3-7}$$

在观测竖直角之前，将望远镜大致放置水平，观察竖盘读数，首先确定视线水平时的读数；然后上仰望远镜，观测竖盘读数是增加还是减少。若读数增加，则竖直角的计算公式为

$$\alpha = 瞄准目标时竖盘读数 - 视线水平时竖盘读数 \tag{3-8}$$

若读数减少，则竖直角的计算公式为

$$\alpha = 视线水平时竖盘读数 - 瞄准目标时竖盘读数 \tag{3-9}$$

以上规定，适合任何竖盘注记形式和盘左盘右观测。

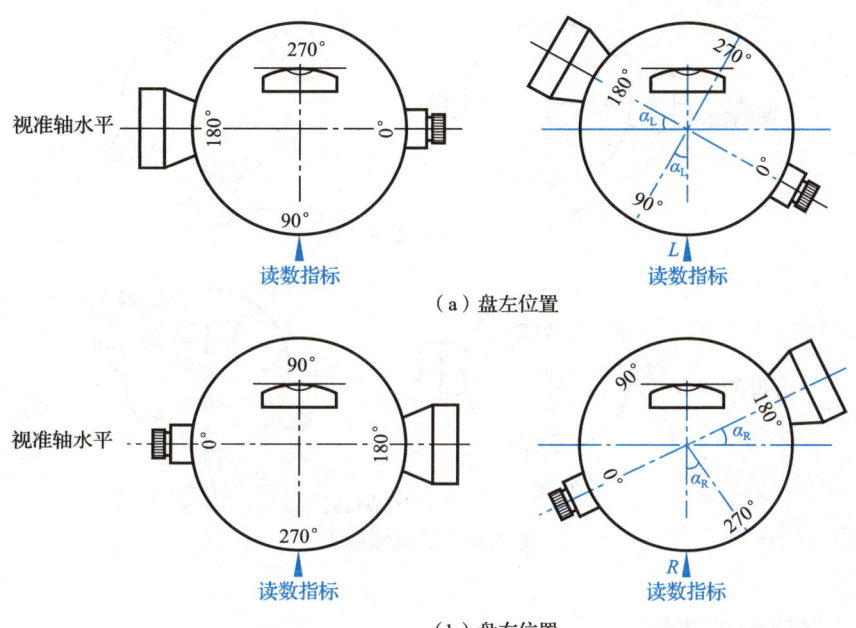

(a)盘左位置

(b)盘右位置

图 3.13 竖盘读数与竖直角计算

3.5.3 竖盘指标差

在竖直角计算公式中，认为当视准轴水平、竖盘指标水准管气泡居中时，竖盘读数应是 90°的整数倍。但是实际上该条件往往不能满足，竖盘指标常常偏离正确位置，偏离的差值 x，称为竖盘指标差。竖盘指标差 x 本身有正负号，一般规定当竖盘指标偏移方向与竖盘刻度注记方向一致时，x 取正号；反之，x 取负号。

如图 3.14(a)所示，对于盘左位置，由于存在竖盘指标差，其正确的竖直角计算公式为

$$\alpha = 90° - L + x = \alpha_L + x \tag{3-10}$$

同样，如图 3.14(b)所示，对于盘右位置，其正确的竖直角计算公式为

$$\alpha = R - 270° - x = \alpha_R - x \tag{3-11}$$

将式(3-10)和式(3-11)相加并除以 2，得

$$\alpha = \frac{1}{2}(\alpha_L + \alpha_R) = \frac{1}{2}(R - L - 180°) \tag{3-12}$$

由此可见，在竖直角测量时，用盘左、盘右观测，取平均值作为竖直角的观测结果，可以消除竖盘指标差的影响。

将式(3-10)和式(3-11)相减并除以 2，得

$$x = \frac{1}{2}(\alpha_R - \alpha_L) = \frac{1}{2}(L + R - 360°) \tag{3-13}$$

式(3-13)为竖盘指标差的计算公式。指标差互差(即所求指标差之间的差值)可以反映观测成果的精度。有关规范规定：竖直角观测时，对于指标差互差的限差，DJ$_2$ 光学经纬仪不得超过±15″，DJ$_6$ 光学经纬仪不得超过±25″。

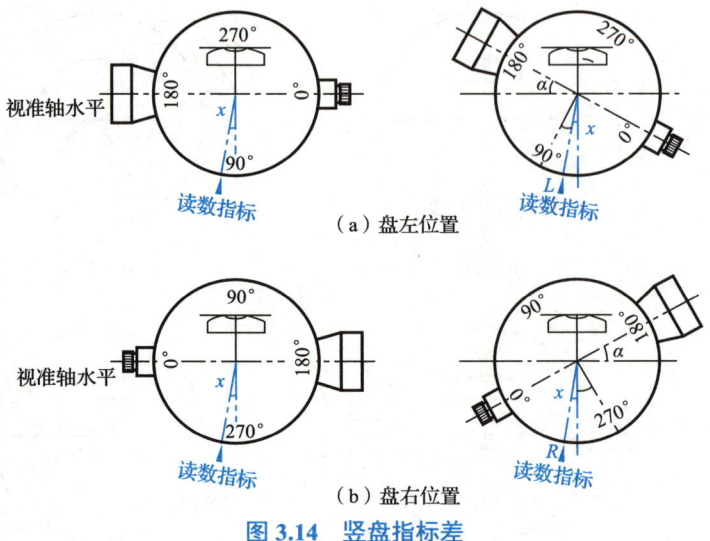

图 3.14 竖盘指标差

3.5.4 竖直角的观测

竖直角的观测、记录和计算步骤如下。

(1) 在测站点 O 安置经纬仪，在目标点 A 竖立观测标志，按前述方法确定该仪器竖直角计算公式，为方便应用，可将公式记录于竖直角观测手簿，即表 3-4 的备注栏中。

(2) 盘左位置：瞄准目标 A，使十字丝横丝精确地切于目标顶端，如图 3.15 所示。转动竖盘指标水准管微动螺旋，使水准管气泡严格居中，然后读取竖盘读数 L，设为 $95°22'00''$，记入竖直角观测手簿表 3-4 的相应栏内。

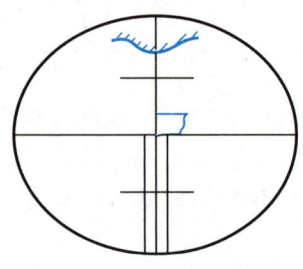

图 3.15 竖直角测量瞄准

(3) 盘右位置：重复步骤(2)，设其读数 R 为 $264°36'48''$，记入表 3-4 相应栏内。

表 3-4 竖直角观测手簿

测站点	观测目标	竖盘位置	竖盘读数 ° ′ ″	半测回竖直角 ° ′ ″	竖盘指标差 ″	一测回竖直角 ° ′ ″	备注
O	A	左	95 22 00	−5 22 00	−36	−5 22 36	
		右	264 36 48	−5 23 12			
	B	左	81 12 36	+8 47 24	−45	+8 46 39	
		右	278 45 54	+8 45 54			

(4) 根据竖直角计算公式，计算得

$$\alpha_L = 90° - L = 90° - 95°22'00'' = -5°22'00''$$

$$\alpha_R = R - 270° = 264°36'48'' - 270° = -5°23'12''$$

那么，一测回竖直角为

$$\alpha = \frac{1}{2}(\alpha_L + \alpha_R) = \frac{1}{2}(-5°22'00'' - 5°23'12'') = -5°22'36''$$

竖盘指标差为

$$x = \frac{1}{2}(\alpha_R - \alpha_L) = \frac{1}{2}(-5°23'12'' + 5°22'00'') = -36''$$

将计算结果分别填入表 3-4 相应栏内。

有些经纬仪采用了竖盘指标自动归零装置(自动补偿器)，其原理与自动安平水准仪补偿器基本相同。当经纬仪整平后，瞄准目标，打开自动补偿器，竖盘指标即居于正确位置，从而明显提高了竖直角观测的速度和精度。

3.6 经纬仪的检验与校正

3.6.1 经纬仪的轴线及各轴线间应满足的几何条件

如图 3.16 所示，经纬仪的主要轴线有竖轴 VV_1、横轴 HH_1、视准轴 CC_1 和水准管轴 LL_1。经纬仪各轴线之间应满足以下几何条件。

(1) 水准管轴 LL_1 应垂直于竖轴 VV_1。

(2) 十字丝竖丝应垂直于横轴 HH_1。

(3) 视准轴 CC_1 应垂直于横轴 HH_1。

(4) 横轴 HH_1 应垂直于竖轴 VV_1。

经纬仪应满足上述几何条件，经纬仪在使用前或使用一段时间后，应进行检验，如发现经纬仪不满足上述几何条件，则需要进行校正。

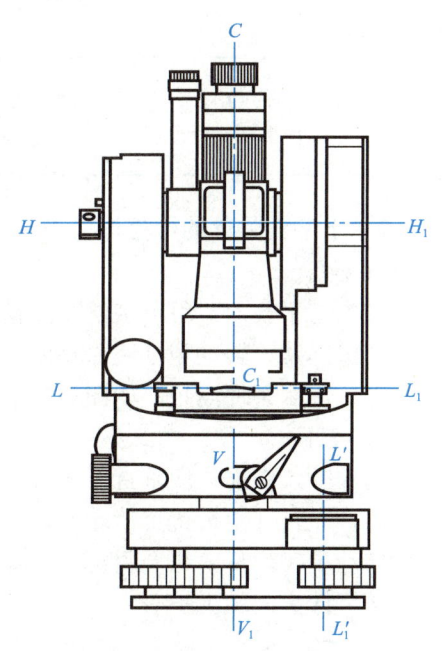

图 3.16 经纬仪的主要轴线

3.6.2 经纬仪的检验与校正概述

1. 水准管轴 LL_1 垂直于竖轴 VV_1 的检验与校正

1) 检验

首先利用圆水准器粗略整平仪器，然后转动照准部使水准管平行于任意两个脚螺旋的连线方向，调节这两个脚螺旋使水准管气泡居中，再将仪器旋转 180°，如水准管气泡仍居中,说明水准管轴与竖轴垂直;若气泡不再居中,则说明水准管轴与竖轴不垂直,需要校正。

2) 校正

如图 3.17(a)所示,设水准管轴与竖轴不垂直,倾斜了 α 角,当水准管气泡居中时,竖轴与铅垂线的夹角为 α。将仪器绕竖轴旋转 180°后,竖轴位置不变,而水准管轴与水平线的夹角为 2α,如图 3.17(b)所示。

校正时,先相对旋转这两个脚螺旋,使气泡向中心移动偏离值的一半,如图 3.17(c)所示,此时竖轴处于竖直位置。然后用校正针拨动水准管一端的校正螺钉,使气泡居中,如图 3.17(d)所示,此时水准管轴处于水平位置。

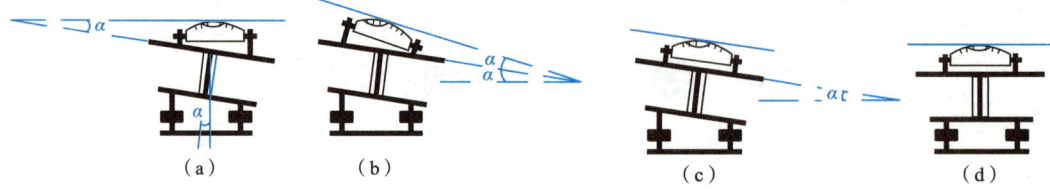

图 3.17　水准管轴垂直于竖轴的检验与校正

特别提示

此项检验与校正比较精细,应反复进行,直至照准部旋转到任何位置,气泡偏离零点不超过半格。

2. 十字丝竖丝的检验与校正

1) 检验

首先整平仪器,用十字丝交点精确瞄准一明显的点状目标,如图 3.18 所示,然后制动照准部望远镜,转动望远镜微动螺旋使望远镜绕横轴做微小俯仰,如果目标点始终在竖丝上移动,说明条件满足,如图 3.18(a)所示;否则,需要校正,如图 3.18(b)所示。

2) 校正

与水准仪中横丝应垂直于竖轴的校正方法相同,此处只是使竖丝竖直。如图 3.19 所示,校正时,先打开望远镜目镜端护盖,松开十字丝环的 4 个固定螺钉,按竖丝偏离的反方向微微转动十字丝环,直至目标点在望远镜上、下俯仰时始终在十字丝竖丝上移动,最后将固定螺钉拧紧,旋上护盖。

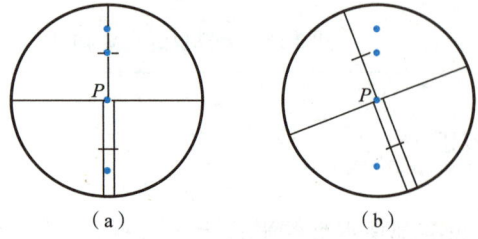

图 3.18　十字丝竖丝的检验

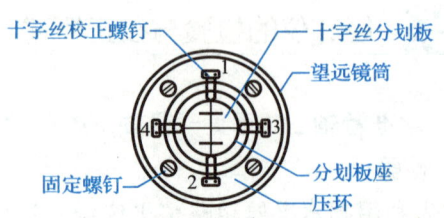

图 3.19　十字丝竖丝的校正

3. 视准轴 CC_1 垂直于横轴 HH_1 的检验与校正

视准轴不垂直于水平轴所偏离的角值 c 称为视准轴误差。具有视准轴误差的望远镜绕水平轴旋转时，视准轴将扫过一个圆锥面，而不是一个平面。

1) 检验

视准轴误差的检验方法有盘左、盘右读数法和四分之一法两种，下面具体介绍四分之一法。

(1) 在平坦地面上，选择相距约 100m 的 A、B 两点，在 AB 连线中点 O 处安置经纬仪，如图 3.20 所示，并在 A 点设置一瞄准标志，在 B 点横放一根刻有毫米分划的直尺，使直尺垂直于视线 OB，A 点的标志、B 点横放的直尺应与仪器大致同高。

(2) 用盘左位置瞄准 A 点，制动照准部，然后纵转望远镜，在 B 点尺上读得读数 B_1，如图 3.20(a)所示。

(3) 用盘右位置再瞄准 A 点，制动照准部，然后纵转望远镜，再在 B 点尺上读得读数 B_2，如图 3.20(b)所示。

如果 B_1 与 B_2 两读数相同，说明视准轴垂直于横轴。如果 B_1 与 B_2 两读数不相同，由图 3.20(b)可知，$\angle B_1OB_2=4c$，由此算得

$$c=\frac{B_1B_2}{4D}\rho$$

式中：D 为 O 点到 B 点的水平距离，m；B_1B_2 为 B_1 与 B_2 的读数差值，m；ρ 为一弧度秒值，$\rho=206265''$。

对于 DJ_6 光学经纬仪，如果 $c>60''$，则需要校正。

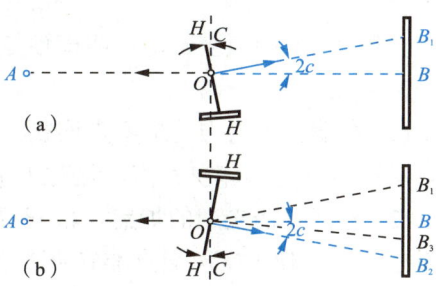

图 3.20 视准轴误差的检验(四分之一法)

2) 校正

校正时，在直尺上定出一点 B_3，使 $B_2B_3=B_1B_2/4$，OB_3 便与横轴垂直。打开望远镜目镜端护盖，如图 3.19 所示，用校正针先松开十字丝上、下的十字丝校正螺钉，再拨动左、右两个十字丝校正螺钉，一松一紧，左右移动十字丝分划板，直至十字丝交点对准 B_3。此项检验与校正也需反复进行。

4. 横轴 HH_1 垂直于竖轴 VV_1 的检验与校正

若横轴不垂直于竖轴，则仪器整平后竖轴虽已竖直，但横轴并不水平，因而视准轴绕倾斜的横轴旋转所形成的轨迹是一个倾斜面。这样，当瞄准同一铅垂面内高度的不同目标点时，水平度盘的读数并不相同，从而产生测角误差，影响测角精度，因此必须进行检验与校正。

1) 检验

(1) 在距一垂直墙面 20～30m 处安置经纬仪，整平仪器，如图 3.21 所示。

(2) 用盘左位置瞄准墙面上高处一明显目标 P 点，仰角 α 宜在 30°左右。

(3) 固定照准部，将望远镜置于水平位置，根据十字丝交点在墙上定出一点 A。

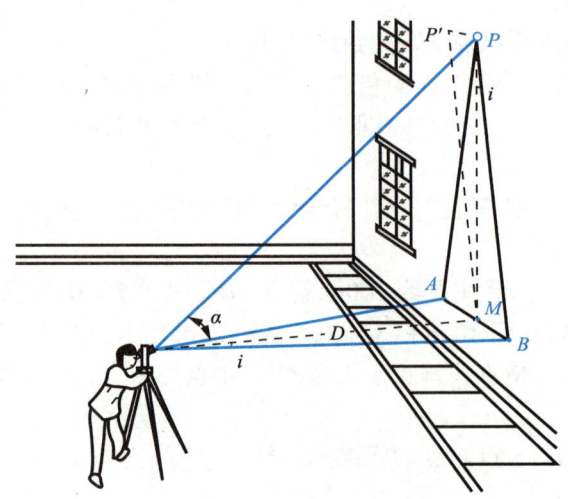

图 3.21 横轴垂直于竖轴的检验与校正

(4) 倒转望远镜成盘右位置,瞄准 P 点,固定照准部,再将望远镜置于水平位置,定出点 B。

如果 A、B 两点重合,说明横轴是水平的,横轴垂直于竖轴;否则,需要校正。

2) 校正

(1) 在墙上定出 A、B 两点连线的中点 M,仍以盘右位置转动水平微动螺旋,照准 M 点,转动望远镜,仰视 P 点,这时十字丝交点必然偏离 P 点,设为 P' 点。

(2) 打开仪器支架的护盖,松开望远镜横轴的校正螺钉,转动偏心轴承,升高或降低横轴的一端,使十字丝交点准确照准 P 点,最后拧紧校正螺钉。

此项检验与校正也需反复进行。

由于光学经纬仪密封性好,仪器出厂时又经过严格检验,一般情况下横轴不易变动。但测量前仍应加以检验,如有问题,最好送专业修理单位检修。近代高质量的经纬仪,设计制造时保证了横轴与竖轴垂直,故无须校正。

5. 竖盘指标水准管的检验与校正

1) 检验

安置经纬仪,仪器整平后,用盘左、盘右观测同一目标点 A,分别使竖盘指标水准管气泡居中,读取竖盘读数 L 和 R,用式(3-13)计算竖盘指标差 x,若 x 值超过 $1'$,需要校正。

经纬仪的检验与校正实例

2) 校正

先计算出盘右位置竖盘的正确读数 $R_0=R-x$,原盘右位置瞄准目标 A 不动,然后转动竖盘指标水准管微动螺旋,使竖盘读数为 R_0,此时竖盘指标水准管气泡不再居中,用校正针拨动竖盘指标水准管一端的校正螺钉,使气泡居中。

此项检验与校正需反复进行,直至竖盘指标差小于规定的限度。

3.7 角度测量误差与注意事项

3.7.1 仪器误差

仪器误差是指由于仪器不能满足设计理论要求而产生的误差。
(1) 由于仪器制造和加工不完善而引起的误差。
(2) 由于仪器检验与校正不完善而引起的误差。

角度测量的误差分析

消除或减弱上述误差的具体方法如下。
(1) 采用盘左、盘右观测取平均值的方法，可以消除视准轴不垂直于横轴、横轴不垂直于竖轴和水平度盘偏心差的影响。
(2) 采用在各测回间变换度盘位置，取各测回平均值的方法，可以减弱由于水平度盘刻划不均匀给测角带来的影响。
(3) 仪器竖轴倾斜引起的水平角测量误差，无法采用一定的观测方法来消除。因此，在经纬仪使用之前应严格检验与校正，确保水准管轴垂直于竖轴；同时，在观测过程中，应特别注意仪器的严格整平。

3.7.2 观测误差

1. 仪器对中误差

在安置仪器时，由于对中不准确，使仪器中心与测站点不在同一铅垂线上而引起的误差称为对中误差。如图 3.22 所示，A、B 为两目标点，O 为测站点，O' 为仪器中心，OO' 的长度称为测站偏心距，用 e 表示，其方向与 $O'A$ 之间的夹角 θ 称为偏心角。β 为正确角值，β' 为观测角值，由对中误差引起的角度误差 $\Delta\beta$ 为

$$\Delta\beta = \beta - \beta' = \delta_1 + \delta_2$$

因 δ_1 和 δ_2 很小，故

$$\delta_1 \approx \frac{e\sin\theta}{D_1}\rho$$

$$\delta_2 \approx \frac{e\sin(\beta'-\theta)}{D_2}\rho$$

$$\Delta\beta = \delta_1 + \delta_2 = e\rho\left[\frac{\sin\theta}{D_1} + \frac{\sin(\beta'-\theta)}{D_2}\right] \tag{3-14}$$

分析式(3-14)可知，对中误差对水平角的影响有以下几点。
(1) $\Delta\beta$ 与偏心距 e 成正比，e 越大，$\Delta\beta$ 越大。
(2) $\Delta\beta$ 与测站点到目标点的距离 D 成反比，距离越短，误差越大。

(3) $\Delta\beta$ 与水平角 β' 和偏心角 θ 的大小有关，当 $\beta'=180°$，$\theta=90°$ 时，$\Delta\beta$ 最大。此时有

$$\Delta\beta = e\rho\left(\frac{1}{D_1} + \frac{1}{D_2}\right)$$

例如，当 $\beta'=180°$，$\theta=90°$，$e=0.003\text{m}$，$D_1=D_2=100\text{m}$ 时

$$\Delta\beta' = 0.003\text{m} \times 206265'' \times \left(\frac{1}{100\text{m}} + \frac{1}{100\text{m}}\right) = 12.4''$$

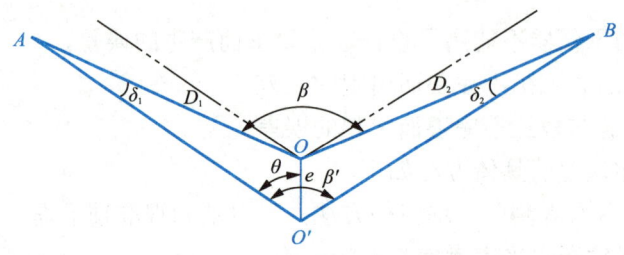

图 3.22 仪器对中误差

特别提示

对中误差引起的角度误差不能通过观测方法消除，所以观测水平角时应仔细对中，当边长较短或两目标与仪器接近在一条直线上时，要特别注意仪器的对中，避免引起较大的误差。

2. 目标偏心误差

进行水平角观测时，常用测钎、测杆或觇标等立于目标点上作为观测标志，当观测标志倾斜或没有立在目标点的中心时，将产生目标偏心误差。如图 3.23 所示，O 为测站，A 为地面目标点，AA' 为测杆，测杆长度为 L，倾斜角度为 α，则目标偏心距 e 为

$$e = L\sin\alpha \tag{3-15}$$

目标偏心距对观测方向影响为

$$\delta = \frac{e}{D}\rho = \frac{L\sin\alpha}{D}\rho \tag{3-16}$$

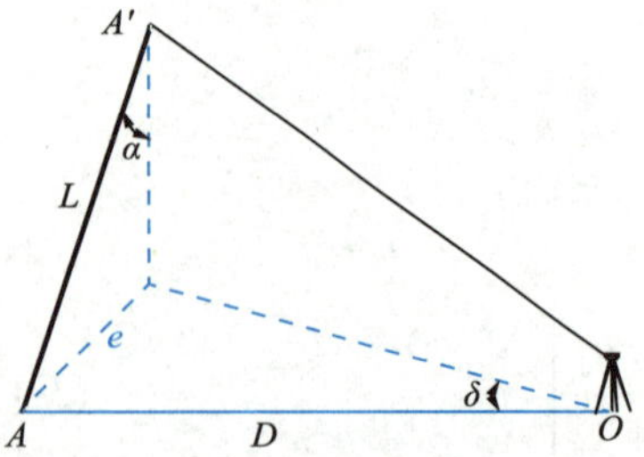

其中，δ 为目标偏心差。目标偏心差对水平角观测的影响与偏心距 e 成正比，与距离成反比。为了减小目标偏心差，瞄准测杆时，测杆应立直，并尽可能瞄准测杆的底部。当目标较近，又不能瞄准目标的底部时，可采用悬吊垂线或选用专用觇标作为目标。

图 3.23 目标偏心误差

3. 整平误差

整平误差是指安置仪器时竖轴不竖直造成的误差。倾角越大，影响也越大。一般规定在观测过程中，水准管偏离零点不得超过一格。

4. 瞄准误差

瞄准误差主要与<u>人眼的分辨能力</u>和<u>望远镜的放大倍率</u>有关，人眼分辨两点的最小视角一般为 60″。设经纬仪望远镜的放大倍率为 V，则用该仪器观测时，其瞄准误差为

$$m_V = \pm \frac{60''}{V} \tag{3-17}$$

一般 DJ_6 光学经纬仪望远镜的放大倍率 V 为 25～30 倍，因此瞄准误差 m_V 一般为 2.0″～2.4″。

另外，瞄准误差与目标的大小、形状、颜色和大气的透明度等也有关。因此，在观测中应尽量消除视差，选择适宜的观测标志，熟练操作仪器，掌握瞄准方法，并仔细瞄准以减小误差。

5. 读数误差

读数误差主要取决于仪器的读数设备，同时也与照明情况和观测者的经验有关。对于 DJ_6 光学经纬仪，用分微尺测微器读数，一般估读误差不超过分微尺最小分划的十分之一，即不超过 $\pm 6''$，对于 DJ_2 光学经纬仪一般不超过 $\pm 1''$。如果反光镜进光情况不佳，读数显微镜调焦不好，以及观测者的操作不熟练，则估读的误差可能会超过上述数值。因此，读数时必须仔细调节读数显微镜，使度盘与测微器影像清晰，并仔细调整反光镜，使影像亮度适中，然后再仔细读数。使用测微轮时，一定要使度盘分划线位于双指标线正中央。

3.7.3 外界条件的影响

外界条件的影响很多，如大风、松软的土质会影响仪器的稳定，地面的辐射热会引起物象的跳动，观测时大气透明度和光线的不足会影响瞄准精度，温度变化影响仪器的正常状态，等等。因此，要选择有利的观测时间和避开不利的观测条件，使这些外界条件的影响降低到较小的程度。

3.8 其他经纬仪简介

3.8.1 DJ_2 光学经纬仪简介

1. DJ_2 光学经纬仪的特点

与 DJ_6 光学经纬仪相比，DJ_2 光学经纬仪主要有以下特点。

(1) 轴系间结构稳定，望远镜的放大倍数较大，照准部水准管的灵敏度较高。

(2) 在 DJ_2 光学经纬仪读数显微镜中，只能看到水平度盘和竖盘中的一种影像，读数时，通过转动换像手轮，使读数显微镜中出现需要读数的度盘影像。

(3) DJ_2 光学经纬仪采用对径符合读数装置，相当于取度盘对径相差 180°处的两个读数的平均值，可以消除偏心误差的影响，提高读数精度。

2. DJ₂光学经纬仪的读数方法

对径符合读数装置是通过一系列棱镜和透镜的作用,将度盘相对180°的分划线,同时反映到读数显微镜中,并分别位于一条横线的上、下方,如图3.24(a)所示,右下方为分划线和重合窗,右上方读数窗中上面的数字为整度值,中间凸出的小方框中的数字为10′的整数倍,左下方为分微尺读数窗。

分微尺刻划有600小格,最小分划为1″,可估读到0.1″,全程测微范围为10′。测微尺的读数窗中左边注记数字为分,右边注记数字为10″的整数。读数方法如下。

(1) 转动测微轮,使分划线与重合窗中上、下分划线精确重合,如图3.24(b)所示。
(2) 在读数窗中读出度数。
(3) 在中间凸出的小方框中读出整10′数。

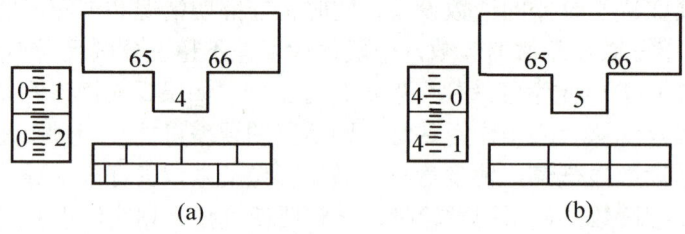

图3.24　DJ₂光学经纬仪读数

(4) 在分微尺读数窗中,根据单指标线的位置,直接读出不足10′的分数和秒数,并估读到0.1″。

(5) 将度数、整10′数及分微尺上读数相加,即为度盘读数。在图3.24(b)中所示读数为
$$65°+5\times10'+4'08.2''=65°54'08.2''$$

3.8.2　电子经纬仪简介

电子经纬仪与光学经纬仪的根本区别在于它用微机控制的电子测角系统代替光学读数系统。其主要特点如下。

(1) 使用电子测角系统,能将测量结果自动显示出来,实现了读数的自动化和数字化。
(2) 采用积木式结构,可与光电测距仪组合成全站型电子速测仪,配合适当的接口,可将电子手簿记录的数据输入计算机,实现数据处理和绘图自动化。

1. 电子测角原理简介

电子测角仍然是采用度盘来进行的。与光学测角不同的是,电子测角是从特殊格式的度盘上取得电信号,再将电信号转换成角度,并且自动地以数字形式输出,显示在电子显示屏上,并记录在储存器中。电子测角度盘根据取得电信号的方式不同,可分为光栅度盘测角、编码度盘测角和电栅度盘测角等。

2. 电子经纬仪的性能简介

电子经纬仪采用光栅度盘测角,水平、垂直角度显示读数分辨率为1″,测角精度达2″。

DT300 电子经纬仪装有倾斜传感器，当仪器竖轴倾斜时，仪器会自动测出并显示其数值，同时显示对水平角和竖直角的自动校正。仪器的自动补偿范围为±3′。

3．电子经纬仪的使用

使用 DT300 电子经纬仪时，首先要在测站点上安置仪器，在目标点上安置反射棱镜，其次瞄准目标，最后在操作键盘上按测角键，显示屏上即显示角度值。对中、整平以及瞄准目标的操作方法与光学经纬仪一样，下面以 DT300 电子经纬仪为例，介绍一下电子经纬仪的使用。

激光经纬仪简介

1) 仪器各部件名称（图 3.25）

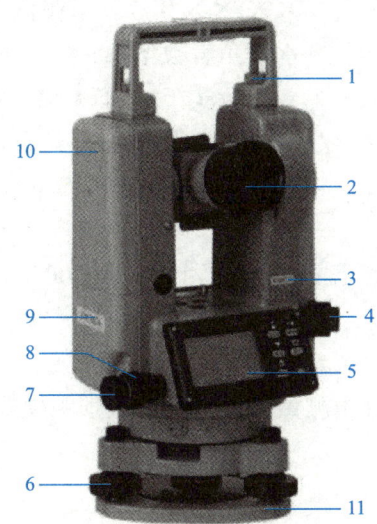

1—提手锁紧螺旋；2—物镜；3—仪器号码；4—下对中器(光学/激光)；5—显示屏；
6—基座调整螺旋；7—水平微动手轮；8—水平制动手轮；9—仪器型号；10—电池盒；11—基座。

图 3.25　DT300 电子经纬仪

2) 液晶显示屏

液晶显示屏如图 3.26 所示，屏上显示内容：第一行为竖盘读数；第二行为水平度盘读数；第三行为电池容量和仪器状态。

以下为仪器显示说明。

垂直：表示天顶距，即目标方向与天顶方向(即铅垂线的反方向)所构成的角。

水平右：表示水平度盘读数，顺时针转动仪器时，读数增加。

水平左：表示水平度盘读数，逆时针转动仪器时，读数增加。

补偿：表示补偿器打开。

```
垂直    267°47′06″
水平右  000°00′00″
▭▭▭▭           补偿
```

图 3.26　液晶显示屏

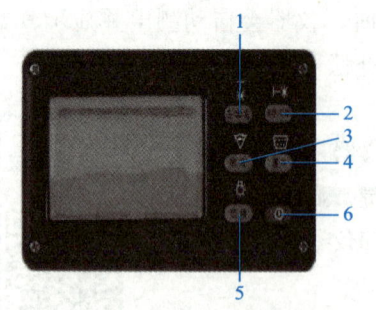

1—左⇌右；2—角度/斜度；3—锁定；
4—置零；5—切换；6—⏻(电源键)。

图 3.27　仪器操作键

3) 操作键功能

(1) 开机。

按【⏻】键，仪器电源打开，进入测量界面，液晶显示屏显示水平度盘读数、竖盘读数以及电池容量信息。

(2) 关机。

(3) 水平度盘位置切换(【左⇌右】)。

仪器开机后，液晶显示屏显示"水平$_右$：×××°××′××″"，表示在盘右位置，即顺时针转动仪器，水平角度数增加。

按【左⇌右】键，进行水平度盘位置切换，液晶显示屏显示"水平$_左$：×××°××′××″"，表示在盘左位置，即逆时针转动仪器，水平角度数增加。

(4) 水平度盘读数调零。

按【置零】键，仪器水平度盘读数变化为 000° 00′ 00″。

(5) 竖直角测量模式切换。

① 天顶距模式。

仪器开机并初始化后，竖直角测量模式自动为天顶距模式。液晶显示屏第一行显示"垂直 292° 33′ 10″"。

② 坡度模式。

在天顶距模式状态下，按【角度/斜度】键，竖直角测量模式切换为坡度模式。液晶显示屏第一行显示"垂直 0.4152*"。

在坡度模式状态下，按【角度/斜度】键，则切换到天顶距模式。

(6) 水平角度值锁定。

转动水平微动手轮，直至仪器液晶显示屏显示所需要的水平角度值，连续按两次【锁定】键，则该水平角度值被锁定，液晶显示屏显示"锁定"；转动仪器，用望远镜瞄准目标，再按一次【锁定】键，则水平角度值不再锁定，可进行下一步测量工作。

(7) 进入切换状态。

如图 3.27 所示，仪器操作键均为双功能键。按键上印刷的为该键的第一功能，在该键上方面板上用白字印刷的为第二功能，正常状态下该键为第一功能，切换状态下为第二功能。

按【切换】键，液晶显示屏显示"切换"，仪器进入切换状态。

(8) 照明打开/关闭。

长按【切换】键，液晶显示屏、望远镜分划板照明同时打开；再次按住【切换】键，液晶显示屏及望远镜分划板照明关闭。

(9) 用激光对中器对中。

　　光学对中器前面已有讲解,这里讲解激光对中器对中。按【切换】键,仪器进入切换状态,再按【左⇌右】键,激光对中器打开,在地面上可以看到一红色光斑,旋转开关,调整光斑亮度,旋转对光螺旋,调整光斑大小。调整仪器使光斑与地面标志点重合,完成对中。

　　其他操作与光学经纬仪使用方法一致,这里不再重复论述。

本章小结

　　本章主要教学内容包括水平角、竖直角测量原理,经纬仪的分类,DJ_6光学经纬仪的构造及使用,水平角的测量方法,竖直角的测量方法,经纬仪的检验与校正,角度测量误差及注意事项,电子经纬仪简介。

　　DJ_6光学经纬仪的使用中,最困难的是经纬仪的对中和整平,包括锤球对中和光学对中器对中两种方法;水平角观测分为测回法和方向观测法,同一测站观测目标的多少决定了应该使用哪种方法;竖盘有顺时针方向注记和逆时针方向注记,因此竖直角计算公式也不一样;了解经纬仪的4条主要轴线及各轴线间应满足的几何关系,掌握经纬仪检验与校正的方法;分析水平角测量时误差产生的原因,采用盘左、盘右分别测量相加取平均值的方法可以消除多项误差。电子经纬仪电子测角,直接通过液晶显示屏显示数值。

思考题与习题

一、选择题

1. (　　)是望远镜视线方向与水平线的夹角。
   A. 水平角　　　　B. 竖直角　　　　C. 方位角　　　　D. 象限角
2. 用经纬仪测定水平角时,应尽量瞄准目标的(　　)。
   A. 顶部　　　　　　　　　　　　　B. 中部
   C. 任何地方都可以　　　　　　　　D. 底部
3. 用经纬仪照准同一个竖直面内不同高度的地面点,在水平度盘上的读数是否一样?(　　)
   A. 不一样　　　　B. 一样　　　　C. 不一定
4. 用经纬仪采用n个测回测量水平角时,每一测回都要改变起始读数的目的是(　　)。
   A. 消除照准部的偏心差　　　　　　B. 克服水平度盘分划误差
   C. 消除水平度盘偏心差　　　　　　D. 消除横轴不垂直于竖轴的误差

5. 水平角观测中的测回法，适合观测(　　)方向间的水平夹角。
   A. 2个　　　　　　B. 1个　　　　　　C. 3个　　　　　　D. 多个
6. 光学经纬仪基本结构由(　　)。
   A. 照准部、水平度盘、辅助部件3大部分构成
   B. 水平度盘、辅助部件、基座3大部分构成
   C. 照准部、水平度盘、基座3大部分构成
   D. 照准部、基座、辅助部件3大部分构成

二、简答题

1. 何谓水平角？何谓竖直角？它们的取值范围为多少？
2. DJ_6光学经纬仪由哪几部分组成？
3. 经纬仪安置包括哪两个内容？怎样进行？目的何在？
4. 观测水平角时，若测3个测回，各测回盘左位置起始方向水平度盘读数应安置为多少？
5. 测量水平角时，当测站点离目标点较近时，更要注意仪器的对中误差和瞄准误差吗？为什么？
6. 测量竖直角时，每次竖盘读数前为什么应先使竖盘指标水准管气泡居中，然后再读数？
7. 测量水平角时，为什么要在盘左、盘右两个位置观测？
8. 何谓竖盘指标差？如何消除竖盘指标差？
9. 经纬仪有哪几条主要轴线？它们应满足什么条件？
10. 用经纬仪瞄准同一竖直面内不同高度的两点，水平度盘上的读数是否相同？在竖盘上的两读数差是否就是竖直角？为什么？

三、计算题

1. 用DJ_6光学经纬仪按测回法观测水平角，整理表3-5水平角观测记录中的各项计算。

表3-5　水平角观测记录

测站点	观测目标	水平度盘读数 盘左 ° ′ ″	水平度盘读数 盘右 ° ′ ″	半测回角值 ° ′ ″	一测回角值 ° ′ ″	各测回角值平均值 ° ′ ″
O	A	0　00　24	180　00　54			
	B	58　48　54	238　49　18			
	A	90　00　12	270　00　36			
	B	148　48　48	328　49　18			

2. 用DJ_6光学经纬仪按方向观测法观测水平角，整理表3-6中的各项计算。

表 3-6　方向观测法观测手簿

测站点	测回数	观测目标	水平度盘读数		2c	平均读数	归零后方向值	各测回归零后方向值平均值	略图及角值
			盘左	盘右					
			° ′ ″	° ′ ″	″	° ′ ″	° ′ ″	° ′ ″	
O	1	A	0　02　30	180　02　36					
		B	60　23　36	240　23　42					
		C	225　19　06	45　19　18					
		D	290　14　54	110　14　48					
		A	0　02　36	180　02　42					
	2	A	90　03　30	270　03　24					
		B	150　23　48	330　23　30					
		C	315　19　42	135　19　30					
		D	20　15　06	200　15　00					
		A	90　03　24	270　03　18					

3．计算表 3-7 竖直角观测记录中的竖盘指标差和竖直角。

表 3-7　竖直角观测记录

测站点	观测目标	竖盘读数		竖盘指标差	竖直角	备注
		盘左	盘右			
		° ′ ″	° ′ ″	″	° ′ ″	
O	A	79　20　24	280　40　00			(盘左注记)
	B	98　32　18	261　27　54			
	C	89　32　42	270　27　00			
	D	84　56　24	275　03　18			

4．用 DJ_6 光学经纬仪观测某一目标，盘左竖盘读数为 71°45′24″，该仪器竖盘(盘左)注记见表 3-7，测得竖盘指标差 $x=+24″$，则该目标正确的竖直角 α 为多少？

第 4 章 距离测量与直线定向

教学目标
了解钢尺量距的工具，钢尺的检定，电磁波测距的原理；掌握普通视距测量，电磁波测距的方法及成果处理；钢尺量距的方法及成果处理，直线定向以及坐标方位角的推算。

教学重点
钢尺量距的方法与成果整理，直线定向，坐标方位角的推算。

教学难点
钢尺量距中的倾斜距离成果整理。

思维导图

章节导读

距离测量是指测量地面两点之间的水平距离。如果测得的是倾斜距离，还必须将其换算成水平距离。你知道距离测量有哪些方法吗？用水准仪和经纬仪还可以进行距离的测量，你知道吗？根据量距工具和量距精度的不同，距离测量的方法有钢尺量距、普通视距测量和光电测距仪测距。直线定线就是确定直线和标准方向之间的水平夹角的关系，主要是用方位角和象限角来表示直线和标准方向之间的水平夹角的关系。本章的内容将会向你逐一道来。

案例引入

寸 影 千 里

我国古代是借助太阳进行超视距的远距离测量的。我国古人创造了一种独特的方法，即利用日影的长短变化进行远距离测量。具体方法是：在同一天(如夏至)的中午，在南北方向上的两地分别竖起同高的标杆，然后测量标杆的影，并根据"日影差一寸、实地相距千里"的原则推算两地距离。"寸影千里"成了最早的远距离测量原则，如引例图所示(图注：AE、BF 为同高的标杆，按影长 AC 与 BD 的差"寸影千里"推算 AB 两地的距离)。

汉代以前，人们一直遵循"寸影千里"这一测量规则。南朝时的科学家在进行阳城(今河南登封市内)和交州(今越南境内)的联测时，发现了"寸影千里"的不准确性。唐代天文学家僧一行在中原一带成功地进行了子午线长度测量和纬度测量后，才最终否定了"寸影千里"的测量规则。这一测量规则虽然被否定了，但它借天量地的思路是值得称道的，它曾经是克服山川湖海障碍进行远距离测量的有效办法，在中国测绘史上具有启迪意义。

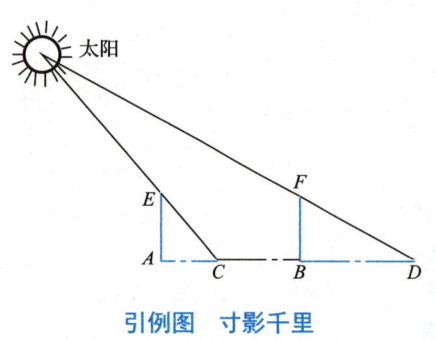

引例图　寸影千里

4.1　钢　尺　量　距

4.1.1　量距的工具

1. 钢尺

如图 4.1 所示，钢尺是用薄钢片制成的带状尺，可卷入金属圆盒内，故又称为钢卷尺。尺宽 10～15mm，长度有 20m、30m 和 50m 等几种规格。根据尺的零点位置的不同，有端点尺和刻线尺之分，如图 4.2 所示。

第 4 章 距离测量与直线定向

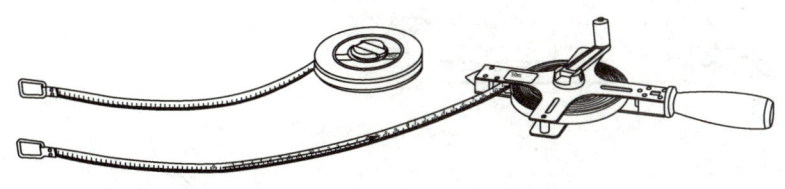

钢尺

钢尺量距(1)

钢尺量距(2)

图 4.1 钢尺

钢尺的优点：钢尺抗拉强度高，不易拉伸，所以量距精度较高，在工程测量中常用钢尺量距。

钢尺的缺点：钢尺性脆，易折断，易生锈，使用时要避免扭折、防止受潮。

2. 测钎

测钎一般用钢筋制成，上部弯成小圆环，下部磨尖，直径为 3～6mm，长度为 30～40cm。钎上可用油漆涂成红白相间的色段。通常 6 根或 11 根系成一组。量距时，将测钎插入地面，用以标定尺端点的位置，也可作为近处目标的瞄准标志，如图 4.3 所示。

3. 测杆

测杆多用木料或铝合金制成，直径约 3cm，全长有 2m、2.5m 及 3m 等几种规格。杆上油漆涂成红白相间的 20cm 色段，非常醒目，测杆下端装有尖头铁脚，便于插入地面，作为照准标志，如图 4.3 所示。

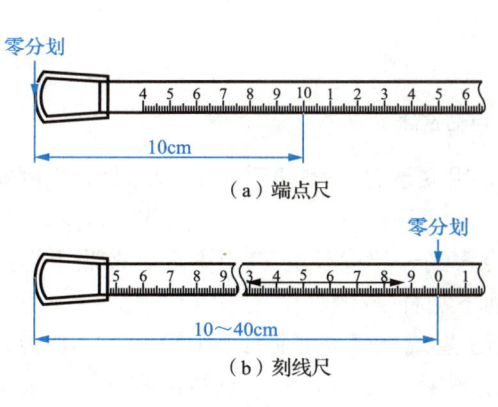

图 4.2 钢尺的分划

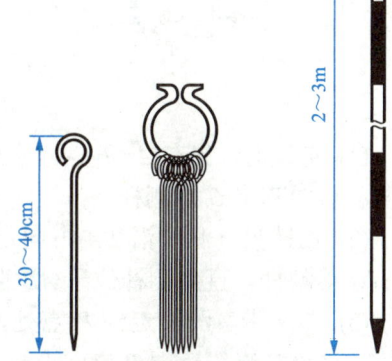

图 4.3 测钎和测杆

4. 锤球、弹簧秤和温度计等

锤球用金属制成，上大下尖呈圆锥形，上端中心系一细绳，悬吊后，锤球尖与细绳在同一垂线上。它常用于在斜坡上丈量水平距离。

弹簧秤和温度计等一般在精密量距中使用，如图 4.4 所示。

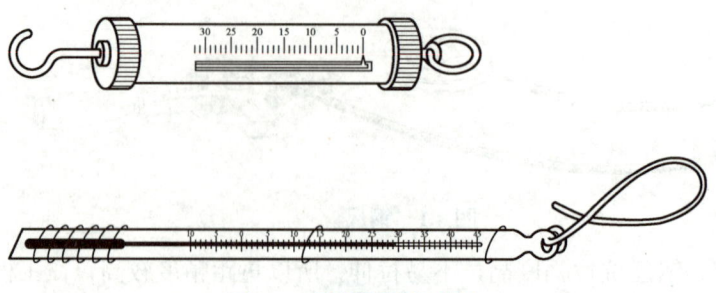

图 4.4 弹簧秤和温度计

4.1.2 直线定线

水平距离测量时,当地面上两点间的距离超过一整尺长时,或地势起伏较大,一尺段无法完成丈量工作时,需要在两点的连线上标定出若干个点,这项工作称为直线定线。按精度要求的不同,直线定线有一般定线和精确定线两种方法。

1. 一般定线

一般定线采用的是测杆定线,也称为目估定线。如图 4.5 所示,A、B 两点为地面上互相通视的两点,欲在 A、B 两点之间的直线上定出 C、D 等分段点。定线工作可由甲、乙两人进行。

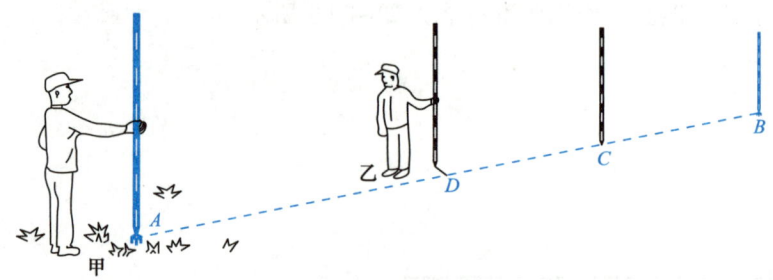

图 4.5 目估定线

(1) 定线时,先在 A、B 两点上竖立测杆,甲立于 A 点测杆后面 1~2m 处,用眼睛自 A 点测杆后面瞄准 B 点测杆。

(2) 乙持另一测杆沿 BA 方向走到离 B 点大约一尺段长的 C 点附近,按照甲指挥手势左右移动测杆,直到测杆位于 AB 直线上,插下测杆(或测钎),定出 C 点。

(3) 乙又带着测杆走到 D 点处,同法在 AB 直线上竖立测杆(或测钎),定出 D 点,依此类推。这种从直线远端 B 走向近端 A 的定线方法称为走近定线。直线定线一般应采用"走近定线"。

> **特别提示**
>
> 甲与 A 点测杆的距离一定要在 1m 以上,否则甲被测杆遮住视角的概率会很大,乙所拿测杆即使偏出很多,也会被认为就在 AB 直线上。

2. 精确定线

精确定线一般采用经纬仪定线。如图 4.6 所示，安置经纬仪于 A 点，照准 B 点，固定照准部，沿 AB 方向用钢尺进行概量，在稍短于一尺段长的位置，由经纬仪指挥打下木桩。桩顶高出地面 10～20cm，并在桩顶钉一小钉，使小钉在 AB 直线上；或在木桩顶上划十字，使十字交叉点在 AB 直线上。

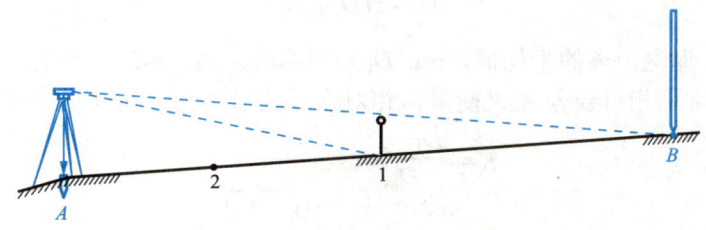

图 4.6　经纬仪定线

4.1.3　距离丈量

1. 平坦地面上的量距方法

此方法为量距的基本方法。丈量前，先将待测距离的两个端点用木桩(桩顶钉一小钉)标志出来，清除直线上的障碍物，然后由两人在两点间边定线边丈量，具体做法如下。

(1) 如图 4.7 所示，量距时，先在 A、B 两点上竖立测钎(或测杆)，标定直线方向，然后，后尺手持钢尺的零端位于 A 点，前尺手持钢尺的末端并携带一束测钎，沿 AB 方向前进，至一尺段长处停下，两人都蹲下。

图 4.7　平坦地面上的量距方法

(2) 后尺手以手势指挥前尺手将钢尺拉在 AB 直线方向上；后尺手将钢尺的零点对准 A 点，两人同时将钢尺拉紧、拉平、拉稳后，前尺手喊"预备"，后尺手将钢尺的零点对准 A 点，并喊"好"，前尺手随即将测钎对准钢尺末端刻划竖直插入地面(在坚硬地面处，可用铅笔在地面画线做标记)，得 1 点。这样便完成了第一尺段 $A1$ 的丈量工作。

(3) 接着后尺手与前尺手共同举尺前进，后尺手走到 1 点时，即喊"停"。同法丈量第二尺段，然后后尺手拔起 1 点上的测钎。如此继续丈量下去，直至最后量出不足一整尺的余长 q。A、B 两点之间的水平距离为

$$D_{AB}=nl+q \tag{4-1}$$

式中：n 为整尺段数(即在 A、B 两点之间所拔测钎数)；l 为钢尺长度，m；q 为不足一整尺的余长，m。

为了防止丈量错误和提高精度，一般还应由 B 点量至 A 点进行返测，返测时应重新进行定线。取往、返测距离的平均值作为直线 AB 最终的水平距离。

$$D_{av}=\frac{1}{2}(D_f+D_b) \tag{4-2}$$

式中：D_{av} 为往、返测距离的平均值，m；D_f 为往测的距离，m；D_b 为返测的距离，m。

量距精度通常用相对误差 K 来衡量，相对误差 K 化为分子为 1 的分数形式。即

$$K=\frac{|D_f-D_b|}{D_{av}}=\frac{1}{\dfrac{D_{av}}{|D_f-D_b|}} \tag{4-3}$$

例 4-1 用 30m 长的钢尺往返丈量 A、B 两点之间的水平距离，丈量结果分别为：往测 4 个整尺段，余长为 9.98m；返测 4 个整尺段，余长为 10.02m。计算 A、B 两点之间的水平距离 D_{AB} 及其相对误差 K。

解：
$$D_{AB}=nl+q=4\times 30\text{m}+9.98\text{m}=129.98\text{m}$$
$$D_{BA}=nl+q=4\times 30\text{m}+10.02\text{m}=130.02\text{m}$$
$$D_{av}=\frac{1}{2}(D_{AB}+D_{BA})=\frac{1}{2}\times(129.98\text{m}+130.02\text{m})=130.00\text{m}$$
$$K=\frac{|D_f-D_b|}{D_{av}}=\frac{|129.98\text{m}-130.02\text{m}|}{130.00\text{m}}=\frac{0.04\text{m}}{130.00\text{m}}=\frac{1}{3250}$$

相对误差分母越大，则 K 值越小，精度越高；反之，精度越低。在平坦地区，钢尺量距一般方法的相对误差一般不应大于 1/3000；在量距较困难的地区，其相对误差也不应大于 1/1000。

2. 倾斜地面上的量距方法

1) 平量法

在倾斜地面上量距时，如果地面起伏不大，可将钢尺拉平进行丈量。如图 4.8 所示，丈量时，后尺手以钢尺的零点对准地面 A 点，并指挥前尺手将钢尺拉在 AB 直线方向上，同时前尺手抬高钢尺的一端，并目估使钢尺水平，将锤球绳紧靠钢尺上某一分划，读数后让锤球自由下落，锤球尖在地面上留下痕迹，再插以测钎，得 1 点。此时钢尺上分划读数即为 A、1 两点之间的水平距离。同法，继续丈量其余各尺段。当丈量至 B 点时，应注意锤球尖必须对准 B 点。各测段丈量结果的总和就是 A、B 两点之间的往测水平距离。为了方便起见，返测也应由高向低丈量。若精度符合要求，则取往返测的平均值作为最后结果。

2) 斜量法

当倾斜地面的坡度比较均匀时，如图 4.9 所示，可以沿倾斜地面丈量出 A、B 两点之间的斜距 L_{AB}，用经纬仪测出直线 AB 的倾斜角 α，或测量出 A、B 两点的高差 h_{AB}，然后计算 A、B 两点的水平距离 D_{AB}，即

$$D_{AB}=L_{AB}\cos\alpha \tag{4-4}$$

或

$$D_{AB}=\sqrt{L_{AB}^2-h_{AB}^2} \tag{4-5}$$

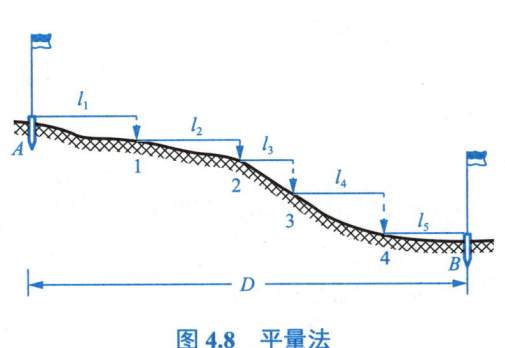
图 4.8 平量法

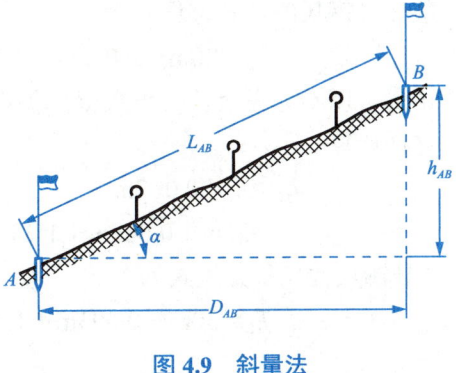
图 4.9 斜量法

4.1.4 钢尺检定

钢尺由于材料原因、刻划误差、长期使用的变形以及丈量时温度和拉力不同的影响，其实际长度往往不等于尺上所标注的长度(即名义长度)，因此，量距前应对钢尺进行检定。

1) 尺长方程式

经过检定的钢尺，其长度可用尺长方程式表示，即

$$l_t = l_0 + \Delta l + \alpha(t - t_0)l_0 \tag{4-6}$$

式中：l_t 为钢尺在温度 t 时的实际长度，m；l_0 为钢尺的名义长度，m；Δl 为尺长改正数，即钢尺在温度 t_0 时的改正数，m；α 为钢尺的热膨胀系数，一般取 $\alpha = 1.25 \times 10^{-5}℃^{-1}$；$t_0$ 为钢尺检定时的温度，℃；t 为钢尺使用时的温度，℃。

式(4-6)所表示的含义是：钢尺在施加标准拉力下，其实际长度等于名义长度与尺长改正数和温度改正数之和。对于 30m 和 50m 的钢尺，其标准拉力分别为 100N 和 150N。

2) 钢尺的检定方法

钢尺的检定方法有与标准尺比较和在测定精确长度的基线场进行比较两种方法。下面介绍与标准尺比较的方法。

可将被检定钢尺与已有尺长方程式的标准钢尺相比较。两根钢尺并排放在平坦地面上，都施加标准拉力，并将两根钢尺的末端刻划对齐，在零分划附近读出两尺的差数。这样就能够根据标准尺的尺长方程式计算出被检定钢尺的尺长方程式。这里认为两根钢尺的热膨胀系数相同。检定宜选在阴天或背阴的地方进行，使气温与钢尺温度基本一致。

例 4-2 已知 1 号标准钢尺的尺长方程式为

$$l_{t1} = 30\text{m} + 0.004\text{m} + 1.25 \times 10^{-5}℃^{-1} \times (t - 20℃) \times 30\text{m}$$

被检定的 2 号钢尺，其名义长度也是 30m。比较时的温度为 24℃，当两把尺子的末端刻划对齐并施加标准拉力后，2 号钢尺比 1 号标准钢尺短 0.007m，试确定 2 号钢尺的尺长方程式。

解：$l_{t2} = l_{t1} - 0.007\text{m}$
$= 30\text{m} + 0.004\text{m} + 1.25 \times 10^{-5}℃^{-1} \times (24℃ - 20℃) \times 30\text{m} - 0.007\text{m}$
$= 30\text{m} - 0.002\text{m}$

故 2 号钢尺的尺长方程式为

$$l_{t2}=30\text{m}-0.002\text{m}+1.25\times10^{-5}\text{°C}^{-1}\times(t-24\text{°C})\times30\text{m}$$

由于可以不考虑尺长改正数 Δl 因温度升高而引起的变化,那么 2 号钢尺的尺长方程式亦可这样计算

$$l_{t2}=l_{t1}-0.007\text{m}$$
$$=30\text{m}+0.004\text{m}+1.25\times10^{-5}\text{°C}^{-1}\times(t-20\text{°C})\times30\text{m}-0.007\text{m}$$

2 号钢尺的尺长方程式为

$$l_{t2}=30\text{m}-0.003\text{m}+1.25\times10^{-5}\text{°C}^{-1}\times(t-20\text{°C})\times30\text{m}$$

4.1.5　钢尺量距的成果整理

每一尺段丈量结果都需经过尺长改正、温度改正和倾斜改正,改算成水平距离,最后再求总和,得到直线往测、返测的全长。往、返测较差符合精度要求后,取往、返测结果的平均值作为最后成果。

1) 尺段长度计算

根据尺长改正、温度改正和倾斜改正,计算尺段改正后的水平距离。

尺长改正

$$\Delta l_d=\frac{\Delta l}{l_0}l \tag{4-7}$$

温度改正

$$\Delta l_t=\alpha(t-t_0)l \tag{4-8}$$

倾斜改正

$$\Delta l_h=-\frac{h^2}{2l} \tag{4-9}$$

尺段改正后的水平距离

$$D=l+\Delta l_d+\Delta l_t+\Delta l_h \tag{4-10}$$

式中:Δl_d 为尺段的尺长改正数,mm;Δl_t 为尺段的温度改正数,mm;Δl_h 为尺段的倾斜改正数,mm;h 为尺段两端点的高差,m;l 为尺段的观测结果,m;D 为尺段改正后的水平距离,m。

> **特别提示**
>
> 以上计算公式是指对所测距离为倾斜距离时的成果整理,如果所测距离已经是水平距离则不需进行倾斜改正。

例 4-3　如表 4-1 所示,已知钢尺的名义长度 $l_0=30\text{m}$,钢尺的实际长度 $l'=30.005\text{m}$,钢尺检定时温度 $t_0=20\text{°C}$,钢尺的热膨胀系数 $\alpha=1.25\times10^{-5}\text{°C}^{-1}$。$A\sim1$ 尺段,$l=29.3930\text{m}$,$t=25.5\text{°C}$,$h_{AB}=+0.36\text{m}$,计算尺段改正后的水平距离。

表 4-1 精密量距记录计算表

钢尺号码：No12　　　钢尺热膨胀系数：$125×10^{-5}℃^{-1}$　　　钢尺检定时温度 t_0：20℃
钢尺名义长度 l_0：30m　　　钢尺实际长度 l'：30.005m　　　钢尺检定时拉力：100N

尺段编号	实测次数	前尺读数/m	后尺读数/m	尺段长度/m	温度/℃	高差/m	温度改正数/mm	倾斜改正数/mm	尺长改正数/mm	改正后尺段长/m
A~1	1	29.4350	0.0410	29.3940	+25.5	+0.36	+2.0	−2.2	+4.9	29.3977
	2	29.4510	0.0580	29.3930						
	3	29.4020	0.0100	29.3920						
	平均			29.3930						
1~2	1	29.9360	0.0700	29.8660	+26.0	+0.25	+2.2	−1.0	+5.0	29.8714
	2	29.9400	0.0755	29.8645						
	3	29.9500	0.0850	29.8650						
	平均			29.8652						
2~3	1	29.9230	0.0175	29.9055	+26.5	−0.66	+2.3	−7.3	+5.0	29.9057
	2	29.9300	0.0250	29.9050						
	3	29.9380	0.0315	29.9065						
	平均			29.9057						
3~4	1	29.9253	0.0185	29.9050	+27.0	−0.54	+2.5	−4.9	+5.0	29.9083
	2	29.9305	0.0255	29.9050						
	3	29.9380	0.0310	29.9070						
	平均			29.9057						
4~B	1	15.9755	0.0765	15.8990	+27.5	+0.42	+1.4	−5.5	+2.6	15.8975
	2	15.9540	0.0555	15.8985						
	3	15.9805	0.0810	15.8995						
	平均			15.8990						
总和				134.9686			+10.4	−20.9	+22.5	134.9806

解：$\Delta l = l' - l_0 = 30.005\text{m} - 30\text{m} = +0.005\text{m}$

$\Delta l_d = \dfrac{\Delta l}{l_0}l = \dfrac{+0.005\text{m}}{30\text{m}} \times 29.3930\text{m} = +0.0049\text{m} = +4.9\text{mm}$

$\Delta l_t = \alpha(t-t_0)l = 1.25 \times 10^{-5}℃^{-1} \times (25.5-20)℃ \times 29.3930\text{m}$
$\quad\quad = +0.0020\text{m} = +2.0\text{mm}$

$\Delta l_h = -\dfrac{h^2}{2l} = -\dfrac{(+0.36\text{m})^2}{2 \times 29.3930\text{m}} = -0.0022\text{m} = -2.2\text{mm}$

$D_{A1} = l + \Delta l_d + \Delta l_t + \Delta l_h = 29.3930\text{m} + 0.0049\text{m} + 0.0020\text{m} + (-0.0022\text{m})$
$\quad\quad = 29.3977\text{m}$

2) 计算全长

将各个尺段改正后的水平距离相加,便得到直线 AB 的往测水平距离。如表 4-1 中往测的水平距离 D_f 为

$$D_f = 134.9806 \text{m}$$

同样,按返测记录,计算出返测的水平距离 D_b 为

$$D_b = 134.9868 \text{m}$$

取平均值作为直线 AB 的水平距离 D_{AB}

$$D_{AB} = 134.9837 \text{m}$$

其相对误差为

$$K = \frac{|D_f - D_b|}{D_{av}} = \frac{|134.9806\text{m} - 134.9868\text{m}|}{134.9837\text{m}} \approx \frac{1}{21800}$$

相对误差如果在限差以内,则取其平均值作为最后成果。若相对误差超限,应返工重测。

距离测量

4.1.6 钢尺量距的误差及注意事项

1. 尺长误差

钢尺的名义长度与实际长度不符,会产生尺长误差。尺长误差是积累性的,它与所量距离成正比。

2. 定线误差

丈量时钢尺偏离定线方向,将使测线成为一折线,导致丈量结果偏大,这种误差称为定线误差。

3. 拉力误差

钢尺有弹性,受拉会伸长。钢尺在丈量时所受拉力应与检定时拉力相同。如果拉力变化 ± 25N,尺长将改变 ± 1mm。一般量距时,只要保持拉力均匀;而精密量距时,必须使用弹簧秤。

4. 钢尺垂曲误差

钢尺悬空丈量时中间下垂称为垂曲,由此产生的误差称为钢尺垂曲误差。垂曲误差会使量得的长度大于实际长度,故在钢尺检定时,也可按悬空情况检定,得出相应的尺长方程式。在成果整理时,按此尺长方程式进行尺长改正。

5. 钢尺不水平的误差

用平量法丈量时,钢尺不水平,会使所量距离增大。对于 30m 的钢尺,如果目估尺子水平误差为 0.5m(倾角约 1°),由此产生的量距误差为 4mm。因此,用平量法丈量时应尽可能使钢尺水平。

精密量距时,测出尺段两端点的高差,进行倾斜改正,可消除钢尺不水平的影响。

6. 丈量误差

钢尺端点对不准、测钎插不准、尺子读数不准等引起的误差都属于丈量误差。这种误差对丈量结果的影响可正可负,大小不定。在量距时应尽量认真操作,以减小丈量误差。

7. 温度误差

钢尺的长度随温度变化而变化，丈量时的温度与检定钢尺时的温度不一致，或测定的空气温度与钢尺温度相差较大，都会产生温度误差。所以，精度要求较高的丈量，应进行温度改正，并尽可能用点温计测定钢尺温度，或尽可能在阴天进行，以减小空气温度与钢尺温度的差值。

4.2　普通视距测量

普通视距测量是利用经纬仪、水准仪望远镜内的视距丝装置，根据光学原理同时测定距离和高差的一种方法。普通视距测量具有操作方便、速度快、一般不受地形限制等优点。普通视距测量精度较低，仅能达到 1/300～1/200 的精度，但能满足测定碎部点位置的精度要求，所以普通视距测量被广泛地应用于地形测图中。

普通视距测量

4.2.1　普通视距测量的原理

经纬仪、水准仪等测量仪器的十字丝分划板上，都有与横丝平行、等距对称的两根短丝，称为视距丝，如图 4.10 所示。利用视距丝配合视距尺就可以进行普通视距测量。

1. 视准轴水平时的距离和高差公式

如图 4.11 所示，在 A 点安置仪器，并使视准轴水平，在 1 点或 2 点立视距尺，视准轴与视距尺垂直。对于倒像望远镜，下丝在视距尺上的读数为 a，上丝在视距尺上的读数为 b，下、上丝读数之差称为视距间隔或尺间隔 $l(l=a-b)$。由于上、下丝间距固定，两根丝引出的视线在竖直面内的夹角 φ 是一个固定的角度(约为 $34'23''$)。因此，尺间隔 l 和立尺点到测站点的水平距离 D 成正比，即

$$\frac{D_1}{l_1}=\frac{D_2}{l_2}=K$$

图 4.10　视距丝

比例系数 K 称为视距乘常数，由上、下丝的间距来决定。制造仪器时，通常使 $K=100$。因而视准轴水平时的视距公式为

$$D=Kl=100l \tag{4-11}$$

同时由图 4.11 可知，测站点到立尺点的高差为

$$h_1 = i - v_1$$
$$h_2 = i - v_2 \tag{4-12}$$

式中：i 为仪器高；v_1 为 1 点中丝读数；v_2 为 2 点中丝读数。

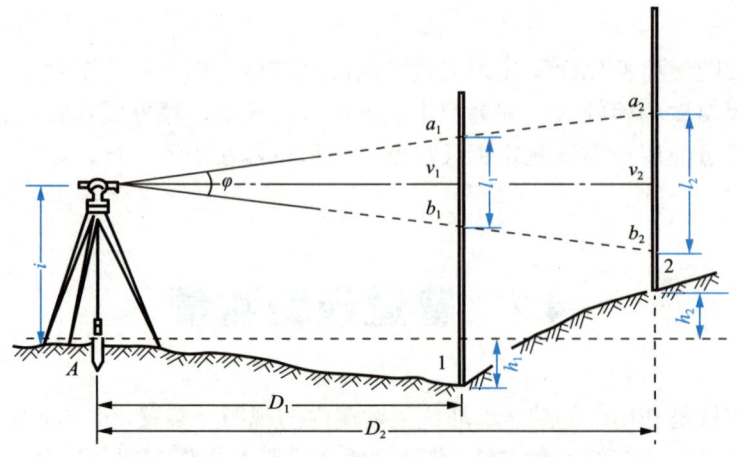

图 4.11　视准轴水平时的普通视距测量原理

2．视准轴倾斜时的距离和高差公式

在地面起伏较大的地区测量时，必须使视准轴倾斜才能读取尺间隔。如图 4.12 所示，由于视准轴不垂直于视距尺，不能用式(4-11)和式(4-12)。如果能将尺间隔 ab 转换成与视准轴相垂直的尺间隔 $a'b'$，就可以按式(4-11)计算倾斜距离 L，根据 L 和竖直角 α 计算出测站点到立尺点的水平距离 D 和高差 h 以及立尺点的高程。

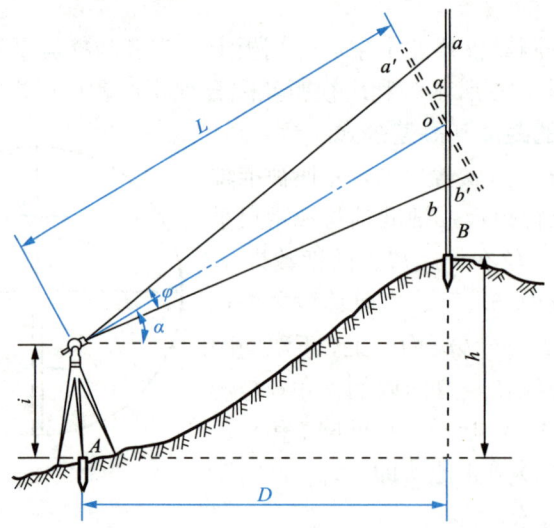

图 4.12　视准轴倾斜时的普通视距测量原理

图 4.12 中的 $\angle aoa' = \angle bob' = \alpha$，由于夹角 φ 很小，可近似地认为 $\angle aa'o$ 和 $\angle bb'o$ 是直角，设 $l' = a'b'$，$l = ab$，则

$$l' = a'o + ob' = ao\cos\alpha + ob\cos\alpha = l\cos\alpha$$

根据式(4-11)得倾斜距离为

$$L = Kl' = Kl\cos\alpha$$

视准轴倾斜时的视距公式为

$$D = L\cos\alpha = Kl\cos^2\alpha \tag{4-13}$$

由图 4.12 知,测站点到立尺点的高差为

$$h=D\tan\alpha+i-v=\frac{1}{2}Kl\sin2\alpha+i-v \tag{4-14}$$

立尺点的高程为

$$H=H_0+h \tag{4-15}$$

式中:H_0 为测站点的高程。

4.2.2 普通视距测量的观测和计算

普通视距测量的观测步骤如下。

(1) 在测站点 A 点安置经纬仪,量取仪器高 i(取至 cm),并抄录测站点的高程 H_A(取至 cm)。在目标点 B 点竖立视距尺,尽量使尺子竖直。

(2) 视距测量一般用经纬仪的盘左位置,转动照准部瞄准 B 点视距尺,分别读取上、下、中三丝读数 a、b、v,并算出尺间隔 l。

(3) 转动竖盘指标水准管微动螺旋,使竖盘指标水准管气泡居中,读取竖盘读数,并计算竖直角 α。

(4) 根据公式计算出水平距离和高差,并根据测站点的高程算出目标点的高程。

计算公式:
$$D=100(a-b)\cos^2\alpha$$
$$h=D\tan\alpha+i-v$$
$$H_P=H_A+h=H_A+D\tan\alpha+i-v$$

普通视距测量记录与计算见表 4-2。

表 4-2 普通视距测量记录与计算

测站:A $H_A=21.40$m   仪器高:1.42m

照准点号	下丝读数/m 上丝读数/m 视距间隔/m	中丝读数 v/m	竖盘读数 L /(° ′)	竖直角 α /(° ′)	水平距离 D/m	高 差 h/m	高 程 H/m
1	1.768 0.934 0.834	1.35	92 45	−2 45	83.21	−4.07	17.33
2	2.182 0.660 1.522	1.42	95 27	−5 27	150.83	−14.39	7.01
3	2.440 1.862 0.578	2.15	88 25	+1 35	57.76	+2.33	23.73

注:竖盘公式 $\alpha=90°-L$。

4.2.3 普通视距测量误差及注意事项

1．视距尺分划误差

视距尺分划误差若是系统性增大或减小，对普通视距测量将产生系统性误差。若是偶然误差，则对普通视距测量的影响是偶然性的。

2．视距乘常数 K 不准确的误差

一般视距乘常数 K 值为 100，但由于视距丝间隔有误差，视距尺有系统性误差，仪器检定有误差，因此会使 K 值不为 100。K 值误差会使普通视距测量产生系统误差。K 值应为 100 ± 0.1 之内，否则应加以改正。

3．竖直角测量误差

竖直角测量误差对普通视距测量有影响，但影响不大。

4．视距丝读数误差

视距丝读数误差是影响普通视距测量精度的重要因素，它与视距远近成正比，距离越远误差越大。所以普通视距测量中要根据测图对测量精度的要求限制最远视距。

5．视距尺倾斜误差

视距测量公式是在视距尺严格与地面垂直条件下推导出来的。视距尺倾斜对视距测量的影响不可忽视，特别是山区，倾角大时更应注意，必要时可在视距尺上附加圆水准器。

6．外界气象条件对普通视距测量的影响

(1) 大气折光的影响。视线穿过大气时会产生折射，其光程从直线变为曲线，会造成误差。由于视线越靠近地面，折光越大，所以规定视线应高出地面 1m 以上。

(2) 空气湍流、风和大气能见度的影响。空气湍流使视距成像不稳定，造成视距误差。当视线接近地面或水面时这种现象更为严重。所以视线要高出地面 1m 以上。除此之外，风和大气能见度对普通视距测量也会产生影响，风力过大，尺子会抖动，空气中灰尘和水汽会使视距尺成像不清晰，造成读数误差，所以应选择在良好的天气进行测量。

4.3 光 电 测 距

光电测距是以光波(或电磁波等)作为载波，通过测定光波(或电磁波等)在测线两端点间往返传播的时间来测量距离。与传统的钢尺量距相比，光电测距具有测程远、精度高、作业速度快、受地形限制少等特点。

4.3.1 光电测距仪的分类

1. 按采用的光源分类

(1) 以激光为载波的激光测距仪。
(2) 以红外线为载波的红外测距仪。

2. 按测程分类

(1) 短程光电测距仪(5km 以内)。
(2) 中程光电测距仪(5～15km)。
(3) 远程光电测距仪(大于 15km)。

3. 按测量精度分类

(1) Ⅰ级，$m_D \leqslant 5mm$。
(2) Ⅱ级，$5mm < m_D \leqslant 10mm$。
(3) Ⅲ级，$m_D > 10mm$。

m_D 为 1km 测距的中误差。

光电测距

4.3.2 光电测距原理

如图 4.13 所示，欲测定 A、B 两点之间的距离 D，可在 A 点安置能发射和接收光波的光电测距仪，在 B 点设置反射棱镜，光电测距仪发出的光束经棱镜反射后，又返回到测距仪。通过测定光波在 AB 之间传播的时间 t，根据光波在大气中的传播速度 c，可按下式计算距离 D

$$D = \frac{1}{2}ct \tag{4-16}$$

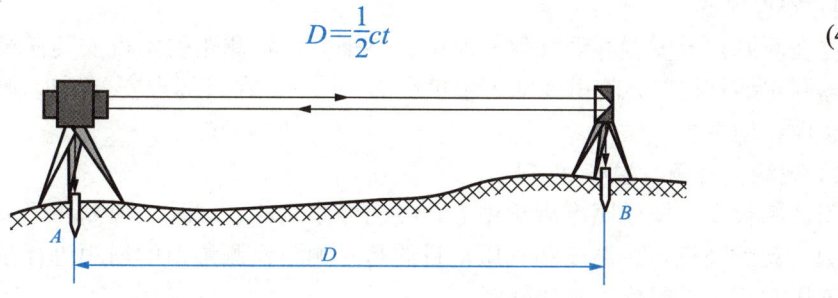

图 4.13　光电测距原理

光电测距仪根据测定传播时间 t 的方式不同，分为直接测定时间的脉冲测距法和间接测定时间的相位测距法。高精度的测距仪，一般采用相位测距法。

相位测距法的测距原理是：由光源发出的光通过调制器后，成为光强随高频信号变化的调制光。通过测量调制光在待测距离上往返传播的相位差来解算距离。

相位测距法相当于用"光尺"代替钢尺量距，而 $\lambda/2$ 为光尺长度。

相位测距法中，相位计只能测出相位差的尾数 ΔN，测不出整周期数 N，因此对大于光尺的距离无法测定。为了扩大测程，应选择较长的光尺。为了解决扩大测程与保证精度的矛盾，短程测距仪上一般采用两个调制频率，即两种光尺。例如，长光尺(称为粗尺)$f_1=150kHz$，$\lambda_1/2=1000m$，用于扩大测程，测定百米、十米和米；短光尺(称为精尺)$f_2=15MHz$，$\lambda_2/2=10m$，用于保证精度，测定米、分米、厘米和毫米。

4.3.3 光电测距仪及其使用方法

1. 仪器结构

主机通过连接器安置在经纬仪上部，经纬仪可以是普通光学经纬仪，也可以是电子经纬仪。利用光轴调节螺旋，可使主机的发射接收器光轴与经纬仪视准轴位于同一竖直面内。另外，测距仪横轴到经纬仪横轴的高度与觇标中心到反射棱镜的高度一致，从而使经纬仪瞄准觇标中心的视线与测距仪瞄准反射棱镜中心的视线保持平行。

配合主机测距的反射棱镜，根据距离远近，可选用单棱镜(1500m 内)或三棱镜(2500m 内)，棱镜安置在三脚架上，根据光学对中器和长水准管进行对中、整平。

2. 仪器主要技术指标及功能

短程红外光电测距仪的最大测程为2500m，测距精度可达$\pm(3+2\times10^{-6}\times D)$mm(其中$D$为所测距离)；最小读数为1mm；仪器设有自动光强调节装置，在复杂环境下测量时也可人工调节光强；可输入温度、气压和棱镜常数，自动对结果进行改正；可输入竖直角度数，自动计算出水平距离和高差；可通过距离预置进行定线放样；若输入测站点坐标和高程，可自动计算观测点的坐标和高程。测距方式有正常测量和跟踪测量，其中正常测量所需时间为 3s，还能显示数次测量的平均值；跟踪测量所需时间为 0.8s，每隔一定时间间隔自动重复测距。

3. 仪器操作与使用

1) 安置仪器

先在测站点上安置好经纬仪，对中、整平后，将测距仪主机安装在经纬仪支架上，用连接器固定螺钉锁紧，将电池插入主机底部、扣紧。在目标点安置反射棱镜，对中、整平，并使镜面朝向主机。

2) 观测竖直角、温度和气压

用经纬仪十字横丝照准觇标中心，测出竖直角α。同时，观测和记录温度和气压计上的读数。观测竖直角、温度和气压，目的是对测距仪测量出的斜距进行倾斜改正、温度改正和气压改正，以得到正确的斜距。

3) 测距准备

按电源"PWR"键开机，主机自检并显示原设定的温度、气压和棱镜常数值，自检通过后将显示"good"。

若修正原设定值，可按"TPC"键后输入温度、气压或棱镜常数值(一般通过"ENT"键和数字键逐个输入)。一般情况下，只要使用同一类型的反光镜，棱镜常数不变，而温度、气压每次观测均可能不同，需要重新设定。

4) 距离测量

调节主机照准轴水平调整手轮(或经纬仪水平微动螺旋)和主机俯仰微动螺旋，使测距仪望远镜精确瞄准棱镜中心。在显示"good"的状态下，精确瞄准也可根据蜂鸣器声音来完成，信号越强声音越大。上下左右微动测距仪，使蜂鸣器的声音最大，便完成了精确瞄准，出现"*"。

精确瞄准后，按"MSR"键，主机将测定并显示经温度、气压和棱镜常数改正后的斜距。在测量中，若光波受挡或大气抖动等，测量将暂被中断，此时"*"消失，待光强正常后将继续自动测量；若光束中断30s，须光强恢复后，再按"MSR"键重测。

斜距到平距的改算，一般在现场用测距仪进行，方法是：按"V/H"键后输入竖直角值，再按"SHV"键显示水平距离。连续按"SHV"键可依次显示斜距、水平距离和高差。

4.3.4　光电测距的注意事项

(1) 气象条件对光电测距影响较大，微风的阴天是观测的良好时机。
(2) 测线应尽量离开地面障碍物1.3m以上，避免通过发热体和较宽水面的上空。
(3) 测线应避开强电磁场干扰的地方，例如测线不宜接近变压器、高压线等。
(4) 镜站的后面不应有反光镜或其他强光源等背景的干扰。
(5) 要严防阳光及其他强光直射接收物镜，避免光线经镜头聚焦进入机内，将部分元件烧坏，阳光下作业时应撑伞保护仪器。

4.4　直线定向

直线定向

确定地面点的平面位置，仅知道直线的长度是不够的，还必须确定直线与标准方向之间的水平夹角。确定地面直线与标准方向之间的水平夹角称为直线定向。

4.4.1　标准方向

1. 真子午线方向

地表任一点 P 与地球的南北极所组成的平面与地球表面的交线称为 P 点的真子午线，P 点的真子午线的切线方向，称为 P 点的真子午线方向，指向北方的一端简称真北方向，指向南方的一端简称真南方向，可以应用天文测量方法或者陀螺经纬仪来测定地表任一点的真子午线方向。

由于地球上各点的真子午线都向两极收敛而汇集于两级，所以，虽然各点的真子午线方向都指向真北和真南，但在经度不同的点上，真子午线方向互不平行。两点真子午线方向间的夹角称为子午线收敛角。

2. 磁子午线方向

地表任一点 P 与地球磁场南北极连线所组成的平面与地球表面的交线称为 P 点的磁子午线，P 点的磁子午线的切线方向，称为 P 点的磁子午线方向；指向北方的一端简称磁北方向，指向南方的一端简称磁南方向，可以应用罗盘仪测定，在 P 点安置罗盘仪，磁针自由静止时其轴线所指的方向即为 P 点的磁子午线方向。

> **拓展讨论**
>
> 罗盘仪是利用磁针确定方位的仪器，用以测定地面上直线的磁方位角或磁象限角。罗盘仪的前身是指南针，古代叫司南，据记载最早出现于战国时期的磁山一带，是中国古代的四大发明之一，为人类在航海、大地测量、旅行及军事等方面做出了巨大的贡献。党的二十大报告指出，讲好中国故事、传播好中国声音，展现可信、可爱、可敬的中国形象。
>
> 请思考：结合党的二十大报告精神，说一下中国的四大发明是哪些？罗盘仪的发明对哪些领域有着重大贡献？

3．坐标纵轴方向

第 1 章已述及，我国采用高斯平面直角坐标系，每 6°带或 3°带内都以该带的中央子午线作为坐标纵轴，因此，该带内直线定向，就用该带的坐标纵轴为标准方向。如采用假定坐标系，则用假定的坐标纵轴作为标准方向。坐标纵轴方向也有南北方向之分。

4.4.2 直线方向的确定

确定直线方向就是确定直线和标准方向之间的角度关系，有以下两种方法。

1．方位角

由标准方向的指北端起，按顺时针方向量到该直线的水平角称为该直线的方位角。方位角的取值范围是 0°～360°，利用上述介绍的 3 个标准方向，可以对地表任一直线 PQ 定义 3 种方位角。

① 真方位角(A)：由过 P 点的真子午线方向的北端起，顺时针到直线 PQ 的水平角。
② 磁方位角(A_m)：由过 P 点的磁子午线方向的北端起，顺时针到直线 PQ 的水平角。
③ 坐标方位角(α)：由过 P 点的坐标纵轴方向的北端起，顺时针到直线 PQ 的水平角。

2．象限角

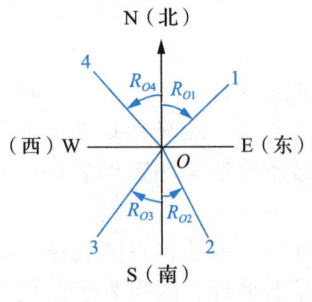

图 4.14 象限角的表示方法

直线与标准方向构成的锐角称为直线的象限角。象限角由标准方向的指北端或指南端开始向东或向西计量，角值自 0°～90°。用象限角表示直线的方向，除要说明象限角的大小外，还应在角值前冠以直线所指的象限名称，象限的名称有"北东""北西""南东""南西"4 种，顺序按顺时针方向排列。象限角的表示方法如图 4.14 所示。采用象限角时，也可以真子午线方向、磁子午线方向或坐标纵轴方向作为标准方向。

象限角 R 和方位角 α 的关系见表 4-3。

表 4-3 象限角 R 和方位角 α 的关系

象限		由坐标方位角推算象限角	由象限角推算坐标方位角
NE	I	$R_1 = \alpha_1$	$\alpha_1 = R_1$
SE	II	$R_2 = 180° - \alpha_2$	$\alpha_2 = 180° - R_2$
SW	III	$R_3 = \alpha_3 - 180°$	$\alpha_3 = 180° + R_3$
NW	IV	$R_4 = 360° - \alpha_4$	$\alpha_4 = 360° - R_4$

4.4.3 正、反坐标方位角

如图 4.15 所示，1、2 是直线的两个端点，1 为起点，2 为终点。过这两个端点可分别作坐标纵轴的平行线，图中 α_{12} 称为直线 12 的正坐标方位角；α_{21} 称为直线 12 的反坐标方位角。同理，若 2 为起点，1 为终点，则图中 α_{21} 称为直线 21 的正坐标方位角；α_{12} 称为直线 21 的反坐标方位角。显然，正反坐标方位角相差 180°，即有

$$\alpha_{21} = \alpha_{12} + 180°$$

或

$$\alpha_{正} = \alpha_{反} + 180° \tag{4-17}$$

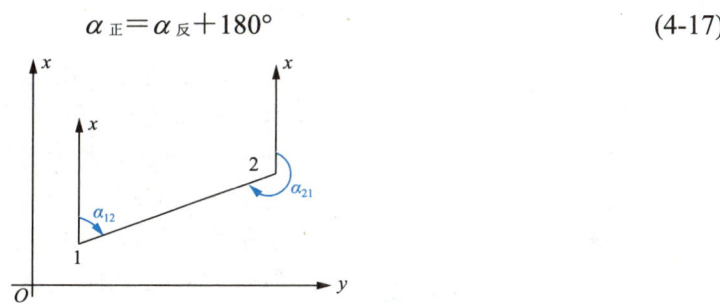

图 4.15 正、反坐标方位角示意图

特别提示

3 种方位角只有正、反坐标方位角才有这种关系，因为任意两点的坐标纵轴方向是相互平行的，而真子午线方向和磁子午线方向都不是相互平行的。

4.4.4 坐标方位角的推算

实际测量工作中，并不是直接确定各边的坐标方位角，而是通过与已知坐标方位角的直线连测，测量出各边之间的水平夹角，然后根据已知直线的坐标方位角，推算出各边的坐标方位角。如图 4.16 所示，直线 2 为已知的起始边，它的坐标方位角已知为 α_{12}，观测了水平角 β_2、β_3。则从图中可以看出

$$\alpha_{23} = \alpha_{12} + 180° - \beta_2$$
$$\alpha_{34} = \alpha_{23} - 180° + \beta_3$$

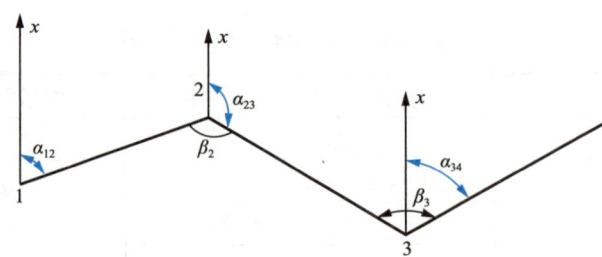

图 4.16 坐标方位角的推算

因 β_2 在推算路线前进方向的右侧，称为右折角；β_3 在左侧，称为左折角。从而可以归纳出坐标方位角的一般公式为

$$\alpha_{前}=\alpha_{后}+180°-\beta_{右} \tag{4-18}$$
$$\alpha_{前}=\alpha_{后}-180°+\beta_{左} \tag{4-19}$$

因坐标方位角的取值范围是 0°～360°，故计算中如果 α 值大于 360°，应减去 360°；如果 α 值小于 0°，应加上 360°。

4.4.5　3 种方位角之间的关系

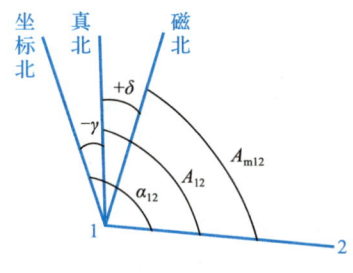

图 4.17　3 种方位角之间的关系

由于地球的南北两极与地球的南北两磁极不重合，所以地面上同一点的真子午线方向与磁子午线方向是不一致的，两者之间的夹角称为磁偏角，用 δ 表示；过同一点的真子午线方向与坐标纵轴方向的夹角称为子午线收敛角，用 γ 表示。磁子午线北端(磁北)和坐标纵轴方向的北端(坐标北)偏于真子午线方向的北端(真北)东侧称为东偏，δ、γ 为正；偏于西侧称为西偏，δ、γ 为负。3 种方位角之间的关系如图 4.17 所示。

本章小结

本章主要包括钢尺量距的方法，普通视距测量的原理及方法，光电测距原理及方法，直线定向的方法，直线的坐标方位角的推算。

测定地面上两点间的距离是指测定水平距离。如果地面上两点不在同一水平面上，它们之间的水平距离就是这两点的铅垂线投影到水平面的距离。用钢尺丈量水平距离的方法分为一般方法和精密方法。量距的一般方法可用测杆定线，并进行往返观测；量距的精密方法要求用经纬仪定线，使用与检定钢尺相同的拉力测距离 3 次，测钢尺温度，测两点之间的高差，并经过尺长改正、温度改正和倾斜改正计算。普通视距测量是利用仪器的视距丝和竖盘及视距尺，同时测定两点间的水平距离和高差的一种方法。这种方法精度不高，但速度较快，且能同时测两点之间的高差。直线定向是确定直线与标准方向的夹角。标准方向有真子午线方向、磁子午线方向和坐标纵轴方向,以方位角表示直线的方向,3种标准方向确定3种方位角。在普通测量中,常以坐标纵轴方向作为直线定向的标准方向。由于各处坐标纵轴相互平行,所以一条直线的正、反坐标方位角相差180°。通过三角函数推算角度时,算出的往往是象限角,因而还要知道如何将象限角换算成坐标方位角。

思考题与习题

一、选择题

1. 丈量一段距离,往、返测分别为126.78m、126.68m,则相对误差为( )。
   A. 1/1267　　　B. 1/1200　　　C. 1/1300　　　D. 1/1167
2. 地面上一条直线的正反坐标方位角之间相差( )。
   A. 180°　　　B. 360°　　　C. 270°　　　D. 90°
3. 已知两点的坐标,求两点的水平距离和方位角的方法称为( )。
   A. 坐标正算问题　　　　　　B. 坐标反算问题
   C. 坐标正向问题　　　　　　D. 坐标逆向问题
4. ( )是由标准方向线的北端开始顺时针旋转到该直线所夹的水平角。
   A. 天顶距　　　B. 竖直角　　　C. 方位角　　　D. 象限角
5. 一条直线真方位角与磁方位角的关系是( )。
   A. 相差180°　　B. 相差磁偏角　　C. 相同　　　D. 相差90°
6. 用钢尺丈量平坦地面两点间水平距离的公式是( )。
   A. $D=nl+q$　　B. $D=Kl$　　C. $D=nl$
7. 距离丈量中,哪种工具精度最低?( )
   A. 钢尺　　　B. 皮尺　　　C. 百米绳
8. 测量工作中,常用( )来表示直线的方向。
   A. 水平角　　　B. 方位角　　　C. 竖直角
9. 罗盘仪是用来测定直线( )的仪器。
   A. 水平角　　　B. 竖直角　　　C. 磁方位角

二、简答题

1. 标准方向线的种类有哪些?它们是如何定义的?
2. 距离测量有哪几种方法?光电测距仪的测距原理是什么?
3. 影响钢尺量距的主要因素有哪些?如何提高量距精度?
4. 普通视距测量的误差来源有哪些?

三、计算题

1. 某钢尺名义长度为30m,经检定实际长度为29.998m,检定温度为20℃,用该钢尺丈量某段距离得300m,丈量时的温度为35℃,两点高差为0.95m,求各项改正后的水平距离。
2. 用钢尺丈量了AB、CD两段距离,AB的往测值为307.82m,返测值为307.72m,

CD 的往测值为 102.34m，返测值为 102.44m，问这两段距离丈量的精度是否相同？哪段精度高？

3．表 4-4 为视距测量成果，计算各点所测水平距离和高差。

表 4-4　视距测量成果

测站 H_0＝50.00m　　仪器高 i＝1.56m

点号	上丝读数/m 下丝读数/m	中丝读数/m	竖盘读数 /(° ′)	竖直角 /(° ′)	高差/m	水平距离/m	高程/m	备注
1	1.845 0.960	1.40	86　28					
2	2.165 0.635	1.40	97　24					
3	1.880 1.242	1.56	87　18					
4	2.875 1.120	2.00	93　18					

4．一根长 50m 的钢尺与标准尺比较长度，发现此钢尺比标准尺长 13mm，已知标准尺的尺长方程式为

$$l_t = 50\text{m} + 0.012\text{m} + 1.25 \times 10^{-5}\text{℃}^{-1} \times (t - 20\text{℃}) \times 50\text{m}$$

求此钢尺的尺长方程式。

5．设已知各直线的坐标方位角分别为 47°27′、177°37′、226°48′、337°18′，试分别求出它们的象限角和反坐标方位角。

6．如图 4.18 所示，已知 α_{AB}＝55°20′，β_B＝126°24′，β_C＝134°06′，求其余各边的坐标方位角。

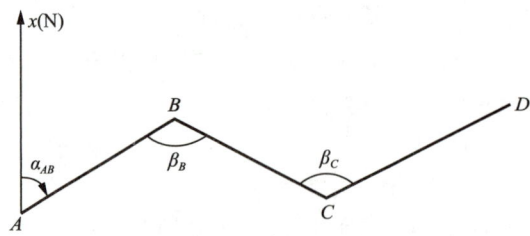

图 4.18　推导坐标方位角

第 5 章　全站仪及其使用

教学目标

(1) 了解全站仪的分类、等级、主要技术指标。

(2) 掌握建筑工程中全站仪的主要应用：角度测量、距离测量、坐标测量、坐标放样、自由设站(后方交会)的原理和操作方法。

教学重点

全站仪的应用的原理和操作方法。

教学难点

全站仪坐标放样和自由设站的原理和操作方法。

思维导图

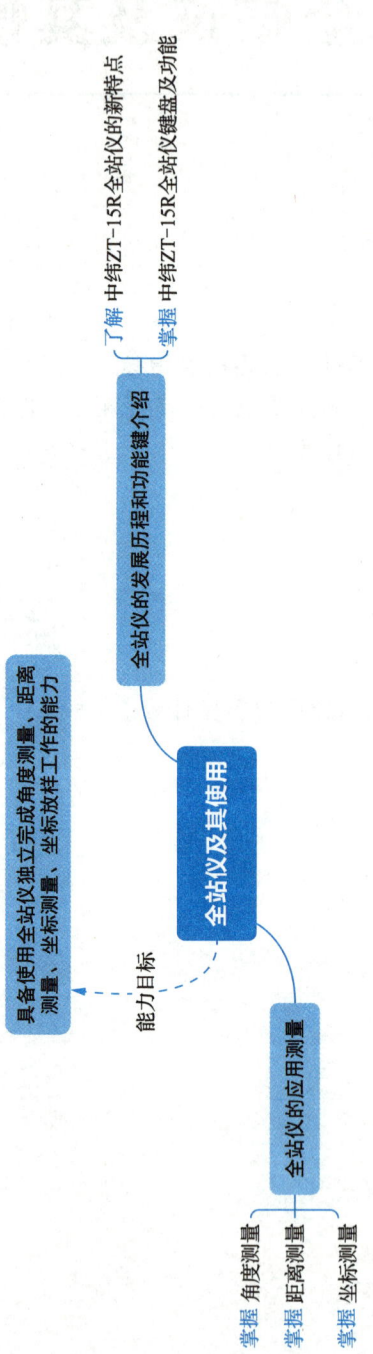

第 5 章 全站仪及其使用

章节导读

近年来我国自主设计建设了许多举世闻名的大型工程，如珠港澳大桥、三峡水利枢纽工程、苏通长江公路大桥、上海中心大厦、上海环球金融中心、东方明珠广播电视塔等。指导和保证这些工程的施工质量离不开精密工程测量。大型工程对精密定位和放样要求很高，只有全站仪可以胜任这样的使命。全站仪精度高，功能完善，操作方便，在现代工程中深受欢迎，并被广泛使用。本章主要讲述全站仪的结构、功能以及使用方法，学习和使用后你一定会感受到它的魅力所在，并在实际工程中伴你大显身手。引例图所示为全站仪原理示意与剖面图。

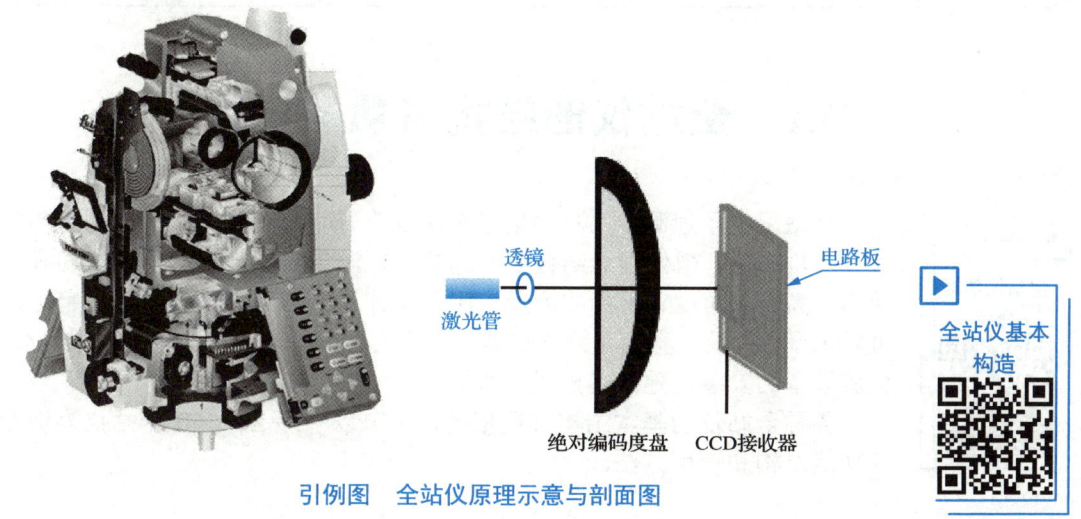

引例图　全站仪原理示意与剖面图

注：先进的绝对编码测角技术，大大提高了测角的精度和稳定性。开机无须初始化，在测量中如果发生掉电式关机，重启后仍能保留原有信息，大大方便了测量工作者。

案例引入

以前在建筑工地上，人们会经常看到测量技术人员用经纬仪进行角度测量，用水准仪进行水准测量。能否由一台仪器来完成角度测量、距离测量、水准测量，同时快速测定目标点的三维坐标呢？20 世纪 80 年代以来，随着微电子技术的突飞猛进的发展，测量仪器实现了测角、测距一体化，并且在微处理器的管理下，测量仪器可以自动存储、计算和传输测量数据。从此，地面测量全面进入了"全站型电子速测仪"的时代。

拓展讨论

1995 年，南方测绘研发出了国内第一台全站仪 NTS-202，它是首台完全由国内自主研发生产的全站仪，填补了国家空白，由此打破了进口仪器垄断国内测绘装备市场的局面，开启了国产测绘装备快速发展的时代。相比国际市场，我国全站仪装备制造虽然起步较晚，但发展十分迅速。经过二三十年的发展，国内全站仪生产工艺水平已经得到了长足进步，先后完成了产业化、规模化、高精度的阶段目标。国产全站仪的产销量已经多年稳居世界第一，2021 年已经超过全球全站仪产销量的四成。

党的二十大报告中指出，我国经济实力实现历史性跃升。国内生产总值从 54 万亿元增长到 114 万亿元，我国经济总量占世界经济的比重达 18.5%，提高 7.2%，稳居世界第 2 位；人均国内生产总值从 39800 元增加到 81000 元。

请思考：中国的全站仪是如何迅速发展起来的？

> **特别提示**
>
> 全站仪是集水准仪、经纬仪、测距仪功能于一体的测绘仪器，它可以直接测量和放样坐标，并且可对采集的数据进行存储、管理与计算机通信等。

5.1 全站仪的结构与功能概述

全站仪功能介绍

全站型电子速测仪又称"电子全站仪"，简称"全站仪"。它是将测距装置、测角装置、微处理器结合在一起的光电测量仪器。全站仪可以同时进行距离、高差、角度、坐标的测量，测量及计算的结果自动显示在屏幕上，并可以记录、存储、输入和输出数据。全站仪已广泛应用于公路、桥梁、水利、机械设备的安装、建筑等建设工程。

各种全站仪的基本结构大致相同，本节以中纬 ZT-15R 全站仪为例介绍其功能结构和使用方法。

5.1.1 中纬 ZT-15R 全站仪的新特点

(1) 超小型的望远镜。
(2) 轻巧的主机。
(3) 独特的光电系统。
(4) 双轴倾斜补偿装置。
(5) 双侧大屏幕液晶显示器，支持触摸操作，方便快捷。
(6) 独有的操作系统，操作方便，界面友好。
(7) 功能强大的应用软件。

中纬 ZT-15R 全站仪具有超现代的硬件造型设计，并配备功能强大的应用软件，是集光、机、电、磁现代科技于一身，集小型、简便、快捷、高精度和多用性等特点为一体的全新一代全站型电子速测仪。

5.1.2 中纬 ZT-15R 全站仪的主机外貌

图 5.1 和图 5.2 所示为中纬 ZT-15R 全站仪的主机外貌。

第 5 章 全站仪及其使用

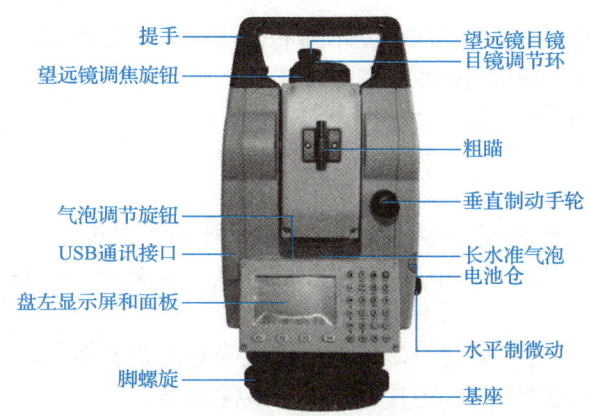

图 5.1 中纬 ZT-15R 全站仪外貌图(1)

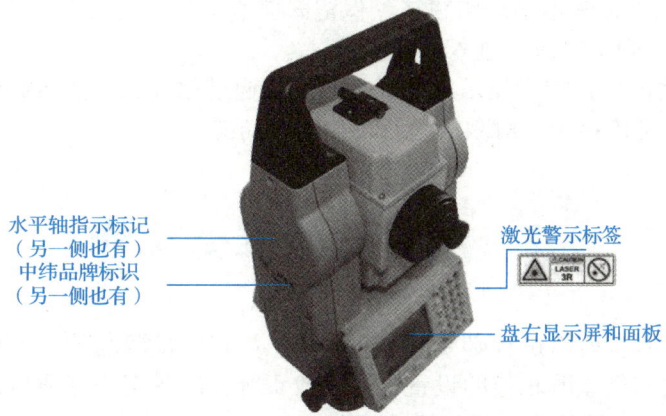

图 5.2 中纬 ZT-15R 全站仪外貌图(2)

5.1.3 中纬 ZT-15R 全站仪键盘及功能

(1) 在全站仪的前后两面，各有一个带键盘和点阵式液晶显示屏的面板，用来显示和操作全站仪。中纬 ZT-15R 全站仪键盘如图 5.3 所示。

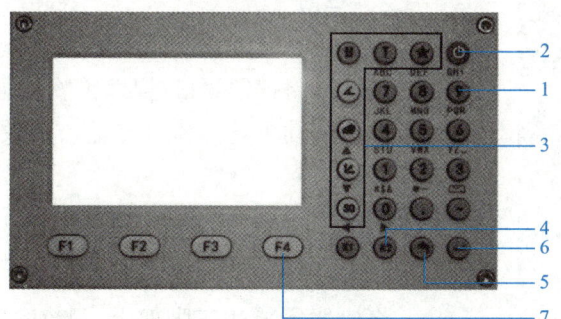

1—数字/字母键；2—开关机键；3—固定功能键；
4—导航键；5—ESC 键；6—ENT 键；7—F1～F4 软功能键。

图 5.3 中纬 ZT-15R 全站仪键盘

115

(2) 全站仪面板上主要分布了液晶显示器和操作键，键盘各符号的功能说明如下。

【M】在常规测量界面时，按此键进入菜单。

【T】切换棱镜/免棱镜模式。

【★】常用功能键。

【◉】执行开关机操作。

【◢】在常规测量、数据采集中，按此键进入角度测量界面。

【◢】在常规测量、数据采集中，按此键进入距离测量界面，再次按此键将在水平距离、高差和斜距之间切换。

【∠】在常规测量、数据采集中，按此键进入坐标测量界面；还具有向上导航键功能。

【S0】进入极坐标放样界面；还具有向下导航键功能。

【K₁】【K₂】具有左右导航键功能，同时属于自定义功能键。

【↶】退出对话框或者退出编辑模式，保留先前值不变，返回上一界面。

【↵】回车键。确认输入，进入下一输入区。

【F₁~F₄】软功能键，列于显示屏的底行，可以通过相应的功能键激活。每一个软功能键所代表的实际意义依赖于当前激活的应用程序及功能。

5.2 测量前的准备工作

全站仪在开始测量前需进行必要的准备工作，如日常检验与校正、单位设置、电池电量了解、棱镜常数和气象改正值的设置、角度改正等。准备工作完成后，方可进行测量。本节以中纬 ZT-15R 全站仪为例进行详细说明。

5.2.1 仪器的开箱和存放

1. 开箱

轻轻地放下箱子，让其盖朝上，打开箱子的锁栓，开箱盖，取出仪器。

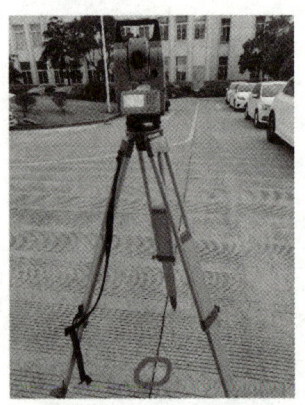

图 5.4 仪器安置

2. 存放

盖好望远镜镜盖，使照准部的垂直制动手轮和基座的水准器朝上，将仪器平卧(望远镜物镜端朝下)放入箱中，轻轻旋紧垂直制动手轮，盖好箱盖，并关上锁栓。

5.2.2 安置仪器

将仪器安装在三脚架上，精确整平和对中(锤球对中、光学对中、激光对中)，以保证测量成果的精度。仪器安置如图 5.4 所示。

5.2.3　电池的安装

进行测量之前，应使电池电量充足。从仪器上取下电池时必须先关闭电源。

5.2.4　电池电量信息

建议外业测量出发前，先检查电池状况，一旦电池出现故障或没电，全站仪将无法开机，一切工作将停止，所以电池的准备和正确使用至关重要。

（1）电池工作时间的长短取决于环境条件，如仪器周围的温度、充电时间的长短和充放电的次数。为安全起见，建议用户提前充电或准备一些充好电的备用电池。

（2）电池电量图标表示当前测量模式下的电量级别。角度测量模式下显示的电池电量状况未必够用于距离测量。由于测距的耗电量大于测角，当从角度测量模式转换为距离测量模式时，可能会由于电池电量不足导致仪器运行中断。

（3）观测模式改变时，电池电量图标不一定会立刻显示电量的减小或增加。电池电量指示系统是用来显示电池电量的总体情况，它不能反映瞬间电池电量的变化。

1．电池充电的注意事项

（1）电池充电时必须使用配置的专用充电器。

（2）充电时先将充电器接好电源 220V，从仪器上取下电池盒，将充电器插头插入电池盒的充电插座，当充电器上的指示灯为橙色时表示正在充电，当指示灯为绿色时表示充电结束，拔出插头。

2．取下机载电池盒时的注意事项

每次取下电池盒时，都必须先关掉仪器电源，否则仪器容易被损坏。

3．充电时的注意事项

（1）尽管充电器有过充保护回路，但充电结束后，还是应及时将插头从插座中拔出。

（2）要在 0～45℃温度范围内充电，超出此范围可能充电异常。

（3）如果充电器与电池已连接好，指示灯却不亮，此时充电器或电池可能已经损坏。

4．电池存放时的注意事项

（1）充电电池可重复充电 300～500 次，电池完全放电会缩短其使用寿命。

（2）为更好地获得电池的最长使用寿命，请保证每月充电一次。

5.2.5　电源的开与关

按电源键，仪器将进行自检，启动操作系统后，进入主界面。长按电源键，仪器关机。

5.2.6 反射棱镜

当全站仪用红外光进行距离测量等作业时，需在目标处放置反射棱镜。反射棱镜有单(三)棱镜组，可通过基座连接器将棱镜组与基座连接，再安置到三脚架上，也可直接安置在对中杆上。棱镜组由用户根据作业需要自行配置。

棱镜组如图 5.5 所示。

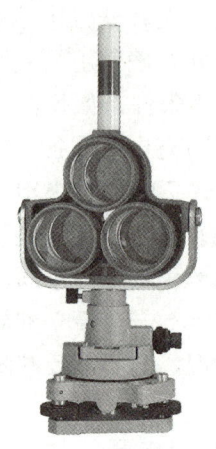
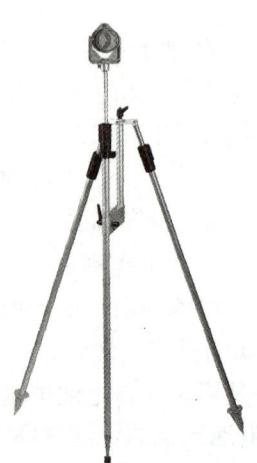

图 5.5　棱镜组

5.2.7 设置棱镜常数

当用棱镜作为反射体时，需在测量前设置好棱镜常数。一旦设置了棱镜常数，关机后该常数将被保存。

5.2.8 竖直角和水平角的倾斜改正

当启动倾斜传感器功能时，将显示由于仪器不严格水平而需对竖直角自动施加的改正数(在快捷键下按 F2 进行补偿设置)。为了确保角度测量的精度，倾斜改正必须选用"双轴"，其显示可以用来整平仪器，若出现补偿功能界面，则表明仪器超出自动补偿的范围，必须人工整平。

(1) 若仪器位置不稳定或受刮风影响，则其显示的竖直角或水平角也不稳定，此时可关闭竖直角和水平角自动倾斜改正的功能。

(2) 若补偿模式设置为打开(单轴或双轴)，在仪器没有整平的状态下，可根据图中电子气泡的移动方向来整平仪器。

5.2.9 全站仪的日常检验与校正

全站仪是数字测图工作的主要设备，必须经过省级以上技术监督部门授权的测绘计量鉴定机构鉴定合格，鉴定周期为 1 年。除进行法定鉴定外，测绘单位还要进行日常的检验与校正工作，全站仪日常检验与校正的内容如下。

(1) 照准部水准器的检验与校正。
(2) 圆水准器的检验与校正。
(3) 十字丝位置的检验与校正。
(4) 视准轴的检验与校正。
(5) 光学对中器的检验与校正。
(6) 测距轴与视准轴同轴的检查。
(7) 距离加常数的测定。

在以上准备工作完成之后，全站仪可进行数据采集和放样等工作。

> **特别提示**
>
> 在使用全站仪进行工作前，必须进行仪器的检验与校正，以避免测量工作过程中由仪器本身造成的误差问题。

5.3 全站仪常规测量工作

常规测量是全站仪测量的重要组成部分，也体现了全站仪的测量原理。它包括角度测量、距离测量、坐标测量、坐标放样和自由设站(后方交会)。

5.3.1 角度测量

1. 测量两点的水平夹角、竖直夹角

在常规测量界面按角度功能键【▲】，进入角度测量模式。

(1) 照准第一个(左侧)目标 A。
(2) 设置目标 A 的水平角为 0°0′0″，按【F1】置零。图 5.6 所示为目标 A 水平角置零。
(3) 按【F4】确认。
(4) 照准第二个(右侧)目标 B，显示 B 方向水平角和当前的竖直角。如果起始方向未归零，则按两个方向的读数差得到水平角。图 5.7 所示为目标 B 水平角和竖直角。

全站仪测回法测水平角

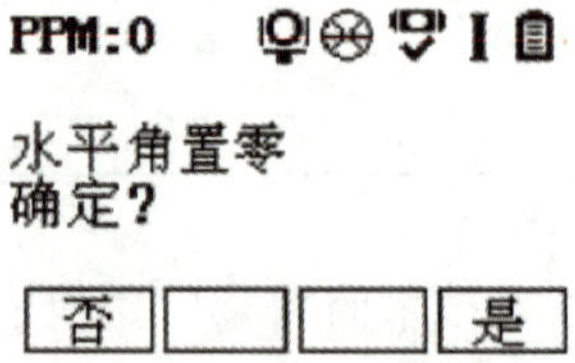

图 5.6　目标 A 水平角置零 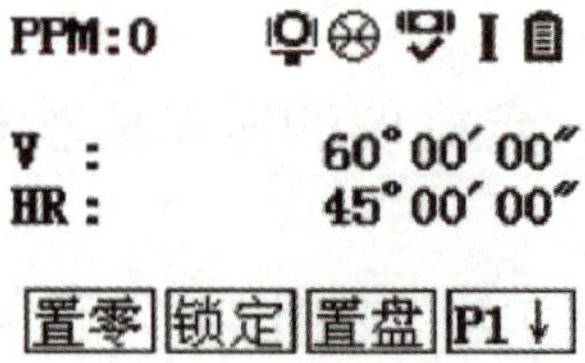　　　　　　　图 5.7　目标 B 水平角和竖直角

(5) 切换左角、右角模式。

按【F4】两次，转到第三页功能界面，按【F1】R/L 可以在左角模式(HL)和右角模式(HR)之间切换，如图 5.8 所示。

2. 水平角的设置

1) 通过锁定角度值进行设置

(1) 用水平制微动转到所需的角度值。

(2) 按【F2】锁定，则角度不再随着仪器的转动而改变。

(3) 照准目标，按【F4】是，完成水平角设置，屏幕回到正常的角度测量模式，如图 5.9 所示。

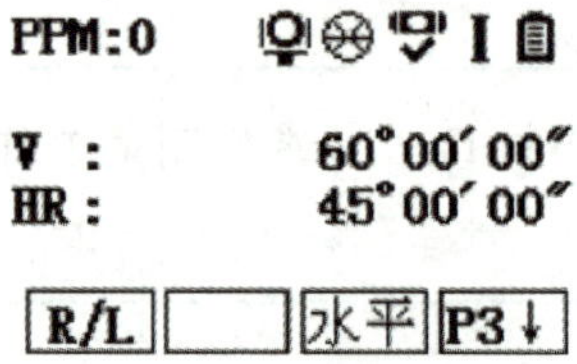

图 5.8　切换左角、右角模式 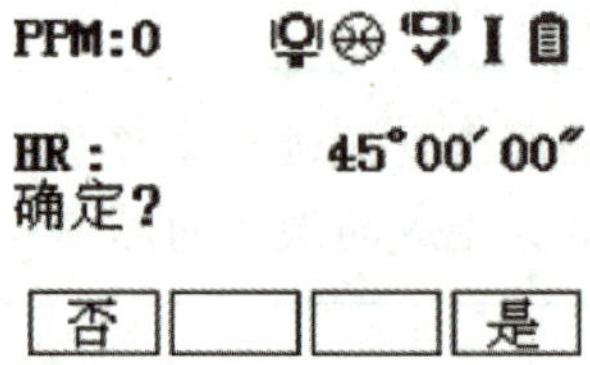　　　　　　图 5.9　锁定角度值设置水平角

2) 通过键盘输入进行设置

(1) 照准目标。

(2) 按【F3】置盘。

(3) 通过键盘输入要设定的角度值，如 90°，然后按【F4】确定，如图 5.10 所示。

3. 切换竖直角坡度(%)模式

(1) 按【F4】转到第二页功能界面。

(2) 按【F3】V%，可使竖直角在度数与坡度之间切换，如图 5.11 所示。

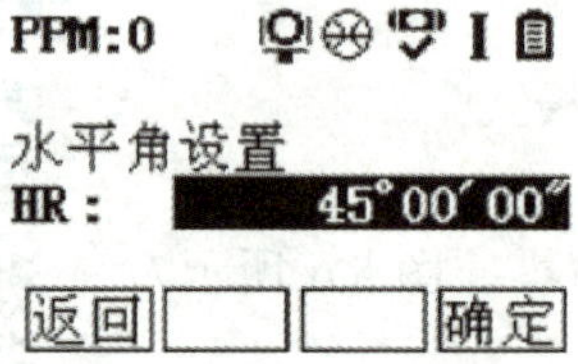

图 5.10　键盘输入设置水平角 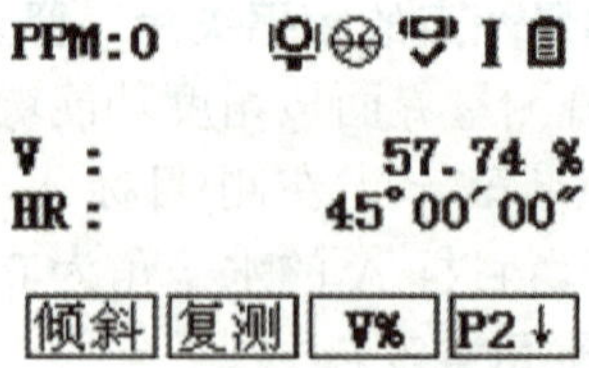　　　　　　图 5.11　切换竖直角坡度模式

4．角度复测

(1) 按【F4】转到第二页功能界面，按【F2】复测。
(2) 并按【F4】是，进入角度复测模式。
(3) 照准目标 A，按【F2】置零，接着按【F4】是。
(4) 照准目标 B，按【F4】锁定。完成第一次观测。
(5) 再次照准目标 A，按【F3】释放。
(6) 再次照准目标 B，按【F4】锁定。完成第二次观测。
(7) 重复步骤(5)(6)，直到达到想要的次数。

5．竖直角水平零/天顶零的切换

(1) 按【F4】两次，转到第三页功能界面。
(2) 按【F3】水平，切换到水平零，此时【F3】对应的功能变为天顶，此时按下【F3】天顶，则切换为天顶零。

每次按【F3】，显示模式交替切换。图 5.12 所示为竖直角水平零/天顶零切换界面。

当竖直角切换为坡度模式时，此功能不可用。

图 5.12　竖直角水平零/天顶零切换界面

5.3.2　距离测量

距离测量也是全站仪的基本应用之一，利用全站仪可方便地测量水平距离(HD)、斜距(SD)(全站仪镜点至棱镜镜点间高差及斜距)和高差(VD)。

在常规测量界面按距离功能键【◢】，进入距离测量模式，如图 5.13(a)所示。此时再次按下功能键【◢】，屏幕将显示为图 5.13(b)所示内容。此时如果继续按功能键【◢】，屏幕将重新显示为图 5.13(a)所示内容。图 5.13(a)所示为水平角、水平距离、高差，图 5.13(b)所示为竖直角、水平角、斜距。

全站仪距离测量

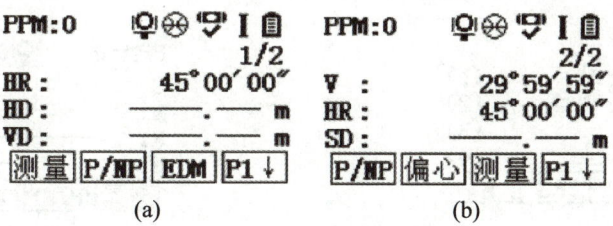

(a)　　　　　　　　(b)

图 5.13　距离测量模式

1．距离测量参数设置

进行电子测距(EDM)之前，应先完成以下 3 项参数的设置：测距模式、棱镜常数改正值(反射器类型和常数)、气象改正值，总称为"EDM 参数设置"。

参数设置的名称及其选项如下。

(1)【测距模式】的选项有：重复精测、精测均值、单次精测、单次粗测、跟踪测量。可任选其中一项。

(2)【反射器】的选项有：棱镜、反射片、无棱镜。

【棱镜常数】的设置：一般国产棱镜常数为-30mm，具体看棱镜上标识设定，反射片常数为0mm，用数字键输入。

(3)完成距离测量后，可按【切换】功能键在斜距(S)、水平距离(H)、高差(VD)之间变换测量。

2. 距离测量

确保测量目标选择正确，在图 5.13(a)所示界面按【F1】测量，得到距离值。如需查看斜距，按距离功能键【◢】，切换至图 5.13(b)所示界面。

5.3.3 坐标测量

全站仪坐标测量

1. 选择作业

全部数据都存储在作业里，作业包含不同类型的数据(例如测量数据、编码、已知点、测站等)。数据可以单独管理，也可以分别读出、编辑或删除。按【F4】选择作业，进入设置作业界面，通过左右导航键选择作业，选定之后，按【F4】确定。如果内存中没有可以使用的作业，按【F1】新建可以新建一个作业，输入作业名和作业员(作业员可不输入)。按【F4】确定，设置作业完成。图 5.14 所示为选择作业界面。

2. 设站

在设置测站过程中，测站坐标可以人工输入，也可以从仪器内存中读取。

(1) 在程序准备界面，按【F1】输入测站点，进入设置测站界面。

(2) 输入测站点号，然后按【F4】确定。

(3) 输入仪器高，按【F4】确定。图 5.15 所示为设置测站界面。

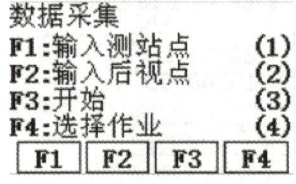
图 5.14 选择作业界面

图 5.15 设置测站界面

3. 定向

所有测量值和坐标计算都与测站定向有关。在定向过程中，可以人工输入，也可根据测量点或内存中的点进行设置。

(1) 人工定向：直接输入测站点与后视点之间连线的方位角。

① 在程序准备界面按 F2 输入后视点，进入定向界面。

② 按 F1 人工定向，进入人工定向界面(图 5.16)。
③ 输入测站点与后视点之间连线的方位角，并照准后视点，按 F4 是，完成定向。
(2) 坐标定向：使用后视点坐标计算方位角。
① 在程序准备界面按【F2】输入后视点，进入定向界面。
② 按【F2】坐标定向，进入坐标定向界面(图 5.17)。
③ 输入后视点，然后按【F4】确定。

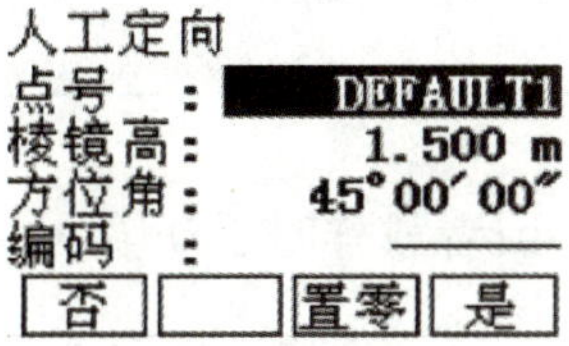

图 5.16　人工定向界面

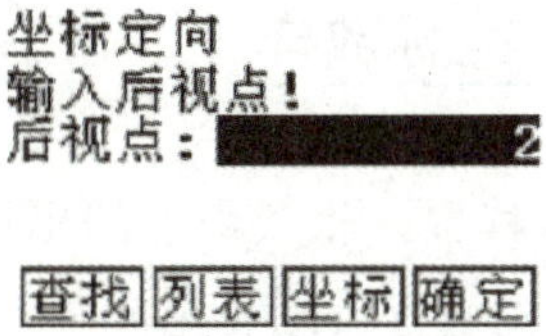

图 5.17　坐标定向界面(1)

④ 屏幕显示计算出的方位角(图 5.18)，照准目标，按【F1】测距，测量距离，再按【F3】设定，完成定向。

如果没有按【F1】测距，直接按【F3】设定，则是在没有测距的情况下进行定向(图 5.19)。

HA：到目标点的水平角。
HD：到目标点的水平距离。
dHD：到目标点水平距离差值。
dZ：到目标点的高差。

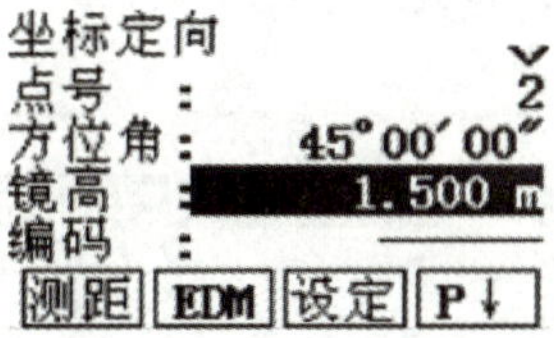

图 5.18　坐标定向界面(2)

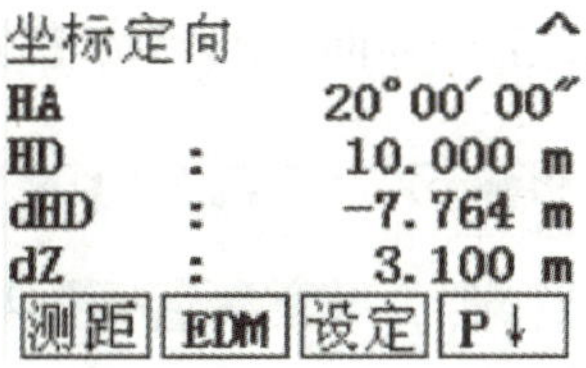

图 5.19　坐标定向界面(3)

4. 坐标测量

坐标测量可用以下两种方法进行。
(1) 在常规测量界面按坐标功能键【∠】，进入坐标测量模式(图 5.20)。
照准目标，按【F1】测量，可以得到坐标。
(2) 进入数据采集。
① 在常规测量界面，按【M】进入数据采集主菜单(图 5.21)。
② 按【F3】开始，可以得到坐标。

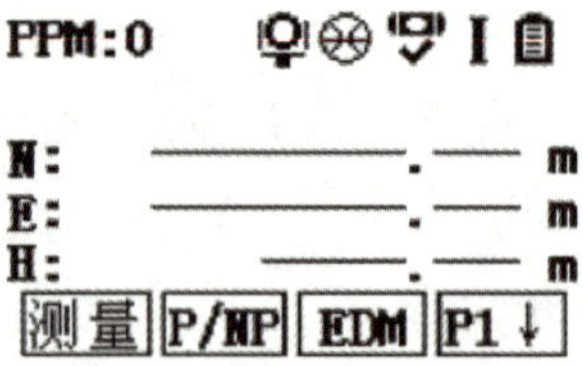

图 5.20　坐标测量模式 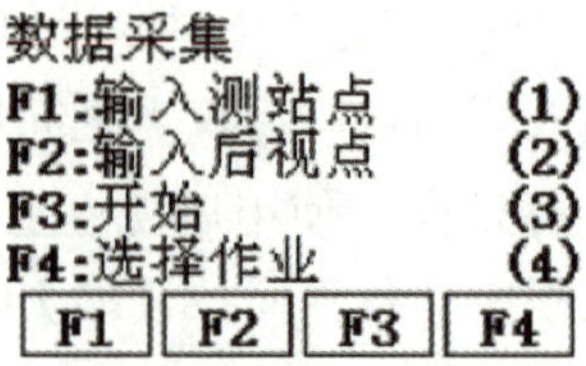　　　　　　　图 5.21　数据采集主菜单

5.3.4　坐标放样

坐标放样前，将放样点的坐标存放在仪器的作业中，或者放样时手动输入。

(1) 首先进行设站、定向(同前面坐标测量一样)。

(2) 进入放样。

① 在常规测量界面，按【M】进入主菜单。

② 按【F2】测量程序，进入程序列表。

③ 按【F3】放样，完成应用程序准备设置。

④ 按【F3】开始，进入放样程序(图 5.22)。按左右导航键，选择要放样的点号。然后依据下列顺序进行操作。

(a) 按【F1】镜高，输入棱镜高度。

(b) 按【F2】查找，查找已保存的点数据。

(c) 按【F3】坐标，输入待放样点的点号和坐标。

(d) 按【F4】开始，屏幕会显示此点的坐标值。根据情况，按【F3】否，取消选用该点，返回到上一界面；或者按【F4】是，选用该点进行放样(图 5.23)。

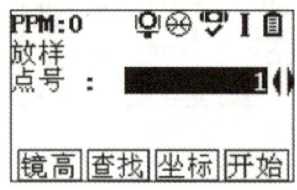

图 5.22　进入放样程序界面

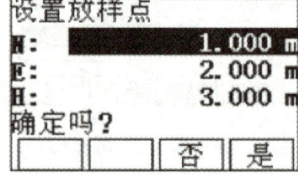

图 5.23　选择放样点号

(e) 按【F4】是，屏幕显示待放样点位置的计算界面(图 5.24)。

HR 为测站点至待放样点连线的方位角计算值。

HD 为测站点至待放样点的水平距离计算值。

(3) 放样点方向确定。

按【F4】继续，进入图 5.25 所示界面，图中显示极坐标法放样的角度测量部分。dHR 为当前水平角与计算方位角的差值。转动照准部，当 dHR 为 0°00′00″时，即表明放样方向正确。

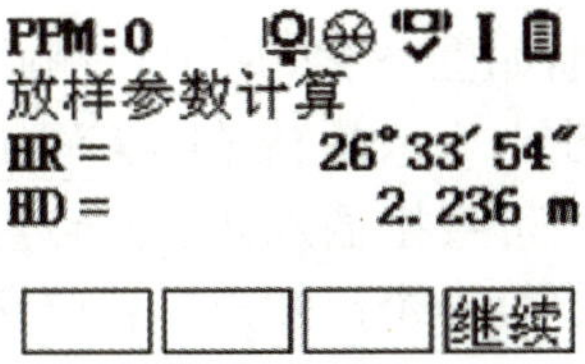

图 5.24　待放样点位置的计算界面

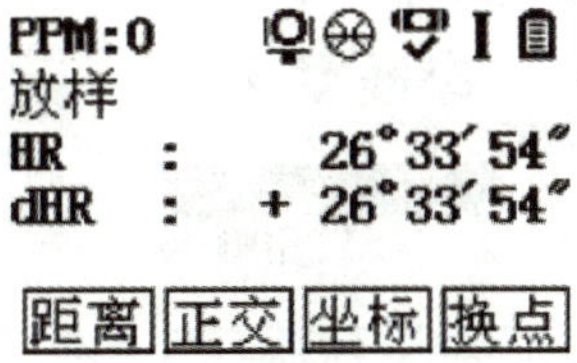

图 5.25　放样点方向确定

(4) 放样点位置确定(调整位置并标定放样点)。

按【F1】距离，进入图 5.26 所示界面。图中显示极坐标法放样时的距离测量部分。HD 为测站点至待放样点的水平距离计算值，在 dHR 为 0°00′00″的方向上，指挥扶镜人员前后移动，并按【F3】测距，直到 dHD=0，此时的立镜点即为平面放样点的位置，在此位置上下移动棱镜杆，当 dZ=0 时，此立镜点即为放样点的位置。

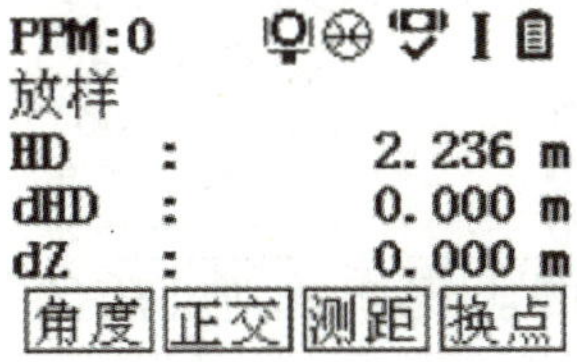

图 5.26　放样点距离和高程确定

(5) 放样程序涉及的字段说明。

dHR：角度偏差，如果待放样点在测站点的右侧，则显示正值，反之为负值。

dHD：水平距离偏差，如果待放样点比测站点远，则显示正值。

dZ：高程偏差，如果待放样点高于测站点，则显示正值。

dX：纵向偏差，如果待放样点比测站点远，则显示正值。

dY：横向偏差，如果待放样点在测站点的右侧，则显示正值。

N：测站点的北坐标。

E：测站点的东坐标。

H：测站点的高程。

5.3.5　自由设站(后方交会)

本工作流程通过测量已知点来确定测站的位置。最少需要 2 个已知点，最多可以使用 5 个。

1. 进入自由设站

(1) 在常规测量界面，按【M】进入主菜单。

(2) 按【F2】测量程序，进入程序列表。

(3) 按【F2】自由设站，完成应用程序准备设置。

(4) 按【F2】开始，进入自由设站程序。

2. 输入测站信息

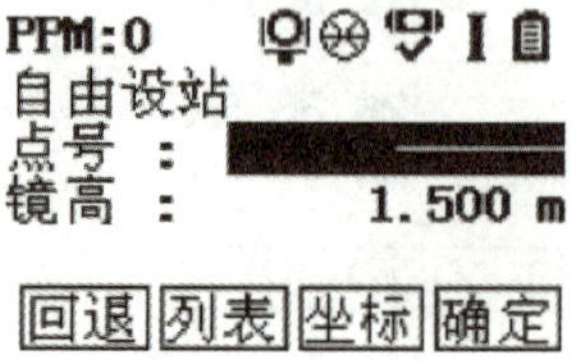

输入测站信息界面如图 5.27 所示，测站信息包括测站点号和仪器高。输入完成后按【F4】确定。若内存中存有此已知点坐标，可直接输入此已知点点号，或者通过【F2】列表来确定第一个已知点。若内存中没有此点的坐标，可通过按【F3】坐标，直接输入坐标。按【F4】确定，进入下一步。

图 5.27　输入测站信息界面

3. 已知点测量

瞄准第一点，显示图 5.28 所示界面时，按【F1】测存，测量并保存数据。

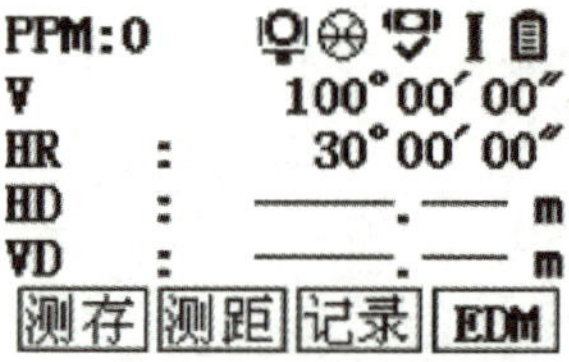

按【F2】测距，对距离进行测量。

按【F3】记录，可记录数据。

按【F4】EDM，进入 EDM 设置。

记录完第一个点后，会直接进入输入目标点的界面。用相同的方法测量第二个已知点。

图 5.28　已知点测量界面

记录完第二个点后，仪器直接计算自由设站残差。

按【F4】计算，则计算测站点的坐标。如果需要测量更多的已知点，则按【F1】下步，返回到输入目标点的界面。用相同的方法测量第三、四个已知点。

4. 自由设站结果

在完成已知点的测量后，在后方交会残差界面(图 5.29)中按【F4】计算。

最终的结果如图 5.30 所示，包括当前测站的北坐标、东坐标、高程，同时提供用于精度评定的标准偏差。

按【F1】返回，不保存结果，退出自由设站。

按【F3】标准，显示坐标和角度的标准偏差。

按【F4】确定，保存结果。

如果仪器高在设置界面中设成 0.000，那么测站高将参照倾斜轴高。

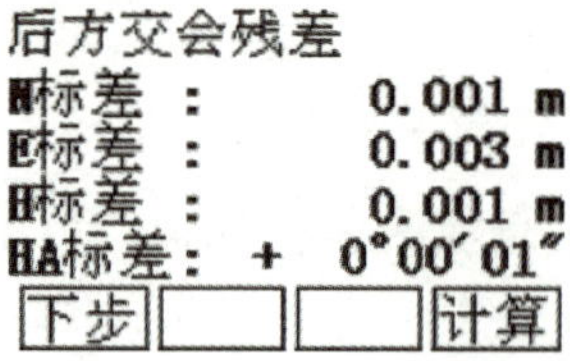

图 5.29　后方交会残差界面 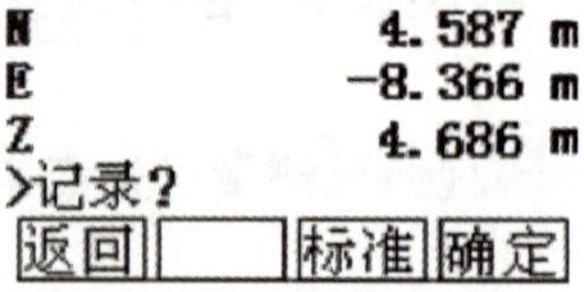　　　　图 5.30　最终的结果

5. 目标点改正数

目标点改正数为计算值与测量值的差值。

5.3.6　数据传输

数据传输功能包括发送数据(数据输出)和接收数据(数据输入)。

在存储管理界面按上下导航键翻到第 2 页，按【F1】数据传输，进入图 5.31 所示界面。

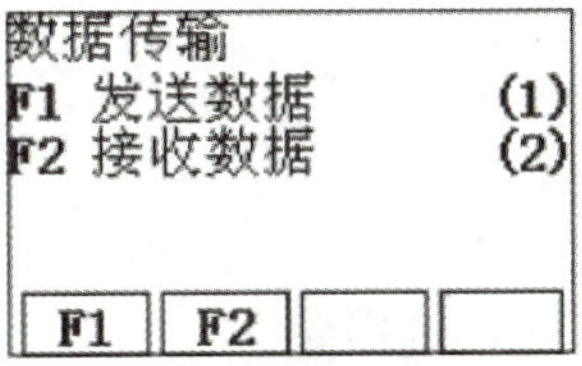

1. 数据输出

作业数据可以从仪器 USB 存储卡中输出。USB 存储卡可以插入通讯侧盖上的 USB 接口。进入数据输出界面后，按下列步骤进行操作。

(1) 按【F2】搜索，查找内存中的作业(图 5.32)。
(2) 按【F3】列表，列出内存中的所有作业。
(3) 按【F1】发送数据，进入数据输出界面。下一步按【F4】确定。
(4) 选择要存储作业的位置。数据在 USB 存储卡上默认存储的文件夹是 Jobs。按【F1】确定，进入设置数据格式界面(图 5.33)。按【F1】返回，返回到查看 USB 存储卡的默认文件夹的列表。按【F4】确定，进入数据输出。

图 5.31 数据传输界面

图 5.32 数据输出界面

图 5.33 设置数据格式界面

2. 数据输入

数据输入的操作按下列步骤进行。
(1) 在数据传输界面，按【F2】接收数据，进入数据输入界面(图 5.34)。
(2) 按【F4】确定，进入 USB 存储卡默认的文件夹。
(3) 选择要输入的数据，按【F1】确定，进入设置作业名的界面。
(4) 在设置作业名界面中，默认的作业名与选择的文件名一致，用户可以自定义。
(5) 按【F4】确定，进行数据输入。传输完成后出现提示信息。

图 5.34 数据输入界面

本章小结

全站型电子速测仪又称全站仪，它在一个测站上可同一时间得到水平距离、高差和点的坐标。随着测绘工作的全面发展，全站仪越来越多地应用在地形测量、施工测量、导线测量、交会测量、数字化测图工作中，大大提高了测绘工作的质量和效率。

本章主要对全站仪的基本概念、构造以及全站仪的基本应用进行了简单介绍。本章着重以国产中纬 ZT-15R 全站仪为例，详细介绍了全站仪的使用过程，主要包括以下几部分内容。

(1) 测量前的准备工作：仪器的检验与校正、仪器的安置和参数的设置。
(2) 全站仪常规测量工作：角度测量、距离测量、坐标测量、坐标放样和自由设站。

思考题与习题

一、选择题

1. 从结构上分，全站仪可分为(　　)。
   A．组合式　　　　B．一体式　　　　C．整体式　　　　D．以上答案都正确
2. 全站仪由(　　)3部分组成。
   A．电子测距仪　　B．电子水准仪　　C．电子经纬仪　　D．电子记录装置
3. 全站仪的基本测量功能是(　　)。
   A．角度测量　　　B．距离测量　　　C．坐标测量　　　D．坐标放样
4. 坐标测量前需要输入(　　)。
   A．测站点坐标　　　　　　　　　　B．后视点坐标或方位角
   C．仪器高　　　　　　　　　　　　D．棱镜高
5. 坐标放样前需输入(　　)。
   A．测站点坐标　　　　　　　　　　B．后视点坐标或方位角
   C．仪器高　　　　　　　　　　　　D．棱镜高

二、简答题

1. 什么是全站型电子速测仪(全站仪)？
2. 全站仪主要由哪几部分组成？
3. 全站仪的主要特点和分类有哪些？
4. 全站仪日常检验的项目有哪些？
5. 简述全站仪测量坐标的过程和方法。
6. 简述全站仪坐标放样的方法。

全站仪的使用

全站仪三维坐标点位放样

RTS110全站仪键盘功能及常用菜单

RTS110全站仪外观介绍

RTS110全站仪坐标测量

RTS110全站仪坐标放样

第 6 章　小地区控制测量

教学目标

(1) 了解控制测量的基本概念、作用、布网原则和基本要求；掌握导线的概念、布设形式和等级技术要求。

(2) 掌握导线测量外业工作(踏勘选点、测角、量边)和内业计算方法(闭合、附合导线坐标计算)。

(3) 理解高程控制测量概念，掌握三、四等水准测量和三角高程测量的方法和要求。

教学重点

导线测量的内、外业；三、四等水准及图根水准测量的观测、记录、计算、检核；三角高程测量的原理。

教学难点

导线测量内业计算中坐标方位角、坐标增量闭合差的分配。

思维导图

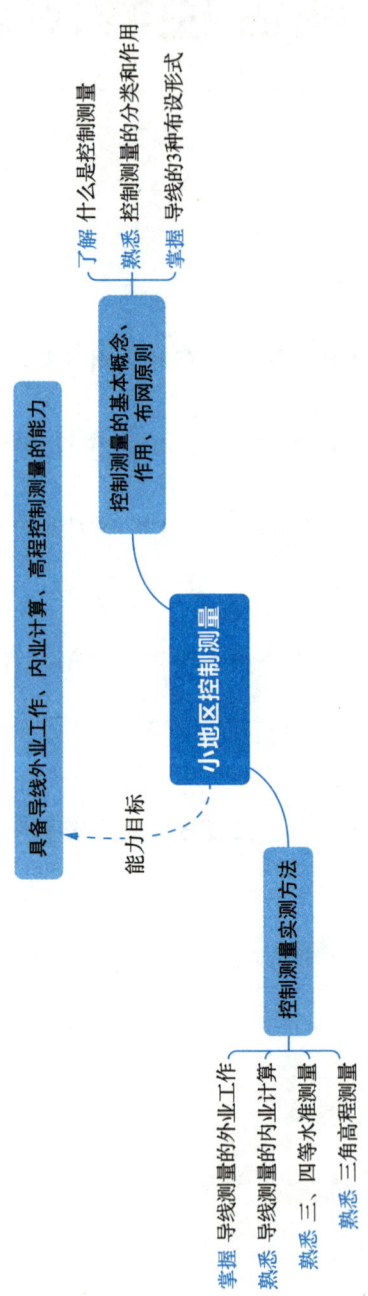

第 6 章 小地区控制测量

章节导读

有经验的工程师，在开工前总是先寻找已知的控制点，因为没有它就不好进行下一步的工作，控制点的等级和精度直接影响后续工作的精度。要想使测量的精度水平、工作效率、经济成本达到较好的统一，就必须遵循以下原则：在精度上，"由高级到低级"，逐级控制；在测点的布局上，"由整体到局部"；在施工程序上，"先控制，后碎部"，即先建立控制网，然后依据控制网进行碎部测量。为此本章主要讲述控制测量的原理及方法，导线测量的外业工作和内业计算，交会定点的原理和方法，以及高程控制测量。

案例引入

某单位要进行扩建和旧房改造工程，在进行规划设计前，要先提供本地块及周边的地形图，地形图测量要遵循控制测量的原则。根据地形图和实地考察确定设计方案后开始施工，为了保证施工的质量(精度和可靠性)、进度和费用，就要为工程建设提供统一的参考框架，建立工程控制网，为各项测量工作提供位置基准。可见，控制测量贯穿工程建设的各个环节。

6.1 控制测量概述

本书第 1 章已指出，测量工作必须遵循"从整体到局部，先控制后碎部"的原则，首先建立控制网，然后依据控制网进行测量或测设工作。

6.1.1 控制测量的概念

控制测量概述

1. 控制网

在测区范围内选择若干有控制意义的点(称为控制点)，按一定的规律和要求构成的网状几何图形，称为控制网。

控制网可分为平面控制网和高程控制网。

2. 控制测量

测定控制点位置的工作，称为控制测量。

测定控制点平面位置(x, y)的工作，称为平面控制测量；测定控制点高程(H)的工作，称为高程控制测量。

控制网按控制范围，又可分为国家控制网、城市控制网和小地区控制网等。

6.1.2 国家控制网

在全国范围内建立的控制网,称为国家控制网,它是全国各种比例尺测图的基本控制网,并为确定地球形状和大小提供研究资料。

国家控制网是用精密测量仪器和方法,依照施测精度按一、二、三、四4个等级建立的,它的低级点受高级点逐级控制。

国家平面控制网主要布设成三角网,采用三角测量的方法。如图 6.1 所示,一等三角网(锁)是国家平面控制网的骨干;二等三角网布设于一等三角网环内,是国家平面控制网的全面基础;三、四等三角网为二等三角网的进一步加密。国家高程控制网布设成水准网,采用精密水准测量的方法。如图 6.2 所示,一等水准网是国家高程控制网的骨干;二等水准网布设于一等水准网环内,是国家高程控制网的全面基础;三、四等水准网为国家高程控制网的进一步加密。

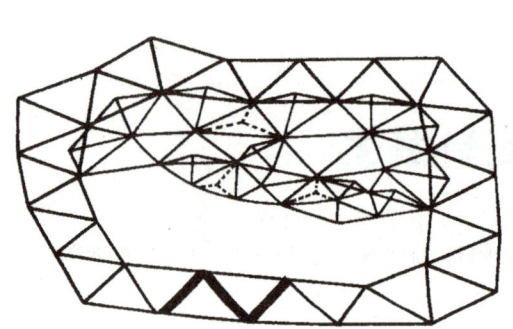

图 6.1 国家平面控制网

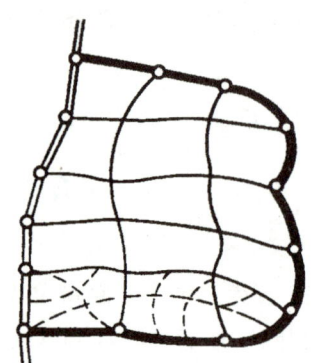

图 6.2 国家高程控制网

6.1.3 城市控制网

在城市地区,为测绘大比例地形图,进行市政工程和建筑工程放样,在国家控制网的控制之下而建立的控制网称为城市控制网。

城市控制网可布设成不同等级的三角网、边角组合网、导线网和 GNSS 控制等形式。国家控制网和城市控制网的控制测量,由测绘部门完成,控制成果可从有关测绘部门获得。表 6-1 为城市三角网的主要技术要求,表 6-2 为城市边角组合网边长测量的主要技术要求。

表 6-1 城市三角网的主要技术要求

等 级	平均边长/km	测角中误差/(″)	起始边边长相对中误差	最弱边边长相对中误差
二等	9	≤±1.0	≤1/250000	≤1/120000

续表

等 级	平均边长/km	测角中误差/(″)	起始边边长相对中误差	最弱边边长相对中误差
三等	4.5	≤±1.8	≤1/150000	≤1/70000
四等	2	≤±2.5	≤1/100000	≤1/40000
一级小三角	1	≤±5.0	≤1/40000	≤1/20000
二级小三角	0.5	≤±10.0	≤1/20000	≤1/10000

表 6-2　城市边角组合网边长测量的主要技术要求

等 级	平均边长/km	测距中误差/mm	测距相对中误差
二等	9	≤±30	≤1/300000
三等	5	≤±30	≤1/160000
四等	2	≤±16	≤1/120000
一级小三角	1	≤±16	≤1/60000
二级小三角	0.5	≤±16	≤1/30000

城市高程控制网分为二等、三等、四等和一级小三角、二级小三角网，或一级、二级、三级导线网，最后，再布设为测绘大比例尺地形图所用的图根小三角和图根导线。

直接供地形测图使用的控制点称为图根控制点，简称图根点。测定图根点位置的工作称为图根控制测量，图根控制点的密度(包括高级控制点)，取决于测图比例尺和地形的复杂程度。平坦开阔地区图根点的密度一般不低于表 6-3 的规定；地形复杂地区、城市建筑密集区和山区，可适当加大图根点的密度。

表 6-3　平坦开阔地区图根点的密度

测图比例尺	1∶500	1∶1000	1∶2000	1∶5000
图根点密度/(点/km²)	150	50	15	5

6.1.4　小地区控制网

在面积小于 15km² 范围内建立的控制网称为小地区控制网。

建立小地区控制网时，应尽量与国家(或城市)已建立的高级控制网连测，将高级控制点的坐标和高程作为小地区控制网的起算和校核依据。如果周围没有国家(或城市)控制点，或附近虽然有国家(或城市)控制点但不便连测时，可以建立独立控制网。此时，控制网的起算坐标和高程可自行假定，坐标方位角可用测区中央的磁方位角代替。

小地区平面控制网，应根据测区面积的大小按精度要求分级建立。在全测区范围内建立的精度最高的控制网称为首级控制网；直接为测图而建立的控制网称为图根控制网。

小地区首级控制网，也应根据测区面积和工程要求采用分级的方法建立。在全测区范围内建立三、四等水准路线和水准网，再以三、四等水准点为基础，测定图根点的高程。

6.2 导线测量的外业工作

将测区内相邻控制点用直线连接而构成的折线图形称为导线。构成导线的控制点称为导线点。导线测量就是依次测定各导线边的长度和各转折角值，再根据起算数据，推算出各边的坐标方位角，从而求出各导线点的坐标。

导线测量是建立小地区平面控制网的一种常用方法，特别是在地物分布复杂的建筑区、视线障碍较多的隐蔽区和带状地区测量时，多采用导线测量的方法。

用经纬仪测量转折角，用钢尺测定导线边长的导线，称为经纬仪导线；用光电测距仪测定导线边长的导线，称为光电测距导线。随着全站仪的普及使用，工程中常用光电测距导线。

6.2.1 导线的布设形式

根据测区的情况和工程建设的需要，简单的导线布设形式有以下3种。

1. 闭合导线

如图 6.3 所示，导线从已知控制点 B 和已知方向 AB 出发，经过 1、2、3、4 点，最后仍回到起点 B，形成一个闭合多边形，这样的导线称为闭合导线。闭合导线本身存在严密的几何条件，具有检核作用。

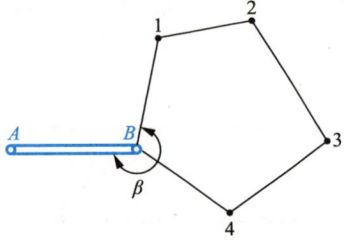

图 6.3 闭合导线

2. 附合导线

如图 6.4 所示，导线从已知控制点 B 和已知方向 AB 出发，经过 1、2、3 点，最后附合到另一边已知控制点 C 和已知方向 CD 上，这样的导线称为附合导线。这种布设形式具有检核观测成果的作用。

3. 支导线

支导线是从一个已知控制点和已知方向出发，既不附合到另一个已知点，又不回到原起始点的导线。如图 6.5 所示，B 点为已知控制点，AB 方向已知，1、2 点为支导线点，由于支导线缺乏检核条件，不易发现错误，因此其点数一般不超过两个。支导线仅用于图根导线测量。

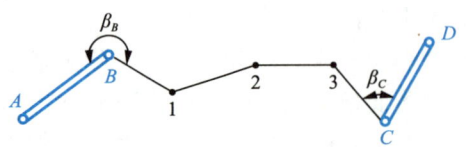

图 6.4 附合导线

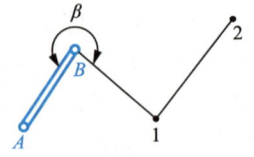

图 6.5 支导线

6.2.2 导线测量的等级与技术要求

用导线测量方法建立小地区平面控制网,导线等级通常为一级导线、二级导线、三级导线和图根导线几个等级。表 6-4 为城市光电测距导线的主要技术要求,表 6-5 为图根光电测距导线测量的主要技术要求。

表 6-4 城市光电测距导线的主要技术要求

等 级	附合环或附合导线长度/km	平均边长/m	测距中误差/mm	测角中误差/(″)	导线全长相对闭合差
三等	14	3000	≤±20	≤±1.8	≤1/55000
四等	9	1500	≤±18	≤±2.5	≤1/35000
一级	4	500	≤±15	≤±5	≤1/15000
二级	2.4	250	≤±15	≤±8	≤1/10000
三级	1.2	100	≤±15	≤±12	≤1/5000

表 6-5 图根光电测距导线测量的主要技术要求

比例尺	附合导线长度/m	平均边长/m	导线相对闭合差	测回数 DJ$_6$	方位角闭合差/(″)	测距 仪器类型	测距 方法与测回数
1∶500	900	80	≤1/4000	1	≤±40$\sqrt{n}$	Ⅱ级	单程观测 Ⅰ
1∶1000	1800	150					
1∶2000	3000	250					

6.2.3 导线测量的外业工作概述

导线测量的外业工作主要包括踏勘选点、建立标志、导线边长测量、导线转折角测量等。

1. 踏勘选点及建立标志

在选点前,应先收集测区已有地形图和已有高级控制点的成果资料,将控制点展绘在原有地形图上,然后在地形图上拟定导线布设方案,最后到野外踏勘、核对、修改、落实导线点的位置,并建立标志。

1)踏勘选点

选点时应注意下列事项。

(1) 相邻点间应相互通视良好,地势平坦,便于测角和量距。

(2) 点位应选在土质坚实,便于安置仪器和保存标志的地方。

(3) 导线点应选在视野开阔的地方,便于碎部测量。

(4) 导线边长应大致相等，其平均边长应符合表 6-5 的技术要求。

(5) 导线点应有足够的密度，分布均匀，便于控制整个测区。

2) 建立标志

(1) 临时性标志。导线点位置选定后，要在每一点位上打一个木桩，在桩顶钉一个小钉，作为点的标志，如图 6.6 所示；也可在水泥地面上用红漆画一个圆，圆内点一个小点作为临时性标志。

(2) 永久性标志。需要长期保存的导线点应埋设混凝土桩，如图 6.7 所示。桩顶嵌入 T 形金属标志，作为永久性标志。

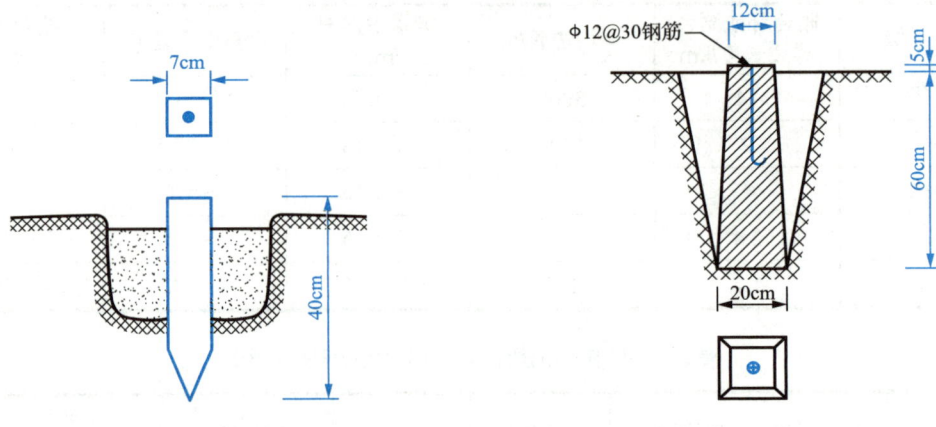

图 6.6　导线点临时性标志　　　　　　图 6.7　导线点永久性标志

导线点应统一编号。为了便于寻找，应尽量测出导线点与附近明显地物的距离，绘出草图，注明尺寸，该图称为"点之记"，如图 6.8 所示。

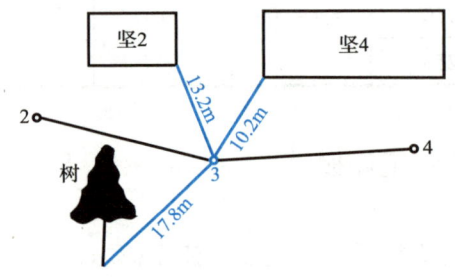

图 6.8　导线点的"点之记"

> **特别提示**
>
> "点之记"是保存导线点的点位，是方便施测人员寻找点位的重要依据。

2．导线边长测量

导线边长可用钢尺直接丈量，或用光电测距仪直接测定。

用钢尺丈量时，选用检定过的 30m 或 50m 的钢尺，导线边长应往返丈量各一次，往返丈量相对误差应满足经纬仪导线中往返测相对误差的要求。

用光电测距仪测量时,应根据导线等级和技术要求,选用相应的测距仪,经检验后,按表 6-4 和表 6-5 中的规定测距。

3. 导线转折角测量

导线转折角的测量一般采用测回法。在附合导线中一般测左角;在闭合导线中,一般测内角;对于支导线,应分别观测左角、右角,不同等级导线的测角技术要求见表 6-4 和表 6-5。图根导线,一般用 DJ_6 经纬仪观测一个测回,当盘左、盘右两半测回角值的差不超过 $\pm40''$ 时,取其平均值。

导线与高级控制点进行连接,以取得坐标和坐标方位角的起算数据,称为连接测量。

如图 6.9 所示,A、B 为高级控制点,1~5 点为新布设的导线点,连接测量就是观测连接角 β_B、β_1 和连接边 D_{B1}。

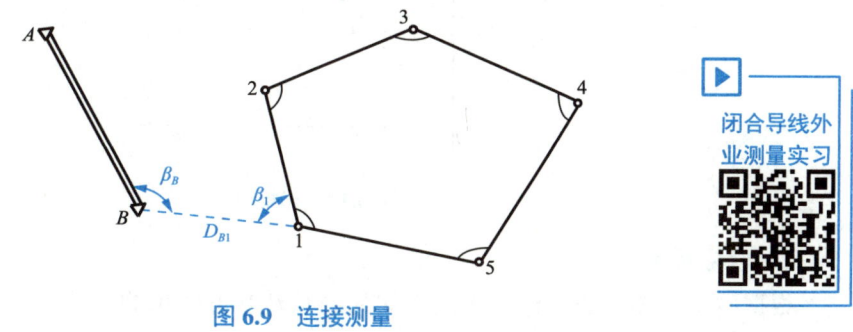

图 6.9 连接测量

如果附近无高级控制点,则应用罗盘仪测定导线起始边的磁方位角,并假定起始点的坐标作为起算数据。

6.3 导线测量的内业计算

导线测量内业计算的目的是计算各导线点的平面坐标(x, y)。计算之前,应先全面检查导线测量外业的记录、数据是否齐全,有无记错、算错,成果是否符合精度要求,起算数据是否准确等。然后绘制计算略图,将各项数据标在图的相应位置上。

6.3.1 坐标计算的基本公式

1. 坐标正算

根据已知点的坐标、已知边长及该边的坐标方位角,计算未知点的坐标,称为坐标正算。

如图 6.10 所示,设 A 点的坐标(x_A, y_A),AB 边的边长 D_{AB} 及其坐标方位角 α_{AB} 为已知,则未知点 B 的坐标为

$$\left.\begin{array}{l}x_B = x_A + \Delta x_{AB} \\ y_B = y_A + \Delta y_{AB}\end{array}\right\} \quad (6\text{-}1)$$

式中：Δx_{AB}、Δy_{AB} 称为坐标增量，也就是直线两端点 A 点、B 点的坐标值之差。在图 6.10 中，根据三角原理，可写出坐标增量的计算公式为

$$\left.\begin{aligned}\Delta x_{AB}=x_B-x_A=D_{AB}\cos\alpha_{AB}\\ \Delta y_{AB}=y_B-y_A=D_{AB}\sin\alpha_{AB}\end{aligned}\right\} \quad (6\text{-}2)$$

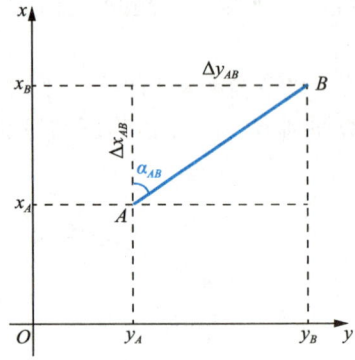

图 6.10　坐标计算

2. 坐标反算

根据两个已知点的坐标，求两点间的边长及其方位角的运算称为<u>坐标反算</u>。当导线与已知高级控制点连测时，一般应利用高级控制点的坐标，反算出高级控制点间的坐标方位角或边长，作为导线的起算数据与校核依据，此外，在施工放样前，也要利用坐标反算求出放样数据。

如图 6.10 所示，若 A 点、B 点为两已知点，其坐标分别为 $A(x_A, y_A)$、$B(x_B, y_B)$。根据三角原理，可写出以下公式

$$\tan\alpha_{AB}=\frac{\Delta y_{AB}}{\Delta x_{AB}}=\frac{y_B-y_A}{x_B-x_A}$$

或

$$\alpha_{AB}=\arctan\frac{\Delta y_{AB}}{\Delta x_{AB}}=\arctan\frac{y_B-y_A}{x_B-x_A} \quad (6\text{-}3)$$

或

$$\left.\begin{aligned}D_{AB}=\frac{\Delta y_{AB}}{\sin\alpha_{AB}}=\frac{\Delta x_{AB}}{\cos\alpha_{AB}}\\ D_{AB}=\sqrt{(\Delta x_{AB})^2+(\Delta y_{AB})^2}\end{aligned}\right\} \quad (6\text{-}4)$$

应该注意，按式(6-3)计算出的是象限角，因此必须根据坐标增量 Δx_{AB}、Δy_{AB} 的正负号，确定 AB 边象限角所在的象限，然后再<u>把象限角换算为 AB 边的坐标方位角</u>。

6.3.2 附合导线坐标的计算

现以图 6.11 所标注的数据为例,结合"附合导线坐标计算表(使用计算器计算)"(表 6-6)的使用,说明图根附合导线坐标计算的步骤。

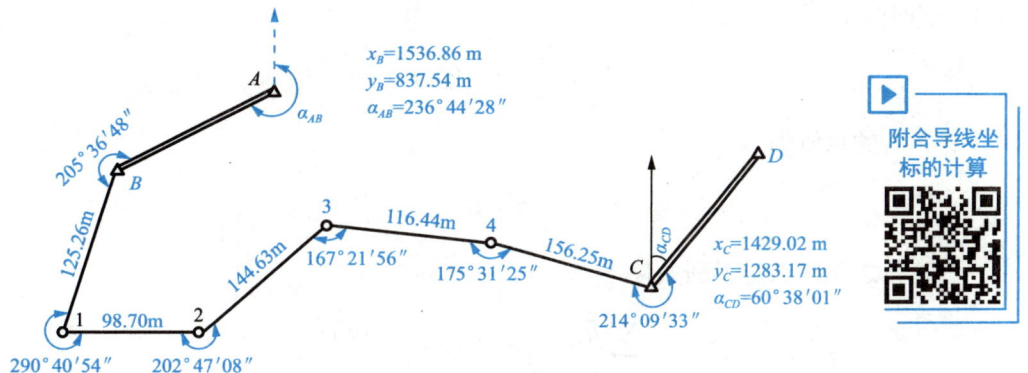

图 6.11 附合导线略图

计算前先将图 6.11 中的有关数据填入表 6-6 中的相应栏内,起算数据用双线标明。

1. 角度闭合差的计算与调整

根据起始边的已知坐标方位角 α_{AB} 及观测的右角 β,按式(4-18)可以推算出终边 CD 的坐标方位角 α'_{CD}。

$$\alpha_{B1} = \alpha_{AB} + 180° - \beta_B$$
$$\alpha_{12} = \alpha_{B1} + 180° - \beta_1$$
$$\alpha_{23} = \alpha_{12} + 180° - \beta_2$$
$$\alpha_{34} = \alpha_{23} + 180° - \beta_3$$
$$\alpha_{4C} = \alpha_{34} + 180° - \beta_4$$
$$+)\ \alpha'_{CD} = \alpha_{4C} + 180° - \beta_C$$

$$\alpha'_{CD} = \alpha_{AB} + 6 \times 180° - \sum \beta_{测}$$

写成一般公式为

$$\alpha'_{终} = \alpha_{起} + n \times 180° - \sum \beta_{测} \tag{6-5}$$

式中:$\alpha'_{终}$ 为推算出的终边坐标方位角,$\alpha_{起}$ 为已知的起始边坐标方位角,n 为观测角的个数。

若观测角为左角,则按式(6-6)计算 $\alpha'_{终}$

$$\alpha'_{终} = \alpha_{起} - n \times 180° + \sum \beta_{测} \tag{6-6}$$

角度闭合差 f_β 的计算公式为

若观测角为右角
$$f_\beta = \sum\beta_{测} - \sum\beta_{理} = \sum\beta_{测} - \alpha_{起} + \alpha_{终} - n\times 180° \qquad (6\text{-}7)$$

若观测角为左角
$$f_\beta = \sum\beta_{测} - \sum\beta_{理} = \sum\beta_{测} + \alpha_{起} - \alpha_{终} - n\times 180° \qquad (6\text{-}8)$$

各级导线角度闭合差的容许值见表 6-4 和表 6-5。若 f_β 超过 $f_{\beta_容}$，则说明所测角度不符合要求，应重新检测。若 f_β 不超过 $f_{\beta_容}$，则将闭合差反符号平均分配到各观测角中，各角改正数均为

$$v_\beta = -f_\beta / n$$

改正后的角值为

$$\overline{\beta} = \beta + v_\beta$$

改正角之和应满足下列条件

$$\left.\begin{array}{l}\sum\overline{\beta}_{左} = \alpha_{终} - \alpha_{起} + n\times 180°\\ \sum\overline{\beta}_{右} = \alpha_{起} - \alpha_{终} + n\times 180°\end{array}\right\}$$

角度改正数应满足 $\sum v_\beta = -f_\beta$，此条件用于计算检核。

> **特别提示**
>
> 角度闭合差的调整是为了消除导线转折角测量过程中产生的误差。

2. 各边坐标方位角的计算

根据起始边已知坐标方位角和改正角，按式 $\alpha_{前} = \alpha_{后} + 180° - \beta_{右}$ 或式 $\alpha_{前} = \alpha_{后} - 180° + \beta_{左}$ 推算各边的坐标方位角，并填入表 6-6 的第 5 栏内。例如

$$\alpha_{B1} = \alpha_{AB} + 180° - \beta_B = 236°44'28'' + 180° - 205°36'35'' = 211°07'53''$$

按上述方法逐边推算坐标方位角，最后算出终边坐标方位角，终边坐标方位角应与已知的终边坐标方位角相等，否则应重新检查计算。

3. 坐标增量的计算与调整

1) 坐标增量的计算

根据已推算出的导线各边的坐标方位角和相应边的边长，按式 (6-2) 计算各边的坐标增量。例如，导线边 $B1$ 的坐标增量计算值为

$$\Delta x_{B1} = D_{B1}\cos\alpha_{B1} = 125.26\text{m} \times \cos 211°07'53'' = -107.22\text{m}$$
$$\Delta y_{B1} = D_{B1}\sin\alpha_{B1} = 125.26\text{m} \times \sin 211°07'53'' = -64.76\text{m}$$

同法算得其他各边的坐标增量计算值，填入表 6-6 的第 7、8 栏的相应格内。

2) 坐标增量闭合差的计算与调整

显而易见，对附合导线来说，由边长和坐标方位角计算的各纵、横坐标增量，其代数和的理论值应等于终、始两已知点间的纵、横坐标差。即

$$\sum \Delta x_{理} = x_C - x_B$$
$$\sum \Delta y_{理} = y_C - y_B$$

由于调整后的各转折角和实测的各导线边长均含有误差,导致以它们为基础计算的各边纵、横坐标增量,其代数和不等于附合导线终点和起点的纵、横坐标之差,差值即为纵、横坐标增量闭合差f_x和f_y。即

$$f_x = \sum \Delta x - \sum \Delta x_{理} = \sum \Delta x - (x_C - x_B)$$
$$f_y = \sum \Delta y - \sum \Delta y_{理} = \sum \Delta y - (y_C - y_B)$$

坐标增量闭合差的一般公式为

$$\left. \begin{array}{l} f_x = \sum \Delta x - (x_{终} - x_{始}) \\ f_y = \sum \Delta y - (y_{终} - y_{始}) \end{array} \right\} \tag{6-9}$$

从图 6.12 中可以看出,由于f_x、f_y的存在,使导线不能和CD连接。$C—C'$的长度f_D称为导线全长闭合差,并用式(6-10)计算

$$f_D = \sqrt{f_x^2 + f_y^2} \tag{6-10}$$

仅以f_D值的大小还不能显示导线测量的精度,应当将f_D与导线全长$\sum D$相比较,求得**导线全长相对闭合差K**,即

$$K = \frac{f_D}{\sum D} = \frac{1}{\frac{\sum D}{f_D}} \tag{6-11}$$

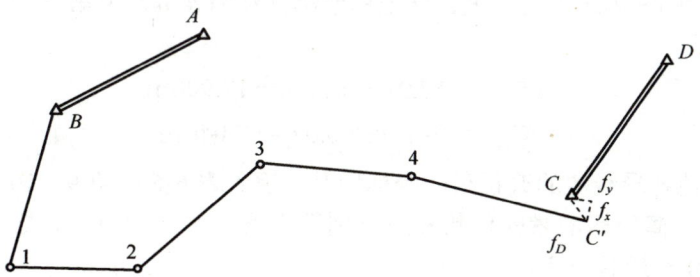

图 6.12 附合导线坐标增量闭合差

以相对闭合差K来衡量导线测量的精度,K的分母越大,精度越高。不同等级的导线,其容许相对闭合差$K_{容}$不超过相应的规定。

本例中f_x、f_y、f_D及K的计算见表 6-6 的辅助计算。

若K大于$K_{容}$,则说明成果不合格,应首先检查内业计算有无错误,然后检查外业观测成果,必要时重测。若K不超过$K_{容}$,则说明测量成果符合精度要求,可以进行调整。

调整的原则是:将f_x、f_y以相反符号,按与边长成正比例,分配到相应纵、横坐标增量中去。v_{xi}、v_{yi}分别表示第i边的纵、横坐标增量改正数,即

$$v_{xi} = -\frac{f_x}{\sum D} D_i$$
$$v_{yi} = -\frac{f_y}{\sum D} D_i$$
(6-12)

本例中导线边 1—2 的坐标增量改正数为

$$v_{x12} = -\frac{f_x}{\sum D} D_{12} = -\frac{-0.09}{641.28} \times 98.70 = 0.01(\text{m})$$

$$v_{y12} = -\frac{f_y}{\sum D} D_{12} = -\frac{0.10}{641.28} \times 98.70 = -0.02(\text{m})$$

同法求得其他各导线边的纵、横坐标增量改正数，填入表 6-6 的第 7、8 栏坐标增量计算值相应方格的上方。改正数取位到厘米(cm)。

纵、横坐标增量改正数之和应满足下式

$$\left.\begin{array}{l}\sum v_x = -f_x \\ \sum v_y = -f_y\end{array}\right\}$$
(6-13)

各边坐标增量计算值加改正数，即得各边的改正后的坐标增量，即

$$\left.\begin{array}{l}\Delta \bar{x}_i = \Delta x_i + v_{xi} \\ \Delta \bar{y}_i = \Delta y_i + v_{yi}\end{array}\right\}$$
(6-14)

本例中导线边 1—2 改正后的纵、横坐标增量分别为表 6-6 中第 7、8 栏内两数各自之和，即

$$\Delta \bar{x}_{12} = -17.91 + 0.01 = -17.90(\text{m})$$
$$\Delta \bar{y}_{12} = +97.06 - 0.02 = 97.04(\text{m})$$

同法求得其他各导线边的改正后的坐标增量，填入表 6-6 的第 9、10 栏内。

改正后的纵、横坐标增量的代数和应分别等于终、始已知点坐标之差，以便检核(见表 6-6 中第 9、10 栏最后一格)。

> **特别提示**
>
> 通过坐标增量闭合差的调整，来消除外业观测中导线边长测量的误差。

4．导线点的坐标计算

根据导线起始点 A 的已知坐标及改正后的坐标增量，按式(6-1)依次推算出其他各导线点的坐标，填入表 6-6 中的第 11、12 栏内。最后应推算出终点 C 的坐标，其值应与 C 点已知坐标相同，以便检核。

表 6-6 附合导线坐标计算表(使用计算器计算)

点号	观测角(右角) /(° ′ ″)	改正数 /(″)	改正角 /(° ′ ″) 4=2+3	坐标方位角 α/(° ′ ″)	距离 D/m	坐标增量计算值 Δx/m	坐标增量计算值 Δy/m	改正后的坐标增量 Δx̄/m	改正后的坐标增量 Δȳ/m	坐标值 x/m	坐标值 y/m	点号
1	2	3	4=2+3	5	6	7	8	9	10	11	12	13
A				236 44 28								
B	205 36 48	−13	205 36 35	211 07 53	125.26	+0.02 −107.22	−0.02 −64.76	−107.20	−64.78	1536.86	837.54	B
1	290 40 54	−12	290 40 42	100 27 11	98.70	+0.01 −17.91	−0.02 +97.06	−17.90	+97.04	1429.66	772.76	1
2	202 47 08	−13	202 46 55	77 40 16	144.63	+0.02 +30.88	−0.02 +141.29	+30.90	+141.27	1411.76	869.8	2
3	167 21 56	−13	167 21 43	90 18 33	116.44	+0.02 −0.63	−0.02 +116.44	−0.61	+116.42	1442.66	1011.07	3
4	175 31 25	−13	175 31 12	94 47 21	156.25	+0.02 −13.05	−0.02 +155.70	−13.03	+155.68	1442.05	1127.49	4
C	214 09 33	−13	214 09 20	60 38 01						1429.02	1283.17	C
D												
合计	1256 07 44	−77	1256 06 27		641.28	−107.93	+445.73	−107.84	+445.63			

辅助计算

$f_\beta = \sum\beta_测 - \alpha_起 + \alpha_终 - n\times 180°$
$= 1256°07'44'' - 236°44'28'' + 60°38'01'' - 6\times 180°$
$= +1'17''$

$f_{\beta容} = \pm 40\sqrt{6} \approx \pm 98''$

$\sum\Delta y_测 = +445.73$
$\underline{-)y_C - y_B = +445.63}$
$f_y = +0.10$

$\sum\Delta x_测 = -107.93$
$\underline{-)x_C - x_B = -107.84}$
$f_x = -0.09$

导线全长闭合差 $f_D = \sqrt{f_x^2 + f_y^2} = 0.13\text{m}$

相对闭合差 $K = \dfrac{0.13}{641.28} \approx \dfrac{1}{4930}$

容许相对闭合差 $K_容 = \dfrac{1}{4000}$

6.3.3 闭合导线坐标的计算

闭合导线的坐标计算与附合导线基本相同，它是附合导线的一个特例，只在角度闭合差与坐标增量闭合差的计算上稍有差别。现结合图 6.13 所示闭合导线的数据分别说明上述不同点的计算方法。

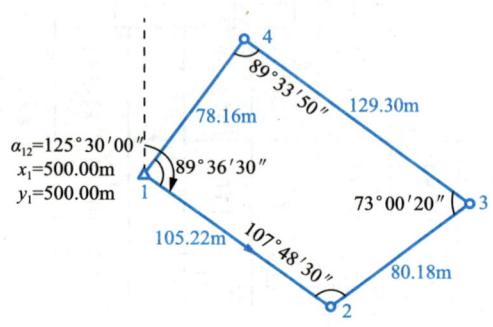

图 6.13　闭合导线

1. 角度闭合差的计算

图 6.13 所示为闭合导线，n 边形闭合导线内角和的理论值应为

$$\sum \beta_{理} = (n-2) \times 180°$$

由于观测角不可避免地存在误差，导致实测的内角总和 $\sum \beta_{测}$ 不一定等于 $\sum \beta_{理}$，而产生角度闭合差为

$$f_\beta = \sum \beta_{测} - \sum \beta_{理}$$

闭合导线角度闭合差的调整与附合导线相同，将角度闭合差反符号平均分配到各观测角中。

2. 坐标增量闭合差的计算

根据闭合导线本身的几何特点，由边长和坐标方位角计算的各纵、横坐标增量，其代数和的理论值应等于 0，即

$$\sum \Delta x_{理} = 0$$
$$\sum \Delta y_{理} = 0$$

但实际上由于量边的误差和角度闭合差调整后的残余误差，往往使 $\sum \Delta x_{测}$、$\sum \Delta y_{测}$ 不等于零，从而产生纵坐标增量闭合差 f_x 和横坐标增量闭合差 f_y，即

$$\left. \begin{array}{l} f_x = \sum x_{测} - \sum x_{理} = \sum \Delta x_{测} - 0 = \sum \Delta x_{测} \\ f_y = \sum \Delta y_{测} - \sum \Delta y_{理} = \sum \Delta y_{测} - 0 = \sum \Delta y_{测} \end{array} \right\} \quad (6-15)$$

表 6-7 中纵、横坐标增量闭合差分别为

$$f_x = 0.07 \text{m}$$
$$f_y = -0.04 \text{m}$$

坐标增量闭合差的调整与附合导线相同。闭合导线坐标计算的全过程，见表 6-7 算例。

表 6-7 闭合导线坐标计算表(使用计算器计算)

点号	观测角(右角) $l/(°'\,'')$	改正数 $l/('')$	改正角 $l/(°'\,'')$ 4=2+3	坐标方位角 $\alpha/(°'\,'')$	距离 D/m	坐标增量计算值 Δx/m	坐标增量计算值 Δy/m	改正后的坐标增量 $\Delta \bar{x}$/m	改正后的坐标增量 $\Delta \bar{y}$/m	坐标值 x/m	坐标值 y/m	点号
1	2	3	4=2+3	5	6	7	8	9	10	11	12	13
1				125 30 00						500.00	500.00	1
					105.22	−0.02 −61.10	+0.01 +85.66	−61.12	+85.67			
2	107 48 30	+13	107 48 43							438.88	585.67	2
				53 18 43	80.18	−0.02 47.90	+0.01 +64.30	+47.88	+64.31			
3	73 00 20	+12	73 00 32							486.76	649.98	3
				306 19 15	129.30	−0.02 +76.59	+0.01 −104.18	+76.57	−104.17			
4	89 33 50	+12	89 34 02							563.33	545.81	4
				215 53 17	78.16	−0.01 −63.32	+0.01 −45.82	−63.33	−45.81			
1	89 36 30	+13	89 36 43							500.00	500.00	1
				125 30 00								
2												
合计	359 59 10	+50	360 00 00		392.86	+0.07	−0.04	0.00	0.00			

辅助计算

$$\sum \beta_{测} = 359°59'10''$$
$$-\sum \beta_{理} = 360°00'00''$$
$$f_\beta = -50''$$
$$f_{\beta 容} = \pm 40''\sqrt{4} = \pm 80''$$

$$f_x = \sum \Delta x_{测} = +0.07, \quad f_y = \sum \Delta y_{测} = -0.04$$

导线全长闭合差 $f_D = \sqrt{f_x^2 + f_y^2} = \pm 0.08\text{m}$

相对闭合差 $K = \dfrac{0.08}{392.86} \approx \dfrac{1}{4910}$

容许相对闭合差 $K_{容} = \dfrac{1}{4000}$

附合导线和闭合导线的坐标可使用计算器按表 6-6 和表 6-7 逐项计算。

6.3.4 支导线的坐标计算

支导线中没有检核条件，因此没有闭合差产生，导线转折角和计算的坐标增量均不需要进行改正，支导线的计算步骤如下。
(1) 根据观测的转折角推算各边的坐标方位角。
(2) 根据各边坐标方位角和边长计算坐标增量。
(3) 根据各边的坐标增量推算各点的坐标。

6.4 交 会 定 点

当测区内已有控制点的密度不能满足工程施工或测图要求，而且需要加密的控制点数量又不多时，可以采用交会法加密控制点。

交会定点是指利用已知控制点及其坐标，通过观测水平角或者测定边长来确定未知点坐标的方法。根据测角和测边的不同，交会定点分为测角交会法和距离交会法。测角交会法包括前方交会法[图 6.14(a)]、侧方交会法[图 6.14(b)]和后方交会法[图 6.14(c)、(d)]。距离交会法如图[图 6.14(e)]。在图 6.14 中，A、B、C 均为已知控制点，α、β、γ 为水平角观测值，D_a、D_b 为边长测定值，P 为未知点。

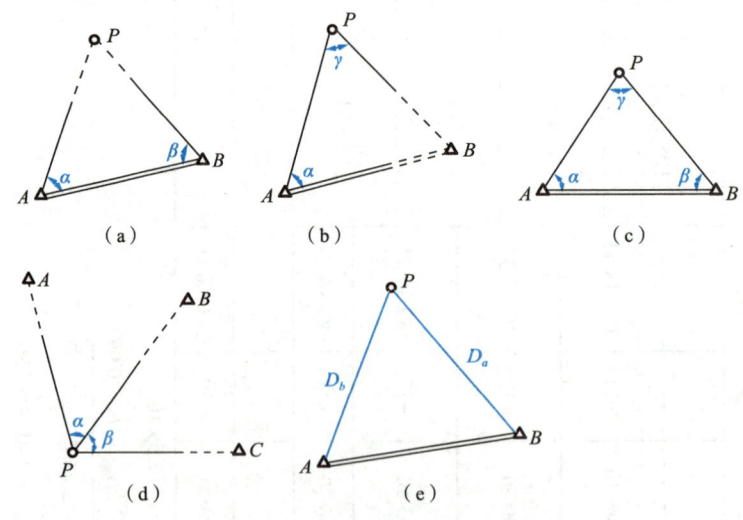

图 6.14 交会定点略图

交会定点常用于加密大比例尺地形测量中的平面控制点。本节仅介绍前方交会法和距离交会法的计算方法。

6.4.1　前方交会

1. 基本公式

如图 6.15(a)所示，已知 A、B 两点的坐标 (x_A, y_A) 和 (x_B, y_B)，以及水平角 α、β。设未知点 P 的坐标为 (x_P, y_P)，AP 边的边长为 D_{AP}，坐标方位角为 α_{AP}，则 $x_P - x_A = D_{AP}\cos\alpha_{AP}$，$y_P - y_A = D_{AP}\sin\alpha_{AP}$。

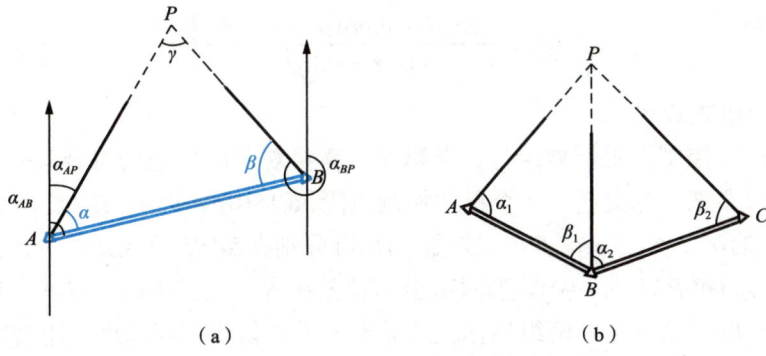

图 6.15　前方交会法

从图 6.15 中可知

$$\alpha_{AP} = \alpha_{AB} - \alpha$$
$$x_P - x_A = D_{AP}\cos(\alpha_{AB} - \alpha)$$
$$= D_{AP}(\cos\alpha_{AB}\cos\alpha + \sin\alpha_{AB}\sin\alpha)$$
$$y_P - y_A = D_{AP}\sin(\alpha_{AB} - \alpha)$$
$$= D_{AP}(\sin\alpha_{AB}\cos\alpha - \cos\alpha_{AB}\sin\alpha)$$

因为

$$\cos\alpha_{AB} = \frac{x_B - x_A}{D_{AB}}$$
$$\sin\alpha_{AB} = \frac{y_B - y_A}{D_{AB}}$$

代入上式得

$$x_P - x_A = \frac{D_{AP}\sin\alpha}{D_{AB}}[(x_B - x_A)\cot\alpha + (y_B - y_A)]$$
$$y_P - y_A = \frac{D_{AP}\sin\alpha}{D_{AB}}[(y_B - y_A)\cot\alpha - (x_B - x_A)]$$

根据正弦定理，得

$$\frac{D_{AP}}{D_{AB}} = \frac{\sin\beta}{\sin\gamma} = \frac{\sin\beta}{\sin(\alpha + \beta)}$$
$$\frac{D_{AP}\sin\alpha}{D_{AB}} = \frac{\sin\alpha\sin\beta}{\sin(\alpha + \beta)} = \frac{1}{\cot\alpha + \cot\beta}$$

故

$$x_P - x_A = \frac{(x_B - x_A)\cot\alpha + (y_B - y_A)}{\cot\alpha + \cot\beta}$$

$$y_P - y_A = \frac{(y_B - y_A)\cot\alpha + (x_B - x_A)}{\cot\alpha + \cot\beta}$$

移项化简即得

$$\left.\begin{array}{l} x_P = \dfrac{x_A\cot\beta + x_B\cot\alpha - y_A + y_B}{\cot\alpha + \cot\beta} \\[2mm] y_P = \dfrac{y_A\cot\beta + y_B\cot\alpha - x_A + x_B}{\cot\alpha + \cot\beta} \end{array}\right\} \quad (6\text{-}16)$$

2. 计算实例(表 6-8)

为检查观测和控制点坐标抄录是否有错误、衡量观测成果是否符合限差要求以及提高点位精度,一般要求前方交会有 3 个已知控制点[图 6.15(b)中的 A、B、C],观测 4 个水平角[图 6.15(b)中的 α_1、β_1、α_2、β_2],按式(6-16)可分别在 $\triangle ABP$ 和 $\triangle BCP$ 中计算出 P 点的两组坐标 $P'(x_P', y_P')$ 和 $P''(x_P'', y_P'')$。当两组坐标较差在容许限差内时,取其平均值作为 P 点的最后坐标。一般规范规定,两组坐标较差 e 不大于 2 倍比例尺精度,用公式表示为

$$e = \sqrt{\delta_x^2 + \delta_y^2} \leqslant e_{\text{容}}(e_{\text{容}} \text{取 } 2 \times 0.1M \text{ mm}) \quad (6\text{-}17)$$

式中：$\delta_x = x_P' - x_P''$; $\delta_y = y_P' - y_P''$; M 为测图比例尺分母。

表 6-8 前方交会坐标计算表

点 号		x/m	观 测 角			y/m
A	x_A	37477.54	α_1	40°41′57″	y_A	16307.24
B	x_B	37327.20	β_1	75°19′02″	y_B	16078.90
P	x_P'	37194.57			y_P'	16226.42
B	x_B	37327.20		59°11′35″	y_B	16078.90
C	x_C	37163.69	α_2	69°06′23″	y_C	16046.65
P	x_P''	37194.54	β_2		y_P''	16226.42
中数	x_P	37194.56			y_P	16226.42
略图			辅助计算	$\delta_x = 0.03\text{m}$ $\delta_y = 0$ $e = 0.03\text{m}$ $M = 1000$ $e_{\text{容}} = 0.2 \times 10^{-3}M = 0.2\text{(m)}$			

6.4.2 距离交会

1. 基本公式

如图 6.14(e)所示,已知 A、B 两点的坐标分别为(x_A, y_A)、(x_B, y_B),实测水平距离为

D_a、D_b。设未知点 P 的坐标为(x_P, y_P),A、B 两点间的水平距离为 D_{AB},直线 AB 的坐标方位角为α_{AB},则

$$\alpha_{AB} = \arctan\frac{y_B - y_A}{x_B - x_A} \tag{6-18}$$

$$D_{AB} = \sqrt{(x_B - x_A)^2 + (y_B - y_A)^2} \tag{6-19}$$

$$\angle A = \arccos\frac{D_b^2 + D_{AB}^2 - D_a^2}{2D_b D_{AB}} \tag{6-20}$$

$$\alpha_{AP} = \alpha_{AB} - \angle A \tag{6-21}$$

则 P 点的坐标为

$$\left.\begin{array}{l} x_P = x_A + D_{AP}\cos\alpha_{AP} \\ y_P = y_A + D_{AP}\sin\alpha_{AP} \end{array}\right\} \tag{6-22}$$

2. 计算实例(表 6-9)

与前方交会一样,为检查观测错误和控制点坐标抄录错误等,需测定 3 条边,组成两个距离交会图形,解出 P 点两组坐标,在满足式(6-17)条件下,取两组坐标平均值作为 P 点坐标。

表 6-9 距离交会坐标计算表

三角形编号	边 名	边 长	点 号	坐标 x/m	坐标 y/m	略 图
I	AP	321.180	A	524.767	919.750	
	AB	301.065	B	479.593	1217.407	
	BP	312.266	P	776.161	1119.644	
II	BP	312.266	B	479.593	1217.407	
	BC	260.722	C	700.433	1355.991	
	CP	248.177	P	776.163	1119.647	
	P 点最后坐标			776.162	1119.646	
辅助计算	$\alpha'_{AB} = 98°37'47''$ $-\angle A' = 60°08'24''$ $\overline{\alpha'_{AP} = 38°29'23''}$ $\delta_x = -0.002\text{m}, \delta_y = -0.006\text{m}$ $e = 0.006\text{m}, M = 1000$ $e_{容} \leq 0.2 \times 10^{-3} M = 0.2(\text{m})$			$\alpha''_{AB} = 32°06'34''$ $-\angle A' = 50°21'11''$ $\overline{\alpha'_{AP} = 341°45'23''}$		

6.5 高程控制测量

三、四等水准测量和三角高程测量

小地区高程控制测量包括三、四等水准测量、图根水准测量和三角高程测量,现分别介绍如下。

> **特别提示**
>
> 高程控制测量主要采用水准测量，在困难地区或精度要求不太高的地区，也可采用三角高程测量。

6.5.1 三、四等水准测量

四等水准测量

三、四等水准测量除用于国家高程控制网的加密外，还用于建立小地区首级高程控制网。三、四等水准点的高程一般应从附近的国家一、二等水准点引测，若测区内或附近没有国家一、二等水准点，可建立独立的首级高程控制网。首级高程控制网应布设成闭合水准路线。三、四等水准点应选在土质坚硬、便于长期保存和使用的地方，并埋设水准标石，也可利用埋石的平面控制点作为水准点。为了便于寻找，各水准点应绘"点之记"。

《国家三、四等水准测量规范》(GB/T 12898—2009)中规定的主要技术要求见表6-10。三、四等水准测量的观测应在通视良好、成像清晰稳定的情况下进行。常用的观测方法有双面尺法和变动仪器高法。

表6-10 三、四等水准测量的主要技术要求

等级	附合路线长度/km	仪器类型	标尺类型	视线长度/m	视线高度	前后视距差/m	前后视距累积差/m	基、辅分划(黑红面)读数的差/mm	基、辅分划(黑红面)所测高差的差/mm	附合路单线或环线闭合差/mm	
										平原	山区
三	45	DS_1 DS_{05}	因瓦	≤100	三丝能读数	≤2.0	≤5.0	1.0	1.5	$±12\sqrt{L}$	$±15\sqrt{L}$
		DS_3	双面	≤75				2.0	3.0		
四	15	DS_1 DS_{05}	因瓦	≤100	三丝能读数	≤3.0	≤10.0	3.0	5.0	$±20\sqrt{L}$	$±25\sqrt{L}$
		DS_3	双面	≤100							

注：L 为附合路线或环线的长度，以 km 为单位。

1. 双面尺法

1) 测站的观测顺序

按以下观测顺序对测站进行观测，读数填入三、四等水准测量记录表(双面尺法)(表6-11)的相应位置。

观测后视水准点上的黑面尺，读取下、上、中丝读数，分别填入表6-11中(1)(2)(3)对应位置。

观测前视黑面尺，读取下、上、中丝读数，分别填入表6-11中(4)(5)(6)对应位置。

观测前视红面尺，读取中丝读数，填入表6-11中位置(7)。

观测后视红面尺，读取中丝读数，填入表 6-11 中位置(8)。

以上(1)(2)…(8)表示观测与记录的顺序。这样的观测顺序简称为"后—前—前—后"，或"黑—黑—红—红"，其优点是可以大大减弱仪器下沉误差的影响。四等水准测量测站观测顺序也可为"后—后—前—前"。

2) 测站计算与检核

(1) 视距计算如下。

① 后视距离(又称后视距)：(9)＝[(1)－(2)]×100。

② 前视距离(又称前视距)：(10)＝[(4)－(5)]×100。

③ 前、后视距离差(又称前、后视距差)：(11)＝(9)－(10)。该值在三等水准测量时，不得超过 3m；四等水准测量时，不得超过 5m。

④ 前、后视距累积差：(12)＝上站(12)＋本站(11)。三等水准测量，不得超过 6m；四等水准测量，不得超过 10m。

(2) 同一水准尺黑、红面中丝读数的检核如下。

同一水准尺黑、红面中丝读数之差，应等于该尺黑、红面的常数 K(4.687 或 4.787)，其差值如下。

① 前视尺：(13)＝(6)＋K－(7)。

② 后视尺：(14)＝(3)＋K－(8)。

③ (13)(14)的大小：三等水准测量，不得超过 2mm；四等水准测量，不得超过 3mm。

(3) 高差计算及检核如下。

① 黑面所测高差：(15)＝(3)－(6)。

② 红面所测高差：(16)＝(8)－(7)。

③ 黑、红面所测高差之差：(17)＝(15)－[(16)±0.100]＝(14)－(13)。

④ [(16)±0.100]的目的是获得一个与(15)数值接近的值(也就是没有标尺系统误差的值)。该值在三等水准测量中不得超过 3mm，四等水准测量不得超过 5mm。式中 0.100 为单、双号两根水准尺红面底部注记之差，以 m 为单位。

⑤ 平均高差：(18)＝$\frac{1}{2}${(15)＋[(16)±0.100]}。

3) 每项计算的检核

(1) 视距计算检核如下。

后视距离总和减前视距离总和应等于末站视距累积差，即

$$\sum(9)－\sum(10)＝末站(12)$$

检核无误后，算出总视距为

$$总视距＝\sum(9)＋\sum(10)$$

(2) 高差计算检核如下。

黑、红面后视总和减黑、红面前视总和应等于黑、红面高差总和，还应等于平均高差总和的 2 倍，即

$$\sum[(3)+(8)]－\sum[(6)+(7)]＝\sum[(15)+(16)]＝2\sum(18) \qquad (6-23)$$

式(6-23)适用于测站数为偶数的情况。

$$\sum[(3)+(8)] - \sum[(6)+(7)] = \sum[(15)+(16)] = 2\sum(18) \pm 0.100 \qquad (6-24)$$

式(6-24)适用于测站数为奇数的情况。

用双面尺法进行三、四等水准测量的记录、计算与检核,实例见表 6-11。

4) 水准点的高程计算

外业成果经检核无误后,按第 2 章水准测量成果计算的方法,计算各水准点的高程。

2. 变动仪器高法

进行四等水准测量时,如果没有黑、红双面尺,可采用单面水准尺,用变动仪器高法进行检核。在每一测站上需变动仪器高度 0.1m 以上。观测时将上述计算中黑、红面中丝读数改为第一次和第二次仪器高读数,表 6-11 中(14)(13)两项不必计算。变动仪器高所测得的两次高差之差不得超过 5mm,其他要求与双面尺法相同。

表 6-11 三、四等水准测量记录表(双面尺法)

测站	点号	后尺 下丝 / 上丝 / 后视距 / 前、后视距差 d/m	前尺 下丝 / 上丝 / 前视距 / ∑d/m	方向及尺号	水准尺读数/m 黑面	水准尺读数/m 红面	K+黑−红/mm	平均高差/m	备注
		(1)	(4)	后	(3)	(8)	(14)		
		(2)	(5)	前	(6)	(7)	(13)		
		(9)	(10)	后−前	(15)	(16)	(17)	(18)	K 为尺常数;
		(11)	(12)						$K_5=4.787$m
1	BM1−TP1	1.536	1.030	后 5	1.242	6.030	−1		$K_6=4.687$m
		0.947	0.442	前 6	0.736	5.422	+1		
		58.9	58.8	后−前	+0.506	+0.608	−2	+0.5070	
		+0.1	+0.1						
2	TP1−TP2	1.954	1.276	后 6	1.664	6.350	+1		
		1.373	0.693	前 5	0.985	5.773	−1		
		58.1	58.3	后−前	+0.679	+0.577	+2	+0.6780	
		−0.2	−0.1						
3	TP2−TP3	1.146	1.744	后 5	1.024	5.811	0		
		0.903	1.499	前 6	1.622	6.308	1		
		24.3	24.5	后−前	−0.598	−0.497	−1	−0.5975	
		−0.2	−0.3						
4	TP3−A	1.479	0.982	后 6	1.171	5.859	−1		
		0.864	0.373	前 5	0.678	5.465	0		
		61.5	60.9	后−前	+0.493	+0.394	−1	+0.4935	
		+0.6	+0.3						

续表

测站	点　号	后尺 下丝 上丝 后视距 前、后视距差 d/m	前尺 下丝 上丝 前视距 ∑d/m	方向及尺号	水准尺读数/m 红面	K+黑—红/mm	平均高差/m	备　注
				后				
...				前				
				后—前				
每页校核		∑(9)=202.8 m −)∑(10)=202.5 m =+0.3 m =4 站(12) 总视距∑(9)+∑(10)=405.3 m	∑[(3)+(8)]=29.151 m −)∑[(6)+(7)]=26.989 m =+2.162 m		∑[(15)+(16)] =+2.162 m	∑(18)=1.081 m 2∑(18)=2.162 m		

6.5.2　图根水准测量

图根水准测量用于测定测区首级平面控制点和图根点高程，其精度低于四等水准测量，故又称为<u>等外水准测量</u>。图根水准测量的水准路线形式可根据平面控制点和图根点在测区的分布情况布设。其观测方法及记录计算，参阅第 2 章。

6.5.3　三角高程测量

对位于山区或较高建筑物上的控制点，用水准测量方法测定其高程较为困难，通常采用三角高程测量的方法测定其高程。

1. 三角高程测量的原理

<u>三角高程测量</u>是根据两点间的水平距离和竖直角计算两点的高差，再求出所求点的高程。

如图 6.16 所示，已知 A 点高程 H_A，欲测定 B 点高程 H_B，可在 A 点安置经纬仪，在 B 点竖立觇标，用望远镜中丝瞄准觇标的顶点，测得竖直角 α，量取桩顶至仪器横轴的高度 i(仪器高)和觇标高度 v，再根据 AB 的平距 D，即可算出 A、B 两点间的高差为

$$h_{AB}=D\tan\alpha +i-v \tag{6-25}$$

B 点的高程为

$$H_B=H_A+h_{AB}=H_A+D\tan\alpha +i-v \tag{6-26}$$

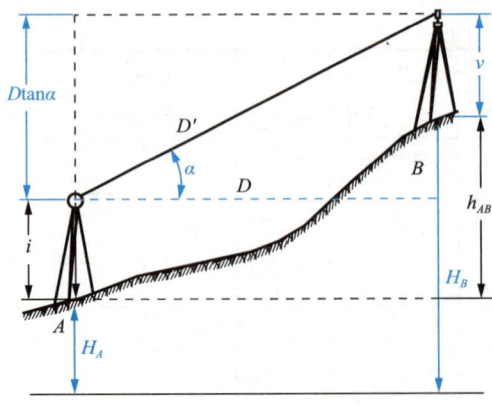

图 6.16 三角高程测量原理

三角高程测量一般应进行往返观测，即先由 A 点向 B 点观测(称为直觇)，再由 B 点向 A 点观测(称为反觇)，这样的观测称为对向观测(或双向观测)。对向观测可以消除地球曲率和大气折射的影响。三角高程测量对向观测所求得的高差较差不应大于 $0.1D$(m)(D 为平距，以 km 为单位)，若符合要求，则取两次高差的平均值作为高程计算依据。

2. 三角高程测量的实施与计算

(1) 安置经纬仪于测站 A 点上，量取仪器高 i 和觇标高 v，读数至 0.5cm，两次量取的结果之差不超过 1cm，取其平均值记入表 6-12。

表 6-12 三角高程测量计算

所求点	B	
起算点	A	
觇法	直	反
平距 D/m	286.36	286.36
竖直角 α	$+10°32'26''$	$-9°58'41''$
$D\tan\alpha$/m	$+53.28$	-50.38
仪器高 i/m	$+1.52$	$+1.48$
觇标高 v/m	$+2.76$	$+3.20$
高差改正数 f/m		
高差 h/m	$+52.04$	-52.10
平均高差/m	$+52.07$	
起算点高程/m	105.72	
所求点高程/m	157.79	

(2) 用经纬仪瞄准 B 点觇标顶端，观测竖直角 1～2 测回，前、后半测回之间的较差及各测回之间的较差如果不超过规范规定的限差，则取其平均值作为最后的结果。

(3) 将经纬仪搬至 B 点，同法对 A 点进行观测。

(4) 高差及高程的计算，见表 6-12。

当用三角高程测量方法测定平面控制点的高程时，应组成闭合或附合的三角高程路线。

每条边均要进行对向观测,用对向观测所求得的高差平均值,计算闭合路线或附合路线的高差闭合差,高差闭合差的限值为

$$f_{h_{容}} = \pm 0.05\sqrt{[D^2]} \text{ m} \tag{6-27}$$

式中:D 为各边的水平距离,km。

当 f_h 不超过 $f_{h_{容}}$ 时,则按与边长成正比例分配的原则,将 f_h 反符号分配于各高差之中,然后用改正后的高差,从起始点的高程开始,计算各点的高程。

三角高程测量

本章小结

测量工作的基本原则是"先控制,后碎部",因此,控制测量作为测量工作的先行工作,具有重要的意义。本章主要通过以下内容介绍了控制测量的有关知识。

(1) 控制测量概述:主要讲述了什么是控制测量,控制测量的意义以及国家控制网的布设。

(2) 导线测量的外业工作和内业计算:这是本章的重点和难点。导线测量是建立小地区平面控制网的一种常用方法。针对导线测量的特性,介绍了闭合导线、附合导线和支导线形式的选择、导线网的布设和导线外业观测,以及导线测量的内业计算过程。

(3) 交会定点:在控制测量过程中,由于碎部测量的需要,往往需要在已有控制网中加密一定数量的控制点,加密控制点的常用方法主要有前方交会、侧方交会、后方交会和距离交会。

(4) 高程控制测量:三、四等水准测量常应用于小区域高程控制测量,本章从三、四等水准测量的技术要求、观测方法和内业计算,系统地介绍了控制点高程的解算。三角高程测量常应用于山区的高差控制测量,本章从基本原理到观测计算过程,介绍了三角高程测量。

思考题与习题

一、名词概念

1. 控制测量   2. 坐标正算   3. 坐标反算   4. 导线测量

二、选择题

1. 导线测量的外业工作包括(   )。
    A. 导线转折角测量   B. 踏勘选点
    C. 坐标计算   D. 导线边长测量
2. 导线测量角度闭合差的调整方法是(   )。
    A. 当观测角为左角时,反符号平均分配到各观测角中
    B. 当观测角为右角时,同符号按角度大小平均分配
    C. 反符号按角度个数平均分配
    D. 同符号按角度大小平均分配

3. 导线坐标增量闭合差调整的方法为(　　)。
   A. 反符号与边长成正比分配　　　B. 反符号按角度大小分配
   C. 反符号按边数分配　　　　　　D. 反符号按角度数量分配
4. 已知 AB 边长为 188.43m，方位角为 146°07′00″，则 AB 之间的 x 坐标增量为(　　)。
   A. －156.43m　　B. －105.05m　　C. 105.05m　　D. 156.43m
5. 已知某导线全长为 620m，算得 x 坐标增量闭合差为 0.12m，y 坐标增量闭合差为 －0.16m，则导线全长相对闭合差为(　　)。
   A. 1/2200　　　B. 1/3100　　　C. 1/4500　　　D. 1/15500

三、简答题

1. 测绘地形图和施工放样时，为什么要先建立控制网？
2. 导线有哪几种布设形式？分别在什么情况下采用？
3. 选定导线点应注意哪些问题？
4. 导线坐标计算时应满足哪些几何条件？闭合导线与附合导线在计算中有哪些异同点？
5. 用三、四等水准测量建立高程控制网时，怎样观测、记录与计算？
6. 在什么情况下采用三角高程测量？如何观测、记录和计算？

四、计算题

1. 设有闭合导线 1—2—3—4—5—1，其已知数据和观测数据列于表 6-13(表中已知数据用双线标明)中，试计算各导线点的坐标。

表 6-13　计算题 1 数据表

点　号	观测角(右角)/(° ′ ″)	坐标方位角 α /(° ′ ″)	距离 D/m	坐标值/m	
				x	y
1				1000.00	1000.00
		98　25　36	199.36		
2	128　39　34				
			150.23		
3	85　12　33				
			183.45		
4	124　18　54				
			105.42		
5	125　15　46				
			185.26		
1	76　34　13				

2. 根据图 6.17 中的已知数据及观测数据，试计算 1、2、3 点的坐标。

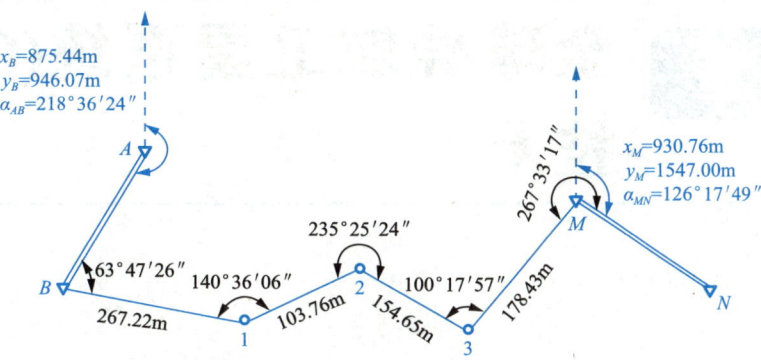

图 6.17　计算题 2 图

第 7 章 全球导航卫星系统(GNSS)技术

教学目标

(1) 掌握 GNSS 的基本概念和组成。
(2) 理解 GNSS 基本定位原理。
(3) 掌握 RTK 测量应用。
(4) 详细了解我国北斗卫星导航系统(BDS)的建设和发展历程。

教学重点

GNSS 的基本概念和组成；GNSS 基本定位原理；RTK 测量应用。

教学难点

GNSS 不同定位方式的区别及用途；RTK 高精度便捷测量应用。

第 7 章 全球导航卫星系统(GNSS)技术

思维导图

章节导读

地震了，海啸了！在大范围的自然灾害发生的时候，谁能帮助你第一时间获取受灾情况？全球导航卫星系统(GNSS，见引例图)以其全天候、高精度、自动化、高效率的特点，在众多工程建设、军事、民用服务方面发挥着不可替代的重要作用。

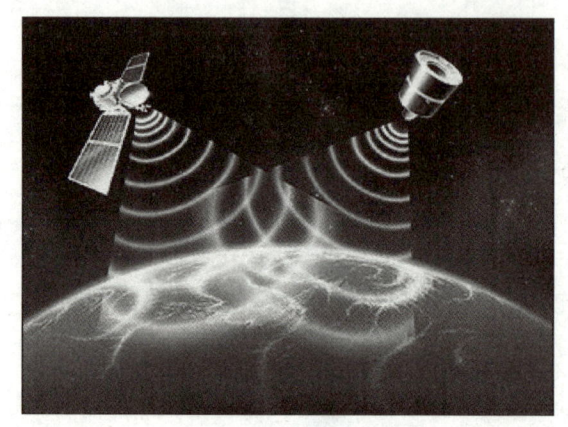

引例图　GNSS 示例图

 案例引入

GNSS 的前世今生

1957 年 10 月，世界上第一颗人造地球卫星斯普特尼克 1 号发射成功，人们自此开始利用卫星进行定位和导航。当今，人类的空间科学技术研究和应用跨入了一个崭新的时代，世界各国争相利用人造地球卫星为军事、经济和科学文化服务。目前，世界多国建立了各自的卫星导航系统，主要有中国自主研发的北斗卫星导航系统(BDS)、美国的全球定位系统(GPS)、俄罗斯的格洛纳斯卫星导航系统(GLONASS)及欧盟的伽利略卫星导航系统(GALILEO)，以上系统统称为全球导航卫星系统(GNSS)。

7.1　全球导航卫星系统概述

近年来，卫星定位技术在大地测量中得到了广泛的应用。卫星导航定位测量技术的发展分为三个阶段：卫星三角测量、卫星多普勒导航定位测量和全球导航卫星系统定位测量。

全球导航卫星系统(GNSS)是随着现代科学技术的迅速发展而建立起来的新一代精密卫星导航定位系统。GNSS 定位技术的高度自动化及其所达到的高精度，也引起了广大民用部门，特别是测量工作者的普遍关注和极大兴趣。目前，GNSS 定位技术已经广泛地渗透到了经济建设和科学技术的许多领域,尤其是在大地测量学及其相关领域,如地球动力学、海洋大地测量学、地球物理勘探和资源勘察、工程测量、变形监测、城市控制测量、地籍测量等领域。

GNSS 测量与常规大地测量(三角测量、边角测量、导线测量等)相比,有以下优点。

(1) 不要求测点间的相互通视,选点和观测方便。

(2) 相对定位精度高。

(3) 不受气候条件限制,可以全天候进行观测。

(4) 观测、记录、计算高度自动化,可以较快获得测量成果。

不足之处是不能适用于所有测量环境,例如,在隐蔽地区、两旁有高楼的街道、室内或地下工程进行测量时,不适合用 GNSS。尽管如此,GNSS 测量作为现代高科技的产物,在大地测量、工程测量及开阔地区的地形测量等方面仍然发挥着重要的应用价值。

7.2 GNSS 的组成

GNSS 主要由全球设施、区域设施和用户设施三部分构成。

7.2.1 全球设施

GNSS 是服务全球的位置和时间测定系统。全球设施是 GNSS 的核心基础组件,是提供自主导航定位服务所必需的组成部分。全球设施由空间段、信号段和地面控制段构成。

1. 空间段

由一个或多个卫星导航定位系统构成的一系列在轨运行的工作卫星称为 GNSS 卫星。它们提供系统自主导航定位服务所必需的无线电导航定位信号,是空间段的核心部件。卫星内的原子钟(一般采用铷钟、铯钟或氢钟)为系统提供高精度的时间基准和高稳定度的信号频率基准。

由于高轨卫星对地球重力异常的反应灵敏度较低,作为高空观测目标的 GNSS 卫星一般采用高轨卫星。GNSS 通过测定用户接收机与卫星之间的距离或距离差完成导航定位任务。

GNSS 卫星的主要功能如下。

(1) 在卫星飞越地面监控站上空时,接收由地面监控站发送到卫星的导航电文和卫星工作状态有关信息,并实时发送给地面用户接收机。

(2) 通过卫星内的原子钟为系统提供精确的时间基准和频率基准,产生并连续不断地向地面用户接收机发送载波和测距码信号。

(3) 发送非导航定位服务信号(如 BDS 卫星提供短报文通信服务信号,GALILEO 卫星提供搜寻营救服务信号)。

2. 信号段

信号是指在轨 GNSS 卫星发射的无线电信号。根据国际电信联盟(ITU)的规定，卫星导航系统的空间信号段应该在无线电导航卫星服务波段内。

GNSS 卫星发送的导航定位信号包括载波、测距码和数据码三类信号。

(1) 载波是搭载测距码和数据码的电磁波。各类 GNSS 卫星分别有不同频率数和波长的 L 和 C 波段电磁波。

(2) 测距码是测定卫星到地面观测站之间距离的一种主要信号，以 GPS 信号为例，Block II R 卫星分别播发民用码 C/A 码和军用码 P/Y。在 GALILEO 信号中可使用更多类型的测距码，包括 10 种民用导航信号和 1 种搜救(SAR)信号，其中，SAR 信号将占用为紧急服务保留的 L 波段(1544～1545 MHz)。

(3) 数据码被调制在载波上，其信号频率为 50Hz，包含卫星的轨道参数、卫星钟改正数和其他一些系统参数。用户一般需要利用此导航信息来计算某一时刻 GNSS 卫星在地球轨道上的位置。导航信息也被称为广播星历。

A20 型高集成高性能 GNSS 测量系统

3. 地面控制段

地面控制段由一系列全球分布的地面站组成，这些地面站可分为卫星监测站、主控站和信息注入站。地面控制段的主要功能是卫星控制和任务控制。卫星控制指使用跟踪遥测遥控链路，上传监控指令，对卫星星座进行管理；任务控制指对轨道测定和时钟同步等导航任务进行全面控制和管理。

7.2.2 区域设施

区域设施是面向对系统功能或性能有特殊要求的服务。区域设施可以组合当地地面定位和通信系统，以满足更广泛用户群体的需求，以北斗系统增强系统为例进行介绍。

北斗系统增强系统包括地基增强系统与星基增强系统。北斗地基增强系统是北斗卫星导航系统的重要组成部分，由基准站网络、数据处理系统、运营服务平台、数据播发系统和用户终端五部分组成。基准站接收卫星导航信号后，通过数据处理系统形成相应信息，经由卫星、广播、移动通信等手段实时播发给应用终端，实现定位服务。

北斗星基增强系统是北斗卫星导航系统的重要组成部分，通过地球静止轨道卫星搭载卫星导航增强信号转发器，可以向用户播发星历误差、卫星钟差、电离层延迟等多种修正信息，实现对原有卫星导航系统定位精度的改进。

7.2.3 用户设施

GNSS 用户设施由接收机、数据采集处理软件，以及相应的用户设备如计算机、气象仪器等构成。其中，接收机是基础设施部件，用于接收 GNSS 卫星发射的无线电信号，获取导航定位信息和观测信息，并经数据采集处理软件对其进行处理，以完成各种导航、定位以及授时任务。接收机终端也是卫星导航定位系统的重要组成部分,是卫星导航定位系统与广大用户之间的唯一接口。

根据 GNSS 用户的不同要求,所需的 GNSS 用户设备各异。随着 GNSS 定位技术的迅速发展和应用领域的日益扩大,许多国家都在积极研制、开发适用于不同要求的 GNSS 接收机及相应的数据处理软件。通常按用途可分为导航型接收机、测地型接收机和授时型接收机等。在 BDS、GPS、GLONASS 和 GALILEO 四大全球导航卫星系统竞相发展、群星环绕的今天,GNSS 接收机也呈现出以下新的发展特点。

(1) 多系统兼容接收机是技术发展的大趋势。今后卫星导航系统将从单一的 GPS 时代向 GNSS 时代转变,即由主要依赖 GPS 向 GPS、BDS、GLONASS 和 GALILEO 等多系统并存的局面转化。由于 GNSS 在可用性、连续性和完好性方面的保障远比单一 GPS 好,所以多系统兼容接收机将是未来接收机技术发展的大趋势。以后兼容多个卫星导航系统的 GNSS 接收机将成为主流 GNSS 用户设施。

(2) 软件无线电接收机越来越显示出其举足轻重的地位。软件无线电是一种新的无线通信体系结构,将软件无线电引入到卫星导航接收机的研究中,可以实现接收机的软件化设计。软件无线电接收机的结构具有非常强的通用性,可用来制作多频段、多用户和多系统的通用接收机,使得接收机在性能、尺寸、质量和功耗方面具有巨大的优势,接收机的成本也将大大降低。

7.3 GNSS 定位原理

7.3.1 GNSS 测定点位

GNSS 确定地面相对点位的基本原理如图 7.1 所示,用 GNSS 接收机接收 4 颗(或 4 颗以上)GNSS 卫星在运行轨道上发出的信号,以测定地面点至这几颗卫星的空间距离。根据卫星的空间瞬时位置,以及距离交会的原理,可以求得地面点的空间位置。GNSS 所采用的坐标系称为 WGS-84 坐标系,它是以地球的质心(质量中心)为坐标原点、X 轴和 Y 轴在地球赤道平面内、Z 轴与地球的自转轴相重合的空间三维直角坐标系。

例如,图 7.1 中地面 A、B 两点的空间坐标分别为(x_A, y_A, z_A),(x_B, y_B, z_B)。大地测量利用 GNSS 是进行相对定位,其方法是将两台 GNSS 接收机分别安置于相距不远(一般为数百米至数千米)的 A、B 两点上,同时观测相同的 GNSS 卫星的信号(称为同步观测),利用两点同步观测形成的信号电磁波相位差分观测值,消除信号电磁波传递中多种误差的影响,从而获得较精确的两点间的 GNSS 基线向量,即三维坐标差。

$$\Delta x_{AB} = x_B - x_A$$
$$\Delta y_{AB} = y_B - y_A$$
$$\Delta z_{AB} = z_B - z_A$$

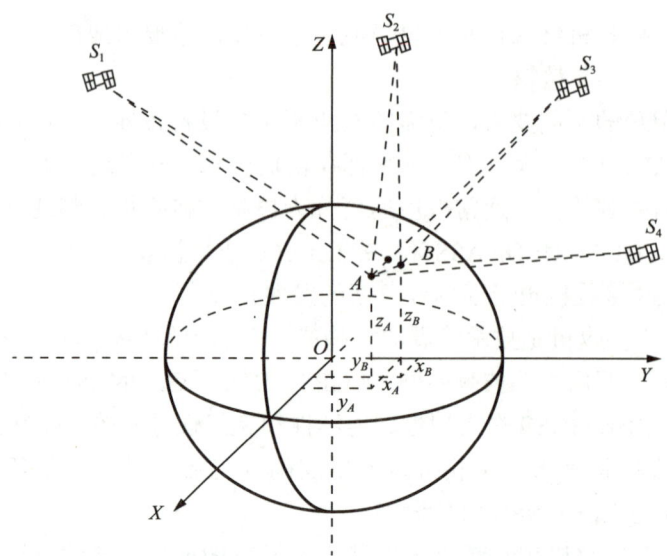

图 7.1 GNSS 确定地面相对点位的基本原理

在用 GNSS 建立的大地控制网中，根据点与点之间测定的基线向量，可由已知点推算待定点在 WGS-84 坐标系中的三维坐标。再通过坐标变换，化为高斯平面直角坐标和基于大地水准面的高程。

以上采用的是相对定位法，它的优势是即使每台接收机的定位精度不高，但两台接收机之间的距离精度却很高。相对定位法是位于不同地点的两台或两台以上的接收机，同步跟踪相同的 GNSS 卫星，以确定各台接收机之间的相对位置。由于同步观测值之间存在着许多数值相同或相近的误差，这些误差在求相对位置的过程中得以消除或削弱，使相对定位法可以达到很高的精度，因此，相对定位法在大地测量、精度工程测量等领域有着广泛的应用。

由上述可见，GNSS 卫星定位的基本原理是空间距离交会。其测定空间距离的方法主要有伪距测量和载波相位测量两种；按定位模式不同，可分为绝对定位和相对定位(又称差分定位)；按待定点的状态不同，可分为静态定位和动态定位；按获得定位成果的时间不同，可分为非实时定位(点位的坐标数据后处理)和实时定位(点位的坐标数据实时可得)。

7.3.2 伪距测量和载波相位测量

1) 伪距测量

伪距测量是通过测定某颗卫星发射的 GNSS 测距码信号到达接收机天线的传播时间和电磁波在大气中的传播速度，而解得卫星至接收机天线的距离。由于存在卫星钟误差和接收机钟误差，以及卫星信号在大气中传播的延迟误差，使接收机的时间测定存在误差，所以求得的距离并非测站至卫星的真正几何距离，求得的距离通常称之为伪距。利用伪距做空间交会来定点位的方法称为伪距定位法。

伪距定位法的优点是对定位的条件要求低，数据处理简单，不存在"整周模糊度"的问题,易实现实时定位。其缺点是时间不易测准,观测值精度低。但伪距定位法可在载波相位测量中解决整周模糊度问题。

2) 载波相位测量

载波相位测量是测定卫星的 GNSS 载波信号在传播路程上的相位变化,以求得卫星至接收机天线的距离,如图 7.2 所示。利用电磁波的相位法测距,通常只能测定不足一整周的相位差 $\Delta\phi$,无法确定整周数 N_0。

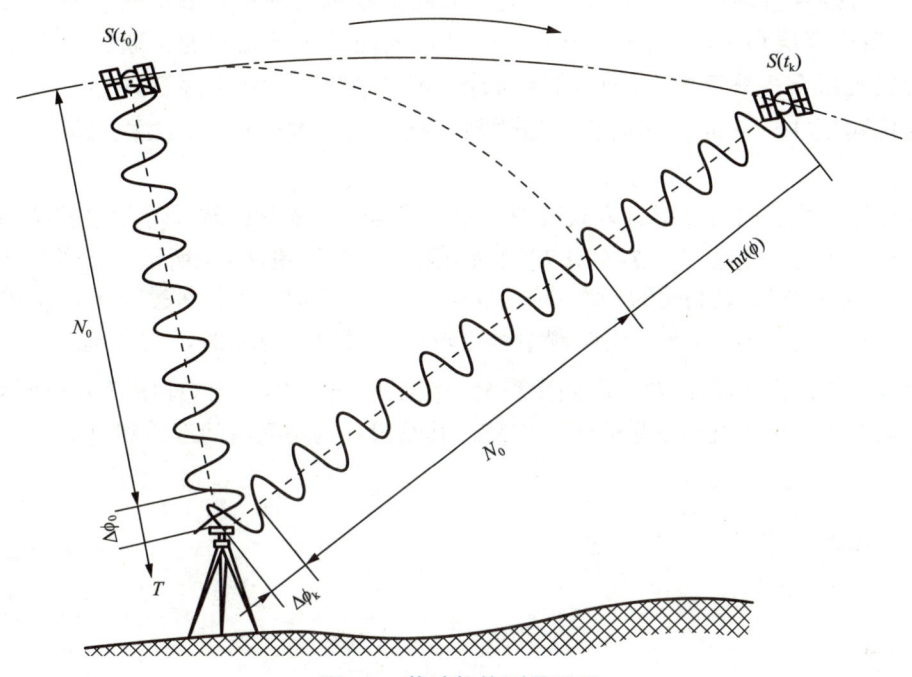

图 7.2 载波相位测量原理

当接收机连续跟踪卫星信号,不断测定相位差,而从观测初始时刻 t_0 至某一时刻 t_k 的累计整周相位 $\text{Int}(\phi)$ 可以用整波计数器测定。如果观测过程中跟踪卫星信号没有中断,则初始时刻整周相位 N_0 是未知数,但在观测过程中为一个常数,称为整周模糊度(整周未知数)。确定整周模糊度常用的方法有以下几种:伪距法;采用两台仪器同时观测同一卫星的相对定位法;将整周未知数作为数据处理中的待定参数来求定的方法。

7.3.3 绝对定位和相对定位

1) 绝对定位

绝对定位又称单点定位,是用一台 GNSS 接收机进行定位的模式,用伪距测量或载波相位测量的方法确定接收机天线的绝对坐标。由于受卫星星历误差、大气延迟误差等影响,绝对定位精度为米级。绝对定位一般用于飞机、船舶、车辆等交通工具的定位以及勘探作业等。

2) 相对定位

相对定位又称差分定位、同步观测,是不同测站采用两台或两台以上 GNSS 接收机同步跟踪相同的卫星信号,用载波相位测量的方法确定多台接收机(多个测站点)天线间的相对位置(三维坐标差或基线向量)。如图 7.1 所示,在 A、B 两点分别安置 GNSS 接收机,进行同步跟踪观测。

地面点中如有若干已知坐标的点,根据 GNSS 测定的相对位置,通过平差计算,即可求得待定点的坐标。

由于多台接收机同步观测相同的卫星,因此接收机的钟差、卫星的钟差、卫星星历误差和大气(电离层和对流层)对于电磁波的延迟效应几乎是相同的。通过多个载波相位观测值的线性组合,解算各个测点的坐标时,可以消除或削弱上述各项误差,从而达到较高的定位精度(1~5mm),因而相对定位被广泛应用于大地测量、工程测量、地形测量等方面。

载波相位观测值的线性组合方式有在卫星间求差、在测站间求差等的单差法和双差法等。单差法是在两个测站 T_1、T_2 同步观测同一卫星 S_i。如图 7.3(a)所示,按所得的相位观测值 ϕ_1、ϕ_2 求测站(接收机)间的一次差(站际差分)$\Delta\phi$。此时,卫星钟差对 ϕ_1、ϕ_2 的影响相同,因此 $\Delta\phi$ 可消除卫星钟差。当两测站相距较近(如小于 10km)时,大气延迟的影响也明显削弱。双差法为两个测站 T_1、T_2 同步观测一组卫星 S_i,S_j,…,如图 7.3(b)所示,得到单差值之差,即在接收机和卫星间求二次差,其结果称为站间星间双差观测值。

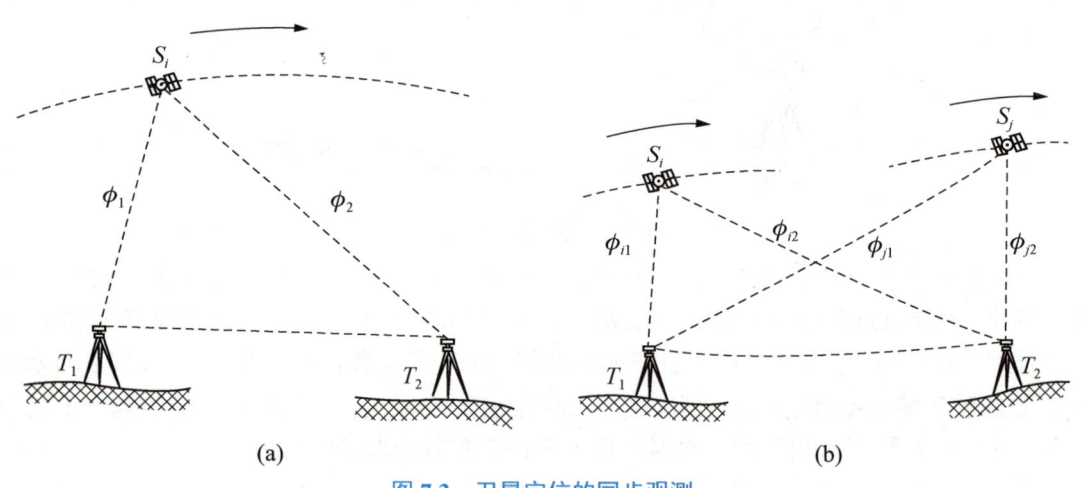

图 7.3　卫星定位的同步观测

双差法除了有单差法的消除误差功能外,还可以消除两个接收机间的相对钟差改正数。因此,在 GNSS 相对定位中,都采用双差法作为基线向量解算的基本方法。

根据相对定位同步观测的原理,在《卫星定位城市测量技术标准》(CJJ/T 73—2019)中规定,城市测量 GNSS 定位的应用中应设立固定的基准站,全天候进行连续不断的卫星观测,并同时发射观测成果的信号,该基准站称为连续运行基准站,简称 CORS。城市中其他 GNSS 测量的接收机随时可以与之进行同步观测,而获得可靠的相对定位成果。全城市由若干个 CORS 组成城市 CORS 系统。

7.3.4 静态定位和实时动态定位

1) 静态定位

静态定位是在 GNSS 定位过程中，测站接收机天线的位置相对固定，用多台接收机在不同的测站上进行相对定位的同步观测。当城市已建立 CORS 系统时，则各测站应与 CORS 进行同步观测。通过大量的重复观测测定测站间的相对位置，其中包括与若干已知点的联测，以求得待定点的坐标，成果处理一般在外业观测结束以后进行(非实时的后处理)。静态定位的测量精度较高，一般用于控制测量。

2) 实时动态定位

实时动态定位的原理如图 7.4 所示。将测站分为基准站(一般利用城市的 CORS，其城市坐标为已知)和移动站(用户站，测站坐标待定的点)；在 CORS 上安置 GNSS 接收机，对所有可观测卫星进行连续观测；根据基准站的已知三维坐标，求出各观测值的校正值(距离改正数、坐标改正数等)，并通过无线电台将校正值信号实时发送给各用户的移动观测站，这一过程称为数据通信链；移动站接收机将其接收的 GNSS 卫星信号与通过无线电台传来的校正值进行差分计算，实时解算得到移动站点的三维坐标。实时动态定位作业效率高，但精度低于静态定位，一般用于细部测量。

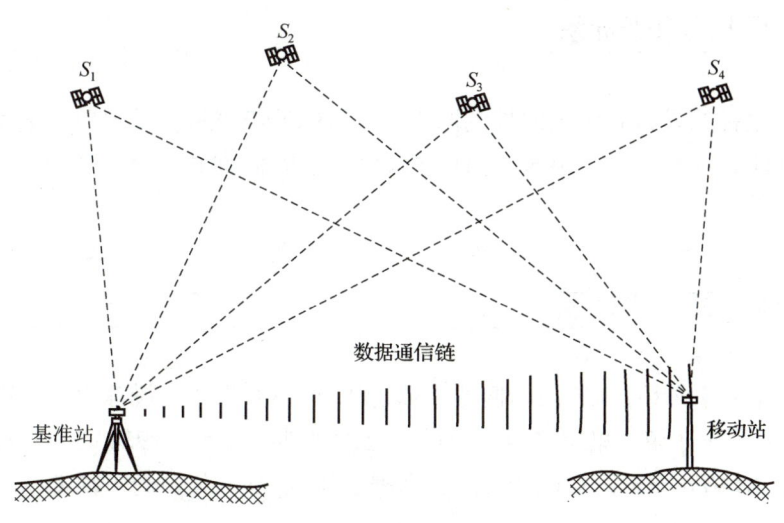

图 7.4 实时动态定位的原理

7.4 GNSS 测量常用坐标系

7.4.1 WGS-84 坐标系

WGS-84 坐标系是目前 GNSS 所采用的坐标系统，GNSS 所发布的星历参数就是基于此坐标系统的。WGS-84 坐标系的全称是 World Geodetic System-1984 Coordinate System(1984 年世界大地坐标系统)，是一个地心地固坐标系统。WGS-84 坐标系的坐标原点位于地球的质心，Z 轴指向 BIH 1984.0 定义的协议地球极方向，X 轴指向 BIH 1984.0 的起始子午面和赤道的交点，Y 轴与 X 轴和 Z 轴构成右手坐标系。

WGS-84 坐标系所采用椭球参数如下：

$$a = 6378137 \text{m}$$
$$f = 1/298.257223563$$
$$\overline{C}_{20} = -484.16685 \times 10^{-6}$$
$$\omega = 7.292115 \times 10^{-5} \text{rad} \cdot \text{s}^{-1}$$
$$GM = 398600 \text{km}^3 \cdot \text{s}^{-2}$$

7.4.2 1954 北京坐标系

1954 北京坐标系是将我国大地控制网与苏联 1942 年普尔科沃大地坐标系相连结后建立的我国过渡性大地坐标系。1954 北京坐标系采用的椭球长半轴为 6378245m，扁率为 1/298.3。

7.4.3 1980 西安坐标系

1980 西安坐标系采用 1975 国际椭球，以 JYD 1968.0 系统为椭球定向基准，大地原点设在陕西省泾阳县永乐镇，采用多点定位所建立的大地坐标系。1980 西安坐标系采用的椭球长半轴为 6378140m，扁率为 1/298.257；高程系统以 1956 年黄海平均海水面为高程起算基准。

7.4.4 2000 国家大地坐标系

2000 国家大地坐标系是由我国建立的高精度、动态、实用、统一的地心大地坐标系，其原点为包括海洋和大气的整个地球的质量中心。它采用的地球椭球的长半轴为

6378137m，扁率为 1/298.257222101，地心引力常数为 $3.986004418\times10^{14}\mathrm{m}^3\cdot\mathrm{s}^{-2}$，自转角速度为 $7.292115\times10^{-5}\mathrm{rad}\cdot\mathrm{s}^{-1}$。

> **特别提示**
>
> WGS-84 坐标系与 1954 北京坐标系、1980 西安坐标系、2000 国家大地坐标系之间可以相互转换，应用时可根据需要选择。

7.5　RTK 测量应用

常规的 GNSS 测量方法，如静态、快速静态都需要事后进行解算才能获得厘米级的精度，而 RTK 是能够在野外实时得到厘米级定位精度的测量方法，它采用了载波相位动态实时差分方法。

RTK 就是用两台接收机同步观测相同的卫星，先将观测值在接收机间作差，消除卫星相关的误差、大气相关的误差，再将观测值在卫星间作一次差，消除接收机相关的误差。这样通过双差后的观测值，消除了卫星相关的误差、接收机相关的误差，在基线较短时，也消除了大气相关的误差，而在基线较长时，大气误差无法消除干净，需要对其进行建模或采用其他方法消除减弱。

通过对消除了各种误差的双差观测值进行解算，可解算出一台接收机相对于另一台接收机的位置，进行实时相对定位。下面以华测 i70 接收机为例进行详细介绍。

7.5.1　华测 i70 接收机简介

本节介绍华测 i70 接收机主机及组成部件。
1) 华测 i70接收机外观(图 7.5)

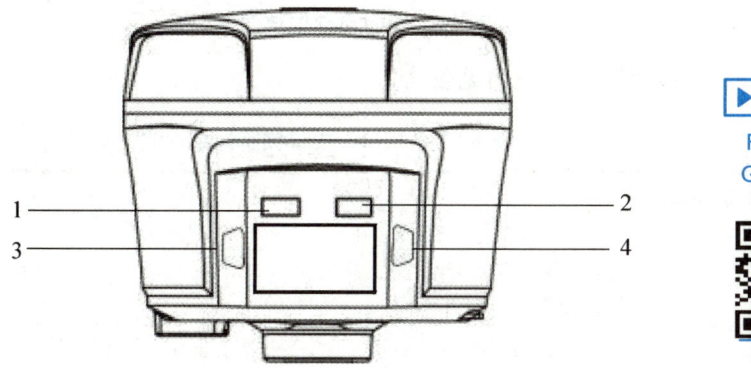

1—卫星灯；2—差分数据灯；3—Fn 键；4—电源键/确认键。

图 7.5　华测 i70 接收机外观

华测 i70 接收机面板按键说明见表 7-1。

表 7-1 华测 i70 接收机面板按键说明

LED 指示灯	颜色	含义
① 卫星灯【◨】	绿色	正在搜索卫星，每隔 5s 闪 1 下
		搜索卫星完成，卫星颗数 N，每 5s 连闪 N 下
② 差分数据灯【◉】	黄色/绿色	基准站：基准站模式黄色 1s 闪烁 1 次表示启动成功
		移动站：移动站模式黄色 1s 闪烁 1 次表示单点或浮动，绿色 1s 闪烁 1 次表示固定
③ Fn 键【Fn】	—	按 Fn 键可操作液晶屏上下翻页
④ 电源键/确认键【⏻】	—	开关机或确认某一功能时可按此键
⑤ Fn 键+电源键/确认键	—	按住 Fn 键，连按 5 次电源键/确认键即可实现板卡复位，重新搜索卫星

2) 下壳

下壳主要为接收机底部，接收机底部接口及说明见图 7.6。

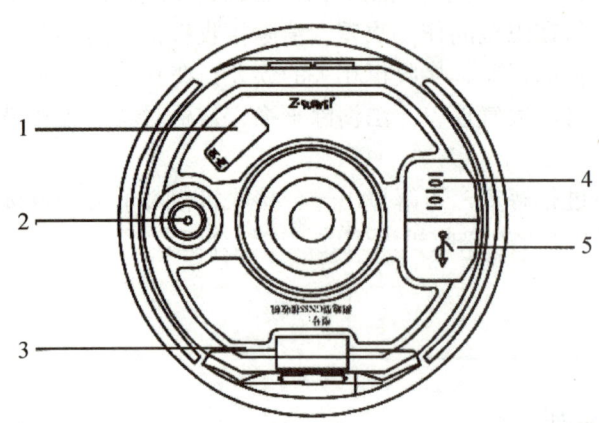 

1—主机铭牌；2—TNC 接口；3—电池仓；4—IO 接口；5—USB 接口。

图 7.6 接收机底部接口及说明

各接口、主机铭牌详细说明见表 7-2。

表 7-2 各接口、主机铭牌详细说明

接口、主机铭牌	含义
① 主机铭牌	包含仪器型号、SN 号、PN 号等
② TNC 接口	连接电台棒状天线(图 7.7)
③ 电池仓	安放电池，注意电池正反
④ IO 接口	使用 USB 电源数据线(7 芯)外接供电；使用串口线输出自定义数据；使用电台数据传输线(7 芯)(图 7.8)输出差分数据
⑤ USB 接口	可使用 USB 数据线下载静态数据、升级固件

图 7.7　棒状天线外观

3) 安装SIM卡

采用网络模式进行工作时,需要准备 SIM 卡并开通相应的数据通信业务。每台主机需要安装一张 SIM 卡。

(1) 将接收机关机,打开电池后盖,将 SIM 卡插入卡槽中(SIM 卡芯片朝里),如图 7.9 所示。

(2) 关闭电池后盖。

切记不要在开机状态下插拔 SIM 卡,否则会造成 SIM 卡烧坏。

图 7.8　电台数据传输线(7 芯)外观

注意:华测 i80 接收机使用的是大卡,华测 i70/i50 接收机使用的是中卡。

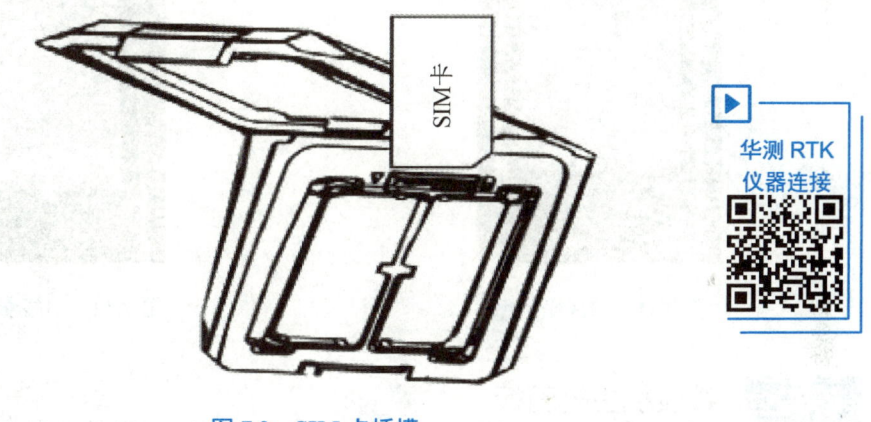

图 7.9　SIM 卡插槽

7.5.2　HCE300 手簿介绍

华测 i70 接收机开机后,通过 HCE300 手簿进行控制和发送指令。打开随机软件 LandStar,进入测地通应用程序,屏幕显示主菜单:【项目】【测量】【配置】【工具】。在主菜单中选择【项目】,进入子菜单,选【新建任务】,然后显示【新建工程】对话框。手簿界面及相关设置操作如图 7.10 所示。

在对话框的【工程名】栏输入测量任务名称,选择坐标系(图 7.11),对投影进行设置(图 7.12),键入参数,输入有关坐标系统转换的参数,例如"三参数""七参数"。如果没有参数,就需要利用【点校正】,对若干坐标已知的点进行观测,求取参数。

  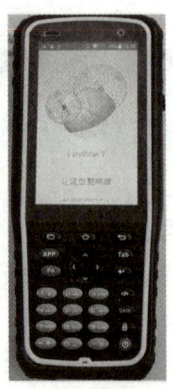  

(1) 开机界面　　(2) 应用程序界面　　(3) 启动测地通　　(4) 进入测地通　　(5) 新建工程

图 7.10　手簿界面及相关设置操作

图 7.11　选择坐标系　　　　　　　　　　　图 7.12　对投影进行设置

7.5.3　接收机主机面板

1) 主机液晶面板显示

主机液晶面板显示如图 7.13 所示。

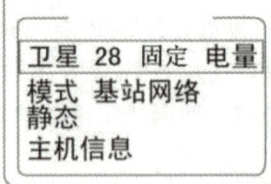 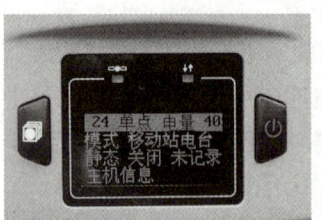

图 7.13　主机液晶面板显示

2) 主机显示界面说明

在【卫星】一栏，按【⏻】键进入【卫星显示】【电量显示】【WLAN(Wi-Fi)状态】【拨号状态】界面，如表 7-3 所示。

表 7-3　主机显示界面说明

显示项目	含义
① 卫星显示	显示当前搜到的卫星总数及各类型卫星数，G 为 GPS，R 为 GLONASS，C 为 BDS(北斗)，S 为 SBAS(星基增强系统)
② 电量显示	显示电池电量百分比。装入单块电池时，最多显示为 50%电量；装入两块电池时，最多显示为 100%电量
③ WLAN(Wi-Fi)状态	设置 Wi-Fi 开启或关闭。 按【⏻】键开启或者关闭
④ 拨号状态	可查看基准站和移动站在网络模式或 CORS 模式下是否上线。若登录服务器成功，则显示为上线；相反，则显示断开或单点

7.5.4　接收机外业测量

1) 接收机架设

(1) 基准站架设。

把一个三脚架架设在已知点或未知点上，然后将基准站接收机安装在三脚架的 30cm 加长杆上，或安装在三脚架的基座上。在已知点上架设基准站时需要额外选购基座进行对中整平。基准站架设如图 7.14 所示。

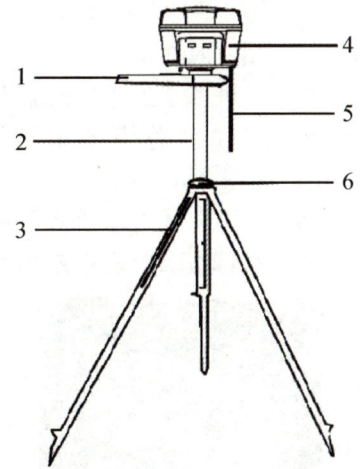

1—辅助量高器(手动启动基准站量取天线高时使用)；2—30cm 加长杆；3—三脚架；4—接收机主机；
5—棒状天线(使用电台模式时，基准站、移动站都必须接棒状天线，网络模式不需要)；6—铝盘。

图 7.14　基准站架设

(2) 移动站架设如图 7.15 所示。

首先把手簿托架安装在伸缩对中杆上，手簿固定在手簿托架上，接收机固定在伸缩对中杆上，并根据使用的工作模式安装好天线。

注意：电台模式需要连接棒状天线，网络模式下不需要。

2) 连接仪器

华测 i70 接收机开机后要与手簿连接。手簿开机后，打开 LandStar 软件，点击【配置】

界面的【连接】。使用蓝牙或 Wi-Fi 连接华测 i70 的 SN 号,点击【连接】,连接成功后 LandStar 会提示"已成功连接接收机"。手簿连接接收机操作界面如图 7.16 所示。

(a)　　　　　　　　　　　　　(b)

图 7.15　移动站架设　　　　　图 7.16　手簿连接接收机操作界面

3) 设置基准站和移动站

只有在首次配置接收机的工作模式时需要对基准站和移动站进行设置,在此之后无须设置,只需开机打开 LandStar 软件连上移动站即可工作。

设置基准站和移动站

(1) 设置基准站,如图 7.17 所示。

用手簿连接基准站,进入【工作模式】界面。选择工作模式为【自启动基准站—内置电台】,设置此工作模式成功后,基准站设置完成。

(2) 设置移动站,如图 7.18 所示。

用手簿连接移动站,进入【工作模式】界面。选择工作模式为【自启动移动站—华测电台】,设置此工作模式成功后,移动站设置完成。

(a)　　　　　　　　　(b)

图 7.17　设置基准站　　　　　图 7.18　设置移动站

4) 新建工程

无论在何种作业模式下工作,都必须首先新建一个工程对数据进行管理。进入【项目】,点击【工程管理】,点击【新建】。输入工程名、选择或新建坐标系、新建代码集或选择默认代码。完成坐标系和代码集的选择或新建之后,点击【确定】,即完成了工程的新建,如图 7.19 所示。

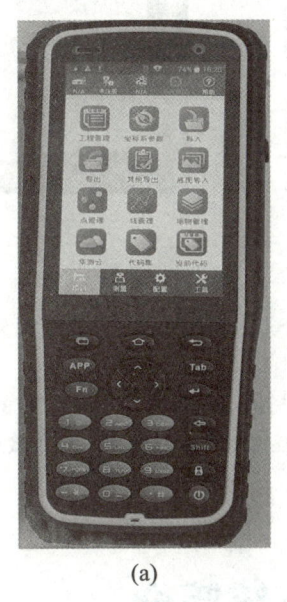

(a)

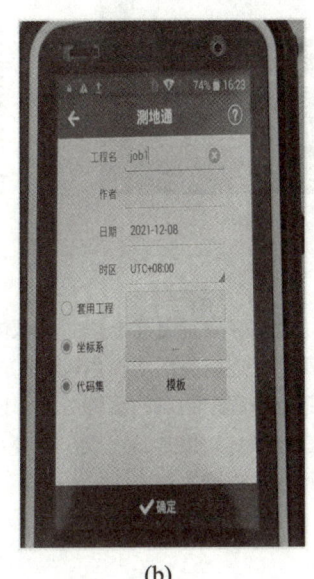

(b)

图 7.19　新建工程

5) 点校正

第一次到一个测区,想要测量的点与已知点坐标相匹配,需要做点校正。

(1) 输入已知点坐标,分别点击【项目】→【点管理】→【添加】,对已知点坐标完成输入。

(2) 实地测量控制点(如果已知控制点经纬度坐标,可按照上一步操作输入已知点坐标)。

注:(1)(2)顺序可颠倒。

点校正
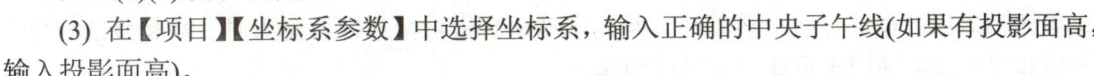

(3) 在【项目】【坐标系参数】中选择坐标系,输入正确的中央子午线(如果有投影面高,输入投影面高)。

(4) 依次点击【测量】→【点校正】→【添加】,可对 GNSS 点和已知点的信息进行输入,为点校正做准备。如果已知点的平面坐标和高程坐标均已知,选择【水平+垂直校正】方法;如果仅已知平面坐标,选择【水平校正】方法;如果仅已知高程坐标,选择【垂直校正】方法。具体操作如图 7.20(a)、(b)所示。

(5) GNSS 点和已知点信息输入后,点击【计算】。如果残差较小,说明校正合格,即可点击【应用】,完成点校正。具体操作如图 7.20(c)所示。

点校正完成后即可开始测量、放样等工作。在同一个工程中仅首次作业需要做点校正,后续作业只需做单个控制点的基准站平移。

 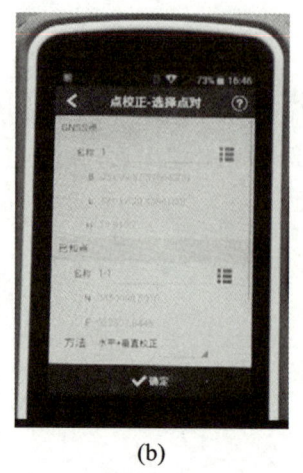 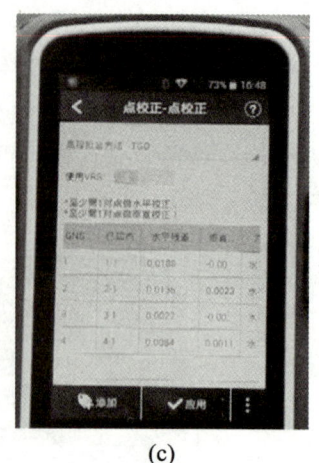

(a)   (b)   (c)

图 7.20　点校正

注：①已知点最好分布在整个作业区域的边缘。例如，如果用四个点做点校正的话，那么测量作业的区域最好在这四个点连成的四边形内部。

②一定要避免高程控制点的线性分布。例如，如果用三个高程点进行点校正，这三个点组成的三角形要尽量接近正三角形；如果是四个点，就要尽量接近正方形。一定要避免所有的已知点的分布接近一条直线，这样会严重影响测量的精度。

7.6　北斗卫星导航系统简介

7.6.1　概述

中国北斗卫星导航系统(简称 BDS)是我国自行研制的全球导航卫星系统，也是继 GPS、GLONASS 之后的第三个成熟的卫星导航系统。

北斗卫星导航系统(以下简称北斗系统)是我国着眼于国家安全和经济社会发展需要，自主建设运行的全球导航卫星系统，是为全球用户提供全天候、全天时、高精度的定位、导航和授时服务的国家重要时空基础设施。

随着北斗系统建成和服务能力的发展，相关产品已广泛应用于定位导航、交通运输、农林渔业、测绘地理信息、通信授时、救灾减灾、应急搜救等领域，逐步渗透到人们社会生产和生活的方方面面，为全球经济和社会发展注入新的活力。

卫星导航系统是全球性公共资源，多系统兼容与互操作已成为发展趋势。北斗系统始终秉持和践行"中国的北斗、世界的北斗、一流的北斗"发展理念，服务"一带一路"建设发展，积极推进北斗系统国际合作。与其他卫星导航系统携手，与各个国家、地区和国际组织一起，共同推动全球卫星导航事业发展，让北斗系统更好地服务全球、造福人类。

拓展讨论

党的二十大报告指出,以国家战略需求为导向,集聚力量进行原创性、引领性科技攻关,坚决打赢关键核心技术攻坚战。加快实施一批具有战略性、全局性、前瞻性的国家重大科技项目,增强自主创新能力。

思考:结合二十大报告精神,说一说全球 GNSS 有哪些系统,中国的北斗系统是如何攻坚克难成为国之利器的。

7.6.2 北斗系统建设历程

自 20 世纪 80 年代开始,中国开始探索适合国情的卫星导航系统发展道路,按照"自主、开放、兼容、渐进"的发展原则,遵循先区域、后全球的总体思路,我国北斗系统形成了"三步走"的发展战略:2000 年年底,建成北斗一号系统,向中国提供服务;2012 年年底,建成北斗二号系统,向亚太地区提供服务;2020 年,建成北斗三号系统,向全球提供服务。

第一步,建设北斗一号系统,又叫北斗卫星导航试验系统,实现卫星导航从无到有。1994 年,启动北斗一号系统建设;2000 年发射 2 颗地球静止轨道(GEO)卫星,建成北斗一号系统并投入使用,采用有源定位体制,为中国用户提供定位、授时、广域差分和短报文通信服务;2003 年,发射第 3 颗地球静止轨道卫星,进一步增强系统性能。北斗一号系统建设时间及卫星示意图如图 7.21 所示。

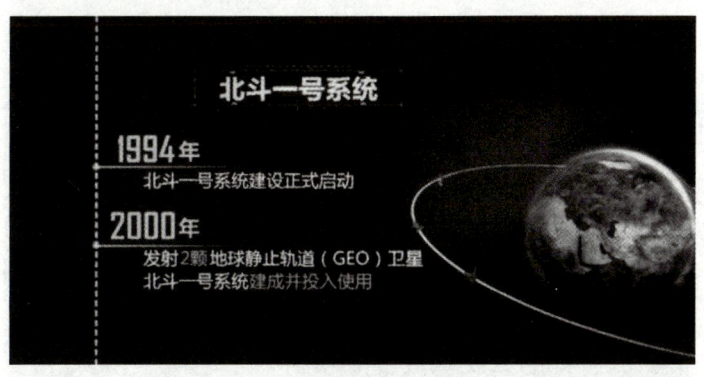

图 7.21 北斗一号系统建设时间及卫星示意图

北斗一号系统的建成,使中国卫星导航系统实现从无到有的跨越,使中国成为继美国、俄罗斯之后第三个拥有卫星导航系统的国家。北斗一号系统是探索性的第一步,初步满足中国及周边区域的定位、导航、授时需求。北斗一号系统巧妙设计了双向短报文通信功能,这种通信与导航一体化的设计,是北斗系统的独创。

第二步,建设北斗二号系统,从有源定位到无源定位,区域导航服务亚太。2004 年,启动北斗二号系统建设;到 2012 年,完成了 14 颗卫星的发射组网。这 14 颗卫星中,有 5 颗地球静止轨道(GEO)卫星、5 颗倾斜地球同步轨道(IGSO)卫星和 4 颗中圆地球轨道(MEO)卫星。北斗二号系统在兼容北斗一号系统技术体制的基础上,增加无源定位体制,为亚太地区用户提供定位、测速、授时和短报文通信服务。图 7.22 为北斗二号系统建设时间及卫星示意图。

北斗二号系统创新性构建了 5 GEO+5 IGSO+4 MEO 的中高轨混合星座架构，为全世界卫星导航系统发展提出了新的中国方案。

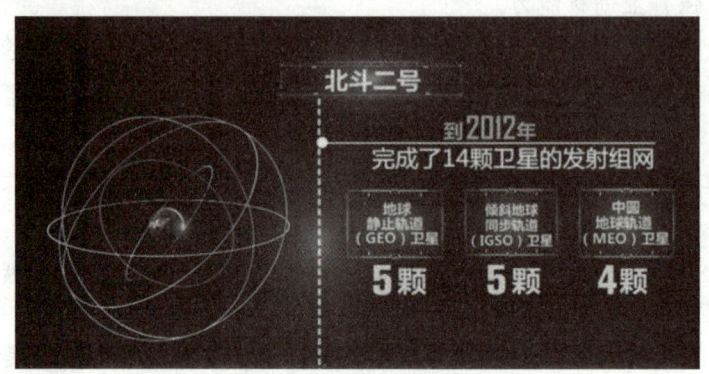

图 7.22　北斗二号系统建设时间及卫星示意图

第三步，建设北斗三号系统，实现全球组网。2009 年，启动北斗三号系统建设；到 2020 年，全面建成北斗三号系统。北斗三号系统是由 3 GEO+3 IGSO+24 MEO 构成的混合导航星座，系统继承有源定位和无源定位两种技术体制，为全球用户提供定位、导航、授时、全球短报文通信和国际搜救等服务，同时可为中国及周边地区用户提供区域短报文通信、星基增强、地基增强和精密单点定位等服务。图 7.23 为北斗三号系统建设时间及卫星示意图。

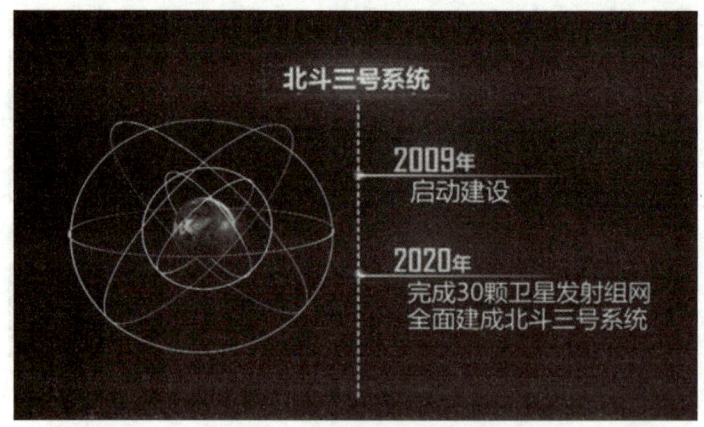

图 7.23　北斗三号系统建设时间及卫星示意图

7.6.3　北斗系统导航定位原理

北斗导航卫星不断发射测距信号和导航电文，导航电文中含有卫星的位置信息，用户接收机在某一时刻同时接收三颗以上卫星信号，测量出用户接收机至三颗卫星的距离，通过星历解算出卫星的空间坐标，利用距离交会法解算出用户接收机的位置。目前，国际上四大全球导航卫星系统，美国 GPS、中国 BDS、俄罗斯 GLONASS 和欧洲 GALILEO 的定位原理是相同的，均采用这种三球交会的几何原理实现定位。北斗卫星定位原理示意图如图 7.24 所示。

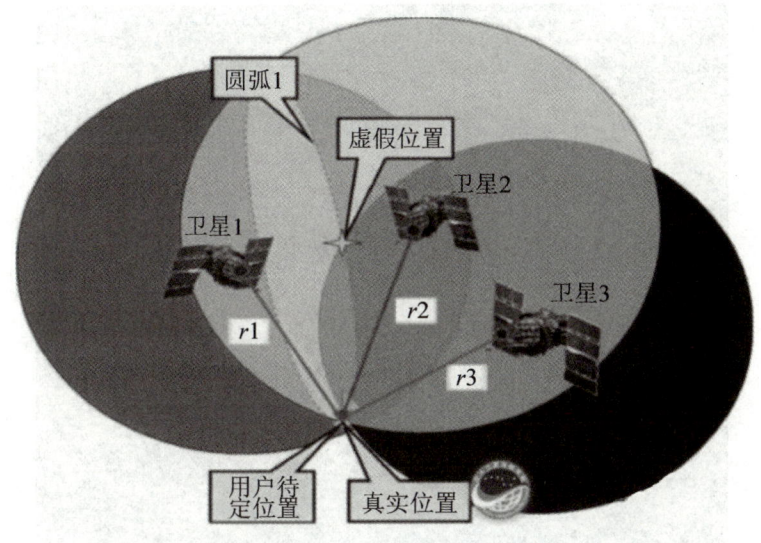

图 7.24　北斗卫星定位原理示意图

(1) 地球上的北斗用户接收机同时测量自身到三颗卫星的距离。

(2) 各卫星的位置通过导航电文播发给用户。

(3) 以卫星为球心，用户接收机到卫星的距离为半径画球面，可得三个球面。三个球面相交得两个点，根据地理常识排除一个不合理点，即得用户位置。

7.6.4　北斗系统的组成

北斗系统由空间段、地面段和用户段三部分组成。北斗系统构成示意图如图 7.25 所示。

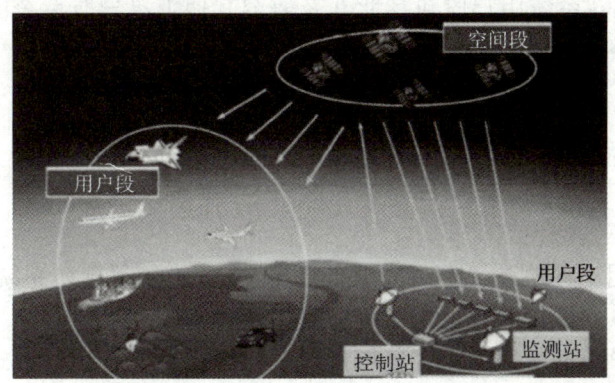

图 7.25　北斗系统构成示意图

(1) 空间段。北斗系统的空间段以北斗三号系统为例进行介绍。北斗三号系统空间段由 3 颗 GEO 卫星、3 颗 IGSO 卫星和 24 颗 MEO 卫星组成。图 7.26 为北斗三号系统混合导航星座示意图。

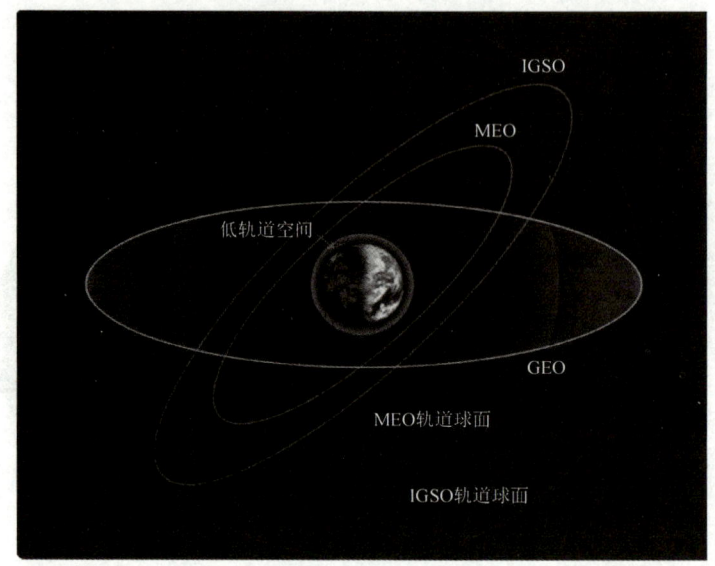

图 7.26　北斗三号系统混合导航星座示意图

GEO 卫星相对地球静止，轨道高度 35786km，轨道倾角为 0°，单星覆盖区域较大，3 颗卫星可覆盖亚太大部分地区。

IGSO 卫星轨道高度与 GEO 卫星相同，轨道倾角为 55°，星下点轨迹为"8"字。

MEO 卫星轨道高度约 21500km，轨道倾角为 55°，绕地球旋转运行，通过多颗卫星组网可实现全球覆盖，MEO 星座回归特性为 7 天 13 圈。

(2) 地面段。北斗系统的地面段以北斗三号系统地面段为例进行介绍。北斗三号系统地面段包括控制站、时间同步/注入站和监测站等若干地面站，以及星间链路运行管理设施。

(3) 用户段。北斗系统用户段包括北斗及兼容其他卫星导航系统的芯片、模块、天线等基础产品，以及终端设备、应用系统与应用服务等。

7.6.5　北斗系统的"三大特色"

北斗系统的"三大特色"如下。

一是空间段采用三种轨道卫星组成混合星座，与其他卫星导航系统相比高轨卫星更多，抗遮挡能力强，尤其在低纬度地区性能优势更为明显。

二是提供多个频点的导航信号，能够通过多频信号组合使用等方式提高服务精度。

三是创新融合了导航与通信功能，具备基本导航、短报文通信、国际搜救、星基增强和精密单点定位等多种服务能力，系统功能高度集成，实现了集约高效。

坚持"自主、开放、兼容、渐进"的原则，秉承"中国的北斗、世界的北斗、一流的北斗"发展理念，发扬"自主创新、开放融合、万众一心、追求卓越"的北斗精神，我国稳步推进北斗系统建设发展。北斗系统为经济社会发展提供世界一流水平的时空信息保障，同时也是中国贡献给世界的全球公共服务产品。中国愿与世界各国共享北斗系统建设发展成果，促进全球卫星导航事业蓬勃发展，为服务全球、造福人类贡献中国智慧和力量。

7.6.6　北斗系统远景发展

2018年年底，联合国全球卫星导航系统国际委员会第十三届大会在我国召开，习近平主席向大会致贺信。习近平强调，中国高度重视卫星导航系统建设发展，积极开展国际合作。北斗系统已成为中国实施改革开放40年来取得的重要成就之一。

北斗系统一路走来，从北斗一号、北斗二号到北斗三号，未来，我们还将建设完善的北斗综合时空体系，这里面北斗"三"的奥秘还等待我们进一步去挖掘、去探索、去创造！

三生万物，万物互联。在北斗系统的作用下，互联互通会更加紧密、更加智能，万物互联时代将全面开启。

7.6.7　广泛的行业应用

讨论

结合北斗系统的行业应用，依据党的二十大报告指出的"坚持把发展经济的着力点放在实体经济上，推进新型工业化，加快建设制造强国、质量强国、航天强国、交通强国、网络强国、数字中国"，谈一谈北斗系统在行业应用中，为实体经济做出了哪些贡献。

北斗系统广泛的行业应用如下。

1. 个人位置服务

当你进入不熟悉的地方时，你可以使用装有北斗卫星导航芯片的手机或车载北斗卫星导航装置确定你要去的位置，进而找到你要走的最佳路线。

2. 铁路智能交通

北斗系统将促进传统运输方式升级与转型。例如，在铁路运输领域，通过安装北斗卫星导航终端设备，可极大缩短列车行驶间隔时间，降低运输成本，有效提高运输效率。未来，北斗系统将提供高可靠和高精度的定位、测速、授时服务，促进铁路交通的现代化，实现传统调度向智能交通管理的转型。

3. 道路交通管理

北斗系统将有利于减缓交通阻塞，提升道路交通管理水平。通过在车辆上安装北斗卫星导航接收机和数据发射机，车辆的位置信息就能在几秒内自动转发到中心站。这些位置信息可用于道路交通管理。例如，指示车辆走畅通的道路，限制车辆进入拥挤的道路，或通告司机前方拥堵的情况，建议走车辆较少的路线。如果车辆超速行驶而发生交通事故，则发生交通事故时的速度、位置和时间信息均会被记录，作为判断是否违章的依据。如果车辆被盗或被抢，北斗系统会很快发现并跟踪其位置，使盗贼无处藏身。

4. 海运和水运

海运和水运是世界最广泛的运输方式之一，也是卫星导航最早应用的领域之一。目前在世界各大洋和江河湖泊行驶的各类船舶大多安装了卫星导航终端设备，使海上和水路运输更为高效和安全。北斗系统将在任何天气条件下，为水上航行船舶提供导航定位和安全保障。同时，北斗系统特有的短报文通信功能将支持多种新型服务的开发。

5. 应急救援

卫星导航已广泛用于沙漠、山区、海洋等人烟稀少地区的搜索救援。在发生地震、洪灾等重大灾害时，救援成功的关键在于及时了解灾情并迅速到达救援地点。北斗系统除导航定位外，还具备短报文通信功能，通过北斗卫星导航终端设备可及时报告所处位置和受灾情况，有效缩短救援搜寻时间，提高抢险救灾时效，大大减少人民生命财产损失。

6. 航空运输

当飞机在机场跑道着陆时，最基本的要求是确保飞机相互间的安全距离。利用卫星导航精确定位与测速的优势，可实时确定飞机的瞬时位置，有效确定飞机之间的安全距离，甚至在大雾天气情况下，可以实现自动盲降，充分保障飞机飞行安全和提高机场运营效率。通过将北斗系统与其他系统有效结合，将为航空运输提供更多的安全保障。

7. 特殊货物运输监管

通过北斗系统，可对特殊货物的运输进行远程跟踪与监管，这是现代物流业的新应用。为确保特殊货物在交通运输环节中的安全，使客户了解货物在运输中的有关情况，可在车上安装北斗导航终端设备。安装北斗卫星导航终端设备的车辆，支持实时查询货物位置或到达信息，通过与相关设备的配合，可在车辆发生偏离预定路径、被盗抢、交通事故等意外情况时，确定车辆的位置。

8. 精细农业

中国是农业大国，北斗卫星导航技术结合遥感、地理信息等技术，使得传统农业向智慧农业发展，显著降低了生产成本，提升了劳动生产效率，提高了劳动收益。

北斗系统在农业方面的应用主要包括农田信息采集、土壤养分及分布调查、农作物施肥、农作物病虫害防治、特种作物种植区监控、农业机械无人驾驶、农田起垄播种、无人机植保等方面，其中农业机械无人驾驶、农田起垄播种、无人机植保等应用对高精度北斗服务需求强烈。

9. 精密授时

精确的时间同步对诸多关键基础设施至关重要，通信、电力和金融系统的有效运行都依赖高精度时间同步。在移动通信中需要精密授时以确保基站的同步运行，电力网为了有效传输和分配电力，对时间和频率提出了严格的要求。北斗系统的授时服务可有效应用于通信、电力和金融系统，确保精确的时间同步。

本 章 小 结

本章主要介绍了 GNSS 的系统构成，重点讲述了 GNSS 的定位原理以及 RTK 测量应用。最后详细介绍了中国北斗卫星导航系统建设历程及发展前景。

思考题与习题

一、选择题

1. GNSS 主要由(　　)组成。
   - A．全球设施
   - B．区域设施
   - C．用户设施
   - D．以上都是
2. GNSS 卫星发射的信号由(　　)组成。
   - A．载波
   - B．测距码
   - C．导航电文
   - D．以上都是
3. 与传统测量仪器相比，GNSS 定位的优势有(　　)。
   - A．精度高
   - B．提供三维坐标、操作简便
   - C．全天候作业
   - D．站间无须通视
4. GNSS 定位方式有(　　)。
   - A．单点定位
   - B．相对定位
   - C．实时动态定位
   - D．静态定位
5. GNSS 定位的误差来源主要有(　　)。
   - A．与卫星有关的误差
   - B．与信号传播有关的误差
   - C．与接收机有关的误差
   - D．以上都是
6. GNSS 网的基本构网方式有(　　)。
   - A．点连式
   - B．边连式
   - C．网连式
   - D．边点混合连接
7. GNSS 的外业观测主要包括(　　)。
   - A．天线的安置
   - B．接收机操作
   - C．气象数据记录
   - D．以上都是

二、简答题

1. GNSS 全球定位系统由哪几部分组成？
2. GNSS 测量有哪些主要误差来源？
3. 单点定位时为什么要至少同时观测 4 颗卫星？
4. 简述 GNSS 伪距测量和载波相位测量的原理。
5. 简述 GNSS 测量实施的方法。
6. 简述 GNSS 在工程测量中的应用。

第 8 章　地形图的基本知识

教学目标

通过学习地形图的基本知识,了解地物和地貌、平面图和地形图的概念,地形图的图名、图号、图廓、接合图表;掌握比例尺种类和比例尺精度,地物符号,等高线的概念和等高线的特性。

教学重点

地物和地貌的概念及表示方法,比例尺种类和比例尺精度,等高线的特性。

教学难点

地物符号的分类及表示方法,等高线的特性。

思维导图

章节导读

地球表面错综复杂，有高山、丘陵、平原，有江、河、湖、海，还有各种人工建筑物，这些统称为地形。习惯上把地形分为地物和地貌两大类。地面上有明显轮廓的，天然形成或人工建造的各种固定物体，如江河、湖泊、道路、桥梁、房屋和农田等称为地物。地球表面的高低起伏状态，如高山、丘陵、平原、洼地等称为地貌。

通过实地测量，将地面上各种地物和地貌沿垂直方向投影到水平面上，并按一定的比例尺，用统一规定的符号和注记，将其缩绘在图纸上，这种表示地物平面位置和地貌起伏情况的图称为地形图。仅反映地物的平面位置，不反映地貌变化的图称为平面图。在较大的测区范围内，考虑地球曲率的影响，采用专门的投影方法，运用观测成果汇编而成的图称为地图。

使用地形图应先了解的内容——千姿百态的地图世界

目前已被发现的最古老的地图是古巴比伦地图，这张地图，与其说是一"张"，其实应该说是一"块"，因为它是刻画在泥块上的，距今大概有四五千年。考古学家推测当时的人是先在湿软的泥块上刻画图像，再将它放在太阳下烤晒，硬化之后就成为泥块图。这一张泥块图上面，刻画的是古巴比伦附近的一个城市，上面刻画着山脉、河谷及聚落。考古学者也发现了其他不同比例尺的泥块图，上面有记载街道、土地产权、城镇位置。另外，科学家也发现有些泥块图，是以十二进制的方式来记录数字的，跟我们目前所使用的十进制系统不同。

马绍尔群岛是位于太平洋中央的一群岛屿。西方学者们发现，在这些小岛上有一种由贝壳和枝条编织成的特殊图案。原来这是一张地图，贝壳用来表示附近海域的岛屿，枝条则用来代表岛屿附近的风浪形态。这些太平洋上的岛民们，为了航海探险的需要，就地取材，以贝壳和椰子树树叶的梗条编织成地图，将各个岛屿及其间的风浪方向记录下来。这种地图是他们维持生存的重要工具，如果他们错失了方向或距离，可能就丧失了捕捞的机会，也可能错失方向而永远回不了家。这是另一种类型的地图，反映了岛屿居民的生活方式和他们所使用的工具。

因纽特人生活在北极地区。早期的因纽特人，利用河流中的漂木，刻画出许多大小形状各不相同的小木块，并且将木块漆上不同的颜色，而后再安置到海狮皮上。这些木块分别用来表示岛屿、湖泊、沼泽、潮汐和滩地等。在19世纪末期发现的地图中，因纽特人已经开始用铅笔来画地图，虽然这些地图的绘制没有使用精密的测量仪器，但是地图上的河流曲折形态和数量却非常准确，这可能意味着河川的数量和复杂程度是因纽特人非常关心的自然现象。从数学的角度看，这些地图上的距离不甚精确，因为它们的长短和实际地面的距离并没有一定的比例关系。科学家后来发现地图上的距离，是依照步行所需的时间来绘制的，这种距离其实是依据通行的困难程度所衍生的时间距离。

美洲的印第安人也有一些具有特殊风格的地图。在印第安人绘制的地图上，地形资料出现的数量和类别比较少,准确度也不高。他们对于河流、山脉等自然环境的叙述并不很重视,和因纽特人的地图有明显的差异。但是,他们的地图却含有极强烈的图画性质,记录了他们族群的生活史。这种地图事实上反映了印第安人对于历史性事件和社会性事件的关心。

我国见于记载的古代地图,可以上溯到三千年前西周初年,周公营建洛邑时绘制的洛邑城址附近地形图。春秋战国时期,地图更广泛地应用于政治、军事活动。秦汉之际,地理科学及地图绘制已有相当水平。1973 年 12 月,长沙马王堆三号汉墓出土一幅绘有山脉、河流、道路、居民点等的地图。长宽各为 96cm,是一幅绘在帛上的正方形地图(引例图)。绘制时期很可能在西汉初期文帝年间(公元前 170 年前后),距今已有 2100 多年。地形图与城市规划息息相关,为规划设计提供图纸和资料。我国公元前 1125 年就已经出现了地形图(上古史书《尚书·洛诰》记载),而我国最早的城市规划图是南宋时期编绘的《平江图》石刻(公元 1229 年)。学完本章的内容你就会对地形图的重要性有更深的了解。

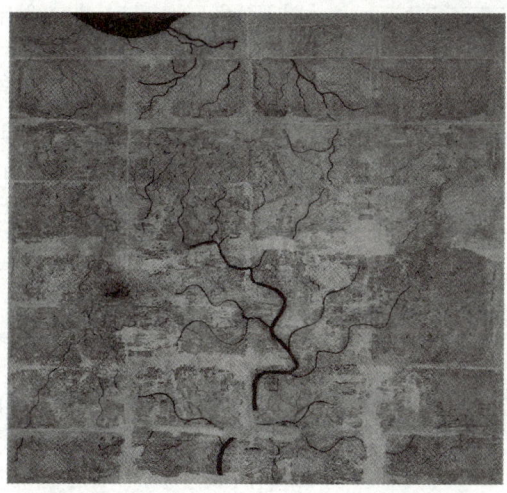

引例图　长沙马王堆帛地图

8.1　地形图的比例尺

地形图上任一线段的长度 d 与它所代表的实地水平距离 D 之比,称为地形图的比例尺。注记在图廓外下方中央位置。

8.1.1　比例尺的种类

1. 数字比例尺

数字比例尺用分子为 1,分母为整数的分数表示。设图上一线段长度为 d,相应实地的水平距离为 D,则该地形图的比例尺为

$$\frac{d}{D} = \frac{1}{\frac{D}{d}} = \frac{1}{M} \tag{8-1}$$

式中：M 为比例尺分母。

比例尺的大小是以比例尺的比值来衡量的。比例尺分母 M 越大，分数值越小，比例尺越小；反之，M 越小、比例尺越大。比例尺越大，表示地物地貌越详尽。1∶1000000、1∶500000 等比例尺地形图，通常称为小比例尺地形图；1∶100000、1∶50000 等比例尺地形图称为中等比例尺地形图；1∶5000、1∶2000、1∶1000、1∶500 等比例尺地形图称为大比例尺地形图。在一般建筑设计和施工中，大比例尺地形图应用广泛，本章将介绍的即为大比例尺地形图的基本知识。

2. 图示比例尺

除数字比例尺以外，有时候为了消除图纸收缩变形误差的影响，在绘制地形图时，还在图纸的下方绘制一图示比例尺，如图 8.1 所示。

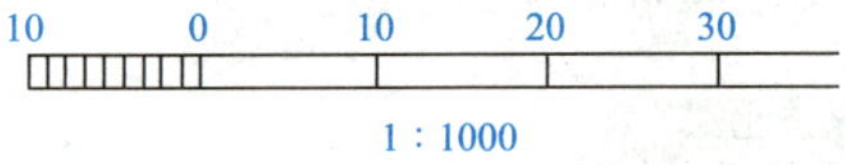

使用图示比例尺时，要用两脚规的两只脚将图上某直线的长度移至图示比例尺上，使一只脚尖对准"0"分划线右端的整分划线上，而另一只脚尖落在"0"分划线左端的细分划段中，则所量直线在实地上的水平距离就是两只脚尖的读数之和。若需要将地面上已丈量水平距离的直线展绘在图上，则需要先从图示比例尺上找出等于实地水平距离的直线的两端点，然后将其长度移至图上相应位置。

图 8.1　图示比例尺

8.1.2　比例尺精度

通常人眼能分辨的图上最小距离为 0.1mm。因此，地形图上 0.1mm 的长度所代表的实地水平距离，称为比例尺精度，用 ε 表示，即

$$\varepsilon = 0.1M \tag{8-2}$$

根据比例尺的精度，可确定测绘地形图时测量距离的精度，例如，测绘 1∶500 的比例尺地形图时，量距精确至 0.05m 即可，因为小于 0.05m 的长度，已经无法展绘到图上。测绘 1∶1000 的比例尺地形图时，量距精确至 0.1m 即可，因为小于 0.1m 的长度也不能展绘到图上。

另外，如果规定了地形图上要表示的最短长度，根据比例尺的精度，可确定测图的比例尺。

例 8-1　如果规定在地形图上应表示出的最短距离为 0.2m，则测图比例尺最小为多大？

解：
$$\frac{1}{M} = \frac{0.1\text{mm}}{\varepsilon} = \frac{0.1\text{mm}}{200\text{mm}} = \frac{1}{2000}$$

几种常用地形图的比例尺精度见表 8-1。

表 8-1　几种常用地形图的比例尺精度

比例尺	1∶5000	1∶2000	1∶1000	1∶500
比例尺精度/m	0.50	0.20	0.10	0.05

由此看出，图的比例尺越大，其精度越高，图上表示的内容越详尽。测图精度要求越高，测图的工作量也越大。所耗费的人力、财力、时间越多。因此，在各类工程中，究竟选用何种比例尺地形图，应从实际情况出发，而不是盲目追求更大比例尺。

8.2　地形图的图名、分幅与编号、图廓及接合图表

8.2.1　地形图的图名

每幅地形图都应标注图名，通常以图幅内最著名的地名、厂矿企业或村庄的名称作为图名。图名一般标注在地形图图廓外上方中央。如图 8.2 所示，图名为"沙湾"。

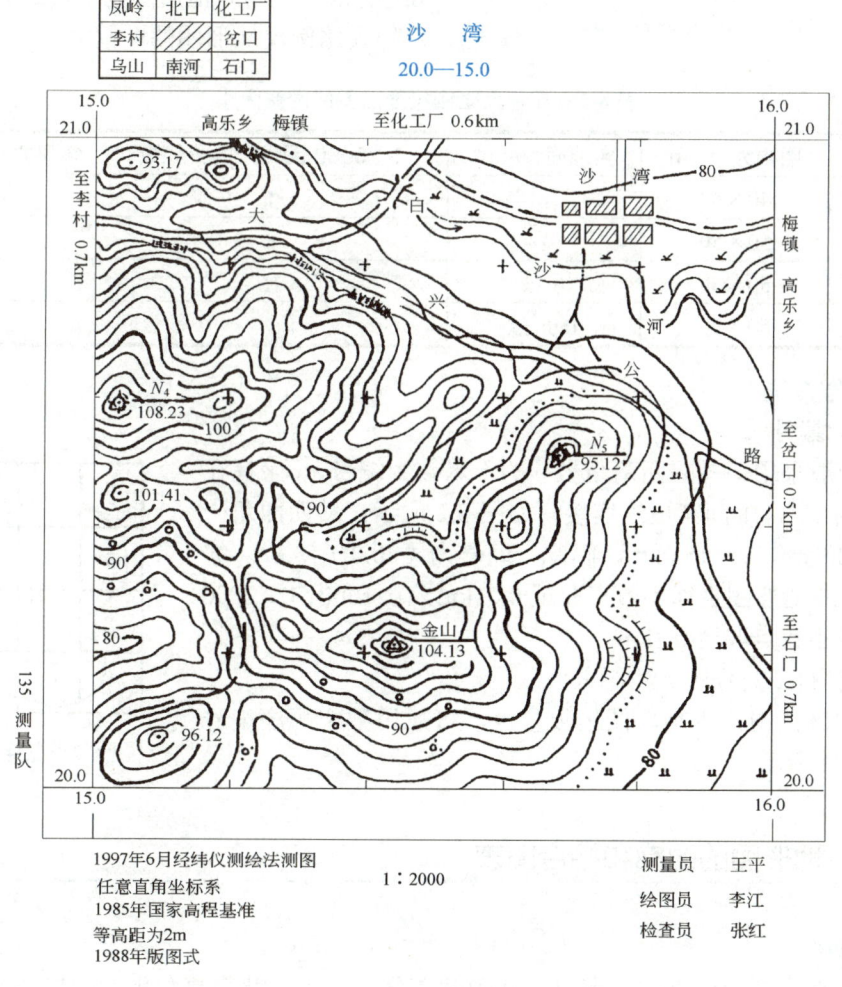

图 8.2　1∶2000 地形图

8.2.2 地形图的分幅与编号

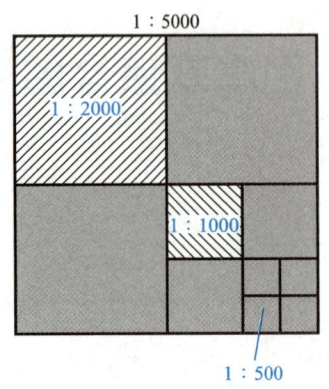

图 8.3 大比例尺地形图正方形分幅

为了区别各幅地形图所在的位置,每幅地形图上都编有图号。图号就是该图幅相应分幅方法的编号,标注在图廓上方的中央、图名的下方,如图 8.2 所示。

1. 分幅方法

1∶500 地形图的图幅一般为 50cm×50cm,一幅图所含实地面积为 $0.0625km^2$,$1km^2$ 的测区至少要测 16 幅图纸。这样就需要将地形图分幅和编号,以便于测绘、使用和保管。大比例尺地形图常采用正方形分幅法,它是按照统一的直角坐标网格线划分的。

图 8.3 是以 1∶5000 地形图为基础进行的正方形分幅。几种大比例尺地形图的图幅大小见表 8-2。

表 8-2 几种大比例尺地形图的图幅大小

比例尺	图幅大小/cm	实地面积/km²	1∶5000 图幅内的分幅数	每平方千米图幅数
1∶5000	40×40	4	1	0.25
1∶2000	50×50	1	4	1
1∶1000	50×50	0.25	16	4
1∶500	50×50	0.0625	64	16

2. 编号方法

1) 坐标编号法

图号一般采用该图幅西南角坐标的千米数为编号,x 坐标在前,y 坐标在后,中间有短线连接。如图 8.2 所示,其西面角坐标为 $x=20.0km$,$y=15.0km$,因此,编号为"20.0-15.0"。编号时,1∶500 地形图坐标小数点取至 0.01km,1∶1000、1∶2000 地形图坐标小数点取至 0.1km。

2) 数字顺序编号法

如果测区范围比较小,图幅数量少,可采用数字顺序编号法,如图 8.4 所示。

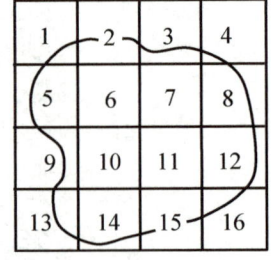

图 8.4 数字顺序编号

8.2.3 地形图的图廓和接合图表

1. 图廓

图廓是地形图的边界线,有内、外图廓之分。内图廓就是直角坐标网格线,也是图幅的边界线,用 0.1mm 细线绘出。在内图廓内侧,每隔 10cm,绘出 5mm 的短线,表示直角坐标网格线的位置。外图廓为图幅的最外围边线,用 0.5mm 粗线绘出。内、外图廓相距 12mm,在内外图廓之间注记直角坐标网格线坐标值,如图 8.2 所示。

2. 接合图表

为了说明本图幅与相邻图幅之间的关系,便于索取相邻图幅,在图幅左上角列出相邻图幅图名,斜线部分表示本图幅位置,如图 8.2 所示。

8.3 地 物 符 号

地形图上表示地物类别、形状、大小及位置的符号称为地物符号。表 8-3 列举了一些地物符号,这些符号摘自《国家基本比例尺地图图式 第 1 部分:1∶500 1∶1000 1∶2000 地形图图式》(GB/T 20257.1—2017)。表中各符号旁的数字表示该符号的尺寸,以毫米为单位。根据地物形状大小和描绘方法的不同,地物符号可分为以下几种。

8.3.1 比例符号

地物的形状和大小均按测图比例尺缩小,并用规定的符号绘在图纸上,这种地物符号称为比例符号,如房屋、湖泊、农田、森林等。在表 8-3 中,9~16 号、24~40 号都是比例符号。

8.3.2 非比例符号

有些地物,轮廓较小,无法将其形状和大小按比例缩绘到图上,而采用相应的规定符号表示,这种符号称为非比例符号。非比例符号只能表示物体的位置和类别,不能用来确定物体的尺寸。在表 8-3 中,1~8 号及 23 号均为非比例符号。非比例符号的中心位置与地物实际中心位置随地物的不同而异,在测图和用图时注意以下几点。

(1) 规则几何图形符号,如圆形、三角形或正方形等,以图形几何中心代表实地地物中心位置,如水准点、三角点、钻孔等。

(2) 宽底符号,如烟囱、水塔等,以符号底部中心点作为地物的中心位置。

(3) 底部为直角形的符号,如独立树、风车、路标等,以符号的直角顶点代表地物中心位置。

(4) 几种几何图形组合成的符号,如气象站、消火栓等,以符号下方图形的几何中心代表地物中心位置。

(5) 下方没有底线的符号,如亭、窑洞等,以符号下方两端点连线的中心点代表实地地物的中心位置。

8.3.3 半比例符号

地物的长度可按比例尺缩绘，而宽度按规定尺寸绘出，这种符号称为半比例符号。用半比例符号表示的地物都是一些带状地物，如管线、公路、铁路、围墙、通信线路等。在表 8-3 中，17～21 号都是半比例符号。这种符号的中心线，一般表示其实地地物的中心位置。

表 8-3 常用地物、注记和地貌符号

编号	符号名称	符号式样		
		1∶500	1∶1000	1∶2000
1	三角点 a. 土堆上的 张湾岭、黄土岗——点名 156.718、203.623——高程 3.0、5.0——比高		3.0 △ 张湾岭/156.718 a 5.0 △ 黄土岗/203.623	
2	小三角点 a. 土堆上的 摩天岭、张庄——点名 294.91、156.71——高程 2.0、4.0——比高		3.0 ▽ 摩天岭/294.91 a 4.0 ▽ 张庄/156.71	
3	导线点 a. 土堆上的 I16、I23——等级、点号 84.46、94.40——高程 2.0、2.4——比高		2.0 ⊙ I 16/84.46 a 2.4 ⊕ I 23/94.40	
4	埋石图根点 a. 土堆上的 12、16——点号 275.46、175.64——高程 2.0、2.5——比高		2.0 ▣ 12/275.46 a 2.5 ▣ 16/175.64	
5	不埋石图根点 19——点号 84.47——高程		2.0 ▪ 19/275.46	

续表

编号	符号名称	符号式样 1:500	符号式样 1:1000	符号式样 1:2000
6	水准点 Ⅱ——等级 京石5——点名、点号 32.805——高程		2.0 ⊗	Ⅱ京石5 / 32.805
7	卫星定位连续运行站点 14——点号 495.266——高程		3.2 △	14 / 495.266
8	卫星定位等级点 B——等级 14——点号 495.263——高程		3.0 ⊙	B14 / 495.263
9	单幢房屋 　a. 一般房屋 　b. 裙楼 　　b1. 楼层分割线 　c. 有地下室的房屋 　d. 简易房屋 　e. 突出房屋 　f. 艺术建筑 　混、钢——房屋结构 　2、3、8、28——房屋层数 　(65.2)——建筑高度 　-1——地下房屋层数	a 混3 c 混3-1 e 钢28 f 艺_28 0.2	b1 0.1 b 混3 混8 　　　..0.2 d 简2 艺(65.2) 0.2	a c d 3 　　　.0.1 b 3 8 　　　..0.2 　　　　　1.0 c f 28 　　　　..
10	建筑中房屋		建 2.0 1.0	
11	棚房 　a. 四边有墙的 　b. 一边有墙的 　c. 无墙的		a 　　　..1.0 b 　　　..1.0 c 　　　..1.0 1.0 0.5	

193

续表

编号	符号名称	符号式样		
		1:500	1:1000	1:2000
12	破坏房屋		破 2.0 :: 1.0	
13	架空房、吊脚楼 4——楼层 3——架空楼层 /1、/2——空层层数	混4 混3/2 混4 :: 2.5 0.5		2 3/1 :: 2.5 0.5
14	廊房(骑楼)、飘楼 a. 廊房 b. 飘楼	a 混3 ··1.0 :: 2.5 0.5		b 2 混3 2.5 0.5
15	露天体育场、网球场、运动场、球场 a. 有看台的 　a1. 主席台 　a2. 门洞 b. 无看台的	a 工人体育场 a2 ·45° a1 ···c b 体育场		球
16	游泳场(池)	泳		泳
17	围墙 a. 依比例尺的 b. 不依比例尺的	a :10.0: b :10.0: 0.5		0.3
18	栅栏、栏杆	0.0 1.0 ○──○──○──○		
19	篱笆	:10.0: 1.0 +──+──+ :0.5:		
20	活树篱笆	10.0 1.0 •○•○•○•○ :0.6:		
21	铁丝网、电网	10.0 1.0 ×──×──×──× ──×──电──×──		

续表

编号	符号名称	符号式样 1:500	符号式样 1:1000	符号式样 1:2000
22	台阶		0.6 ∷ ┤├ 1.0	┤├ ∷1.0
23	路灯、艺术景观灯 　a. 普通路灯 　b. 艺术景观灯	a	1.2 0.3 0.6 2.4 0.8	0.8 0.6 0.3 2.4 1.2
24	高速公路 　a. 隔离带 　b. 临时停车点 　c. 建筑中的	a b c	0.4 0.2 0.4 (G5) 0.4 3.0　25.0	
25	国道 　a. 一级公路 　　a1. 隔离设施 　　a2. 隔离带 　b. 二至四级公路 　c. 建筑中的 　　①、②——技术等级代码 　　(G305)、(G301)——国道代码及编号	a b c	0.3 0.15 a1 a2 ① (G305) 0.3 ② (G301) 0.3 0.3 3.0　20.0	
26	省道 　a. 一级公路 　　a1. 隔离设施 　　a2. 隔离带 　b. 二至四级公路 　c. 建筑中的 　　①、②——技术等级代码 　　(S305)、(S301)——省道代码及编号	a b c	0.3 0.15 a1 ① (S305) a2 0.3 ② (S301) 0.3 0.3 15.0　2.0	

续表

编号	符号名称	符号式样 1:500	符号式样 1:1000	符号式样 1:2000
27	县道、乡道及村道 　a. 有路肩的 　b. 无路肩的 　⑨——技术等级代码 　(X301)——县道代码及编号 　c. 建筑中的	a b c	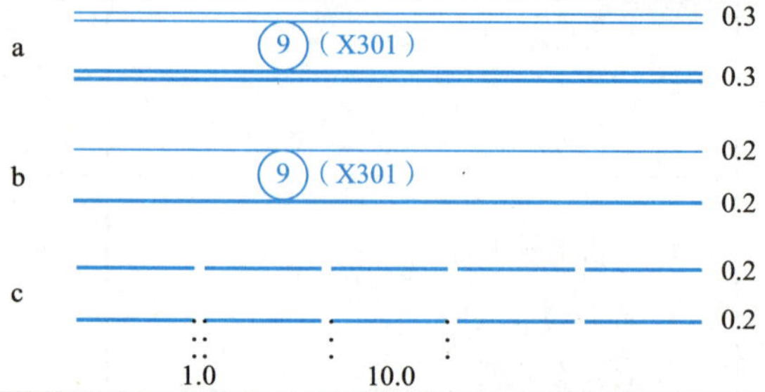 ⑨（X301） ⑨（X301） ┊┊1.0　　10.0	0.3 0.3 0.2 0.2 0.2 0.2
28	乡村路 　a. 依比例尺的 　b. 不依比例尺的	a b	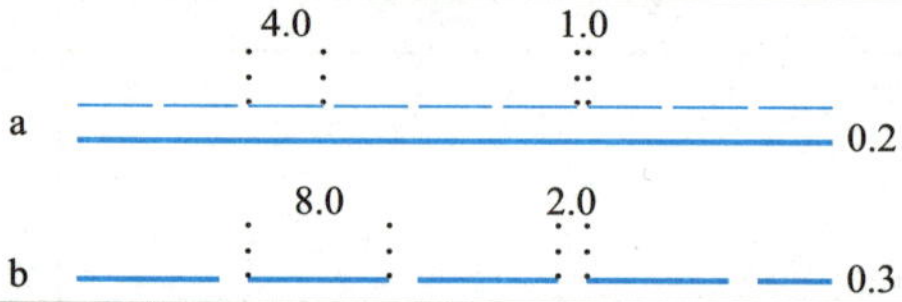 4.0　　1.0 8.0　　2.0	0.2 0.3
29	小路、栈道		 4.0　　1.0	0.3
30	内部道路		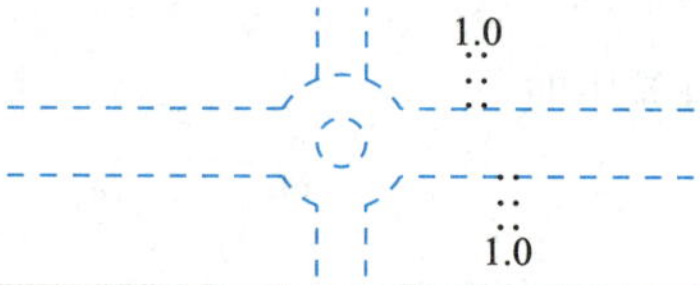 1.0 1.0	
31	阶梯路		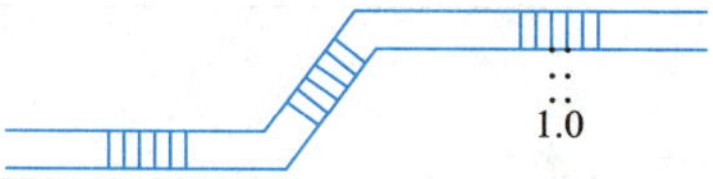 1.0	
32	过街天桥、地下通道 　a. 过街天桥 　b. 地下通道	a	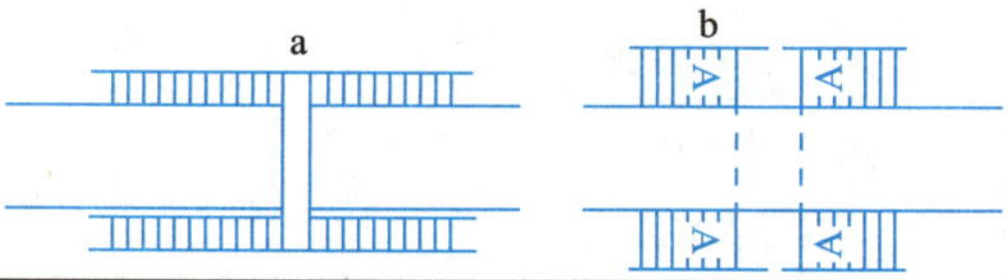 b	
33	地面河流 　a. 岸线(常水位岸线、实测岸线) 　b. 高水位岸线(高水界) 　清江——河流名称		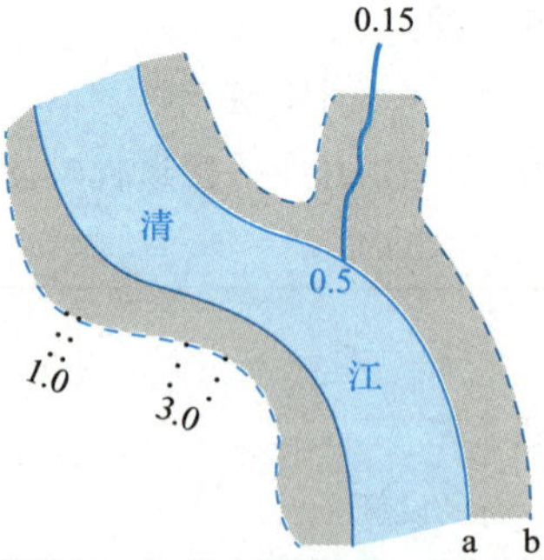 0.15 清 0.5 江 1.0　3.0　a　b	
34	湖泊 　龙湖——湖泊名称 　(咸)——水质		 龙湖（咸）	
35	池塘		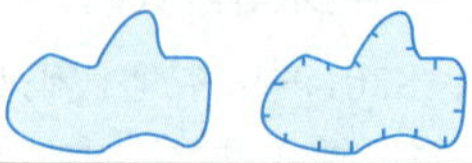	

196

续表

编号	符号名称	符号式样		
		1∶500	1∶1000	1∶2000
36	稻田 　a. 田埂		0.1↓ a ↓ 2.5	↓ :10.0 ↓ 10.0
37	旱地		1.3 2.5 ⊥ ⊥ :10.0 ⊥ ⊥ 10.0	
38	成林		○　　○:0.6 　○　松6 ○　　　　○ ○　　○	
39	草地 　a. 天然草地 　b. 改良草地 　c. 人工牧草地 　d. 人工绿地	a	2.0: ∥　　∥ 　1.0　:10.0 ∥　　∥ 10.0	
		b	∧　∧ :10.0 ∥　∧ 10.0	
		c	∧　∧ :10.0 ∧　∧ 10.0	
		d	∥:1.6 ∥ :5.0 0.8　　10.0 ∥　∥	
40	花圃、花坛		↓　　↓ 1.5　:10.0 ↓:0.5　↓ 10.0	
41	地级以上政府驻地		**唐山市** 粗等线体（7.5）	
42	县级(市、区)政府驻地、(高新技术)开发区管委会		**安吉县** 粗等线体（6.0）	

续表

编号	符号名称	符号式样		
		1:500	1:1000	1:2000
43	乡镇级，国有农场、林场、牧场、盐场、养殖场		**南坪镇** 粗等线体（6.0）	
44	村庄(外国村、镇) 　a. 行政村，外国村、镇，主要集、场、街、圩、坝 　b. 村庄	a b	甘家寨 正等线体（4.5） 李家村　张家庄 仿宋体（3.5 4.5）	
45	等高线及其注记 　a. 首曲线 　b. 计曲线 　c. 间曲线 　d. 助曲线 　e. 草绘等高线 　　25——高程	a、b、c、d、e 各种等高线图示（0.15、0.15、0.15、0.12，间距1.0、6.0、3.0，高程1000，5~12）	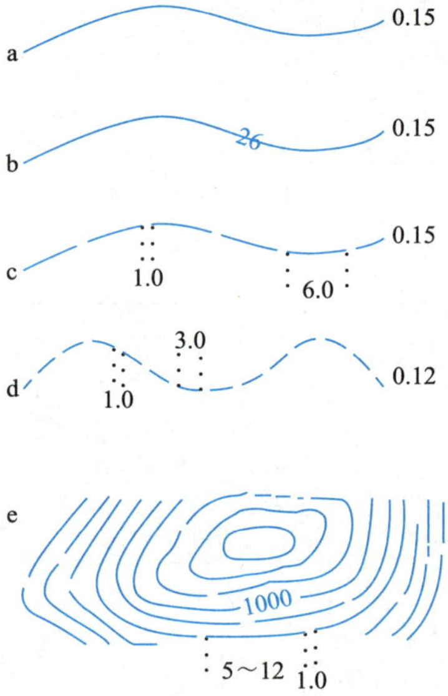	
46	高程点及其注记 1520.3、-15.3——高程	0.5 · 1520.3　　　　· -15.3		
47	示坡线	示坡线图示 0.8		

> **特别提示**
>
> 上述 3 种符号在使用时不是固定不变的，同一地物，在大比例尺图上采用比例符号，而在中小比例尺上可能采用非比例符号或半比例符号。

8.3.4　地物注记

使用文字、数字或特定的符号对地物加以说明或补充，这种称为地物注记。地物注记

分为 文字注记、数字注记 和 符号注记 3 种。如居民地、工厂、道路、山脉、河流的名称，河流的流速、深度，房屋的层数，控制点高程，植被的种类，道路的去向及森林、果树的类别，水流的方向等，都以文字、数字或特定符号加以说明。

8.4　地　貌　符　号

地貌 是指地球表面的高低起伏状态，如山地、丘陵和平原等。地貌的表示方法很多，大比例尺地形图中常用等高线表示地貌。用等高线表示地貌不仅能表示出地面的高低起伏状态，而且可根据它求得地面的坡度和高程等。

8.4.1　等高线

地面上高程相同的相邻各点连成的闭合曲线称为 等高线。

如图 8.5 所示，假想有一座小山全部被水淹没，设山顶的高程为 100m，如果水面下降 5m，则水平面与小山相切构成一条连续闭合的曲线，此曲线上的高程相同，就是一条等高线。水面每下降 5m，可分别得出 95m、90m、85m、80m、75m 等各条等高线，把这些等高线都垂直投影到同一水平面 H 并按比例缩绘到图纸上，就可以得到反映地面高低起伏变化的等高级，并具有可量性。

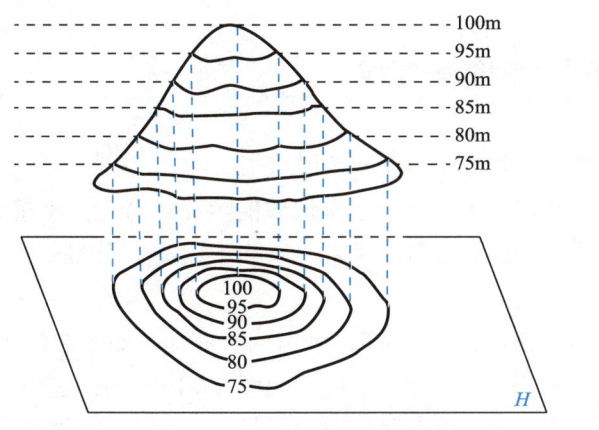

图 8.5　等高线表示地貌的原理

8.4.2　等高距和等高线平距

相邻等高线之间的高差称为 等高距，也称为等高线间隔，用 h 表示。相邻等高线之间的水平距离称为等高线平距，用 d 表示。则地面坡度 i 为

$$i=\frac{h}{dM} \tag{8-3}$$

式中：M 为比例尺分母。

由于在同一幅地形图上等高距 h 是相同的，所以，地面坡度 i 与等高线平距 d 成反比。地面坡度较缓，其等高线平距较大，等高线显得稀疏；地面坡度较陡，其等高线平距较小，等高线十分密集。因此，可根据等高线的疏密判断地面坡度的缓与陡。在同一幅地形图上，等高线平距 d 越大，坡度 i 越小；等高线平距 d 越小，坡度 i 越大；如果等高线平距相等，则坡度均匀。

选择等高距时，如果等高距过小，会使图上的等高线过密。如果等高距过大，则不能正确反映地面的高低起伏状况。所以，等高距的大小应根据测图比例尺与测区地形情况来确定。等高距的选用可参见表 8-4。

表 8-4　地形图的基本等高距

地形类别	比例尺			
	1∶500	1∶1000	1∶2000	1∶5000
平地(地面倾角：$\alpha<2°$)	0.5	0.5	1	2
丘陵(地面倾角：$2°\leq\alpha<6°$)	0.5	1	2	5
山地(地面倾角：$6°\leq\alpha<25°$)	1	1	2	5
高山地(地面倾角：$\alpha\geq25°$)	1	2	2	5

注：一个测区同一比例尺，宜采用一种基本等高距。

8.4.3　几种基本地貌的等高线

地面的形状虽然复杂多样，但都可看成是由山头、洼地(盆地)、山脊、山谷、鞍部或陡崖和悬崖组成的。如果掌握了这些基本地貌的等高线特点，就能比较容易地根据地形图上的等高线，分析和判断地面的起伏状态，以利于读图、用图和测绘地形图。

1．山头和洼地的等高线

山头和洼地(又称盆地)的等高线都是一组闭合曲线。如图 8.6(a)所示，山头内圈等高线高程大于外圈等高线的高程；洼地则相反，如图 8.6(b)所示。这种区别也可用示坡线表示。示坡线是垂直于等高线并指示坡度降落方向的短线。示坡线往外标注的是山头，往内标注的则是洼地。

2．山脊和山谷的等高线

沿着一个方向延伸的高地称为山脊，山脊上最高点的连线称为山脊线或分水线。山脊的等高线是一组凸向低处的曲线，如图 8.7(a)所示。

在两山脊间沿着一个方向延伸的洼地称为山谷，山谷中最低点的连线称为山谷线。山谷的等高线是一组凸向高处的曲线，如图 8.7(b)所示。

山脊线、山谷线与等高线正交。

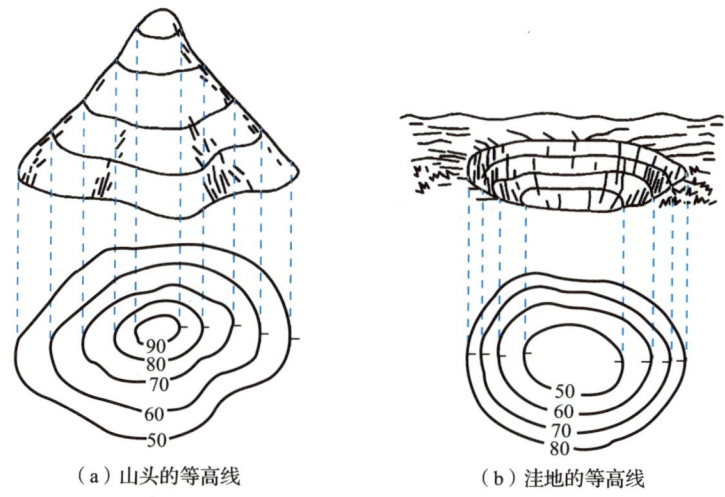

图 8.6　山头和洼地的等高线

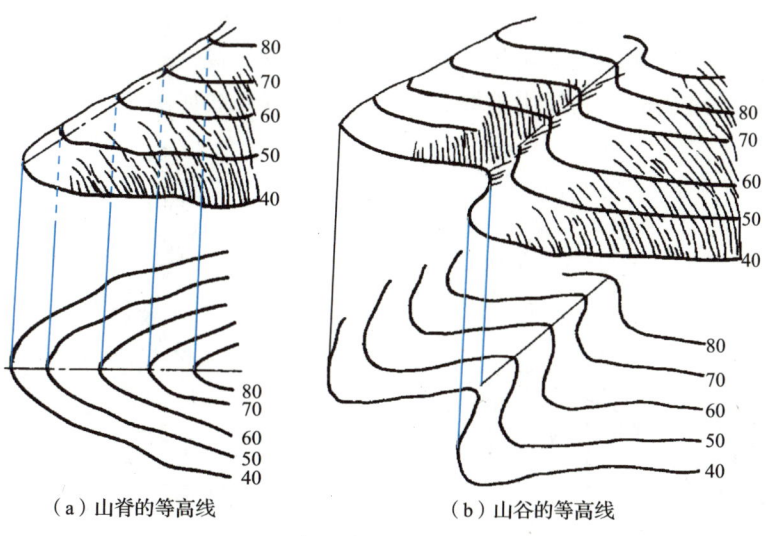

图 8.7　山脊和山谷的等高线

3．鞍部的等高线

相邻两山头之间呈马鞍形的低凹部分称为鞍部，鞍部是两个山脊和两个山谷会合的地方。鞍部的等高线由两组相对的山脊和山谷的等高线组成，即在一圈大的闭合曲线内，套两组小的闭合曲线，如图 8.8 所示。

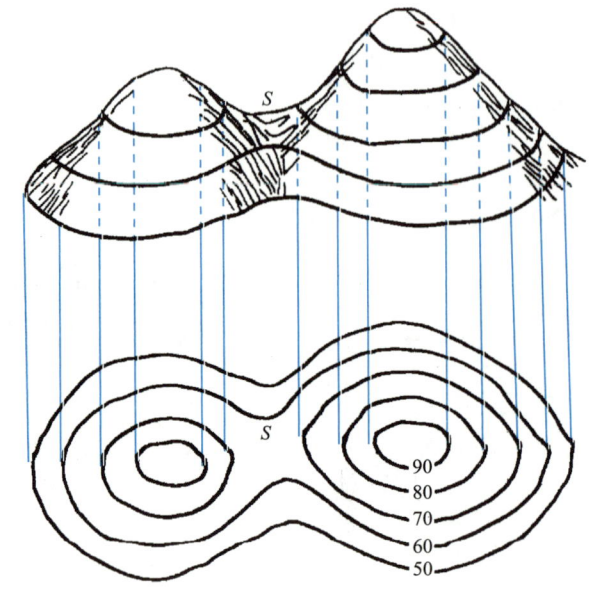

图 8.8 鞍部的等高线

4. 陡崖和悬崖的等高线

坡度在 70°以上或为 90°的陡峭崖壁称为**陡崖**。陡崖处的等高线非常密集,甚至会重叠,因此,在陡崖处不再绘制等高线,改用陡崖符号表示,如图 8.9 所示。

上部向外突出,中间凹进的陡崖称为**悬崖**,上部的等高线投影到水平面时与下部的等高线相交,下部凹进去的等高线用虚线表示。悬崖的等高线如图 8.10 所示。

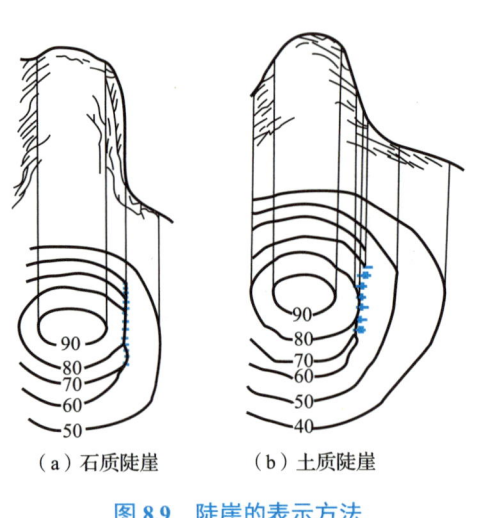

(a) 石质陡崖　　(b) 土质陡崖

图 8.9　陡崖的表示方法

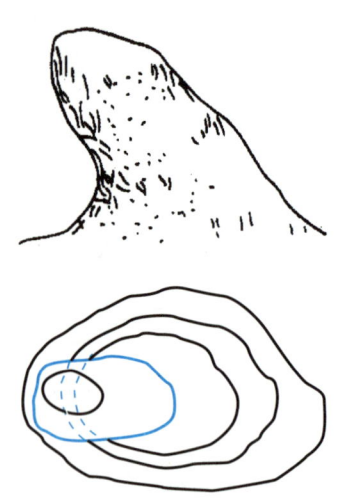

图 8.10　悬崖的等高线

图 8.11 所示为一综合性地貌的透视图及相应的地形图,可对照前述基本地貌的表示方法进行阅读。

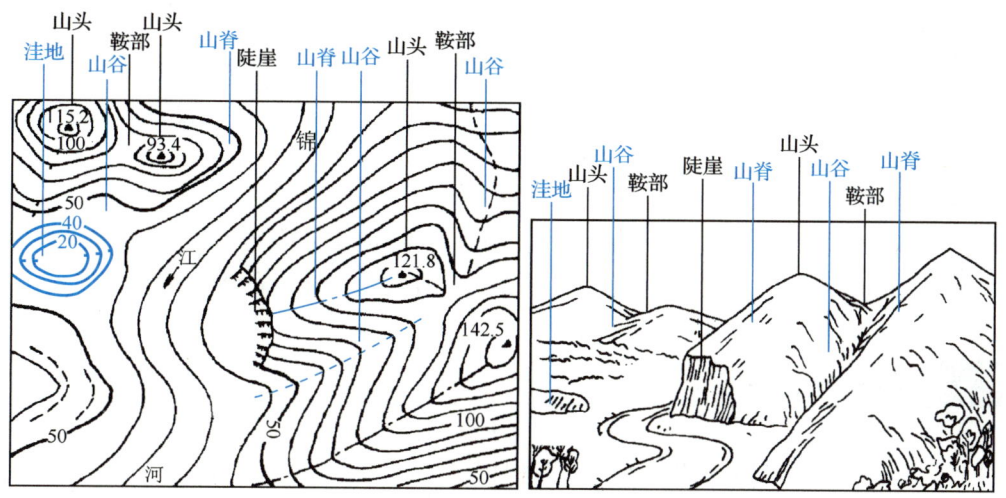

图 8.11 综合性地貌的透视图及相应的地形图

8.4.4 等高线的分类

为了更详尽地表示地貌的特征，地形图上常用下面 4 种类型的等高线，如图 8.12 所示。

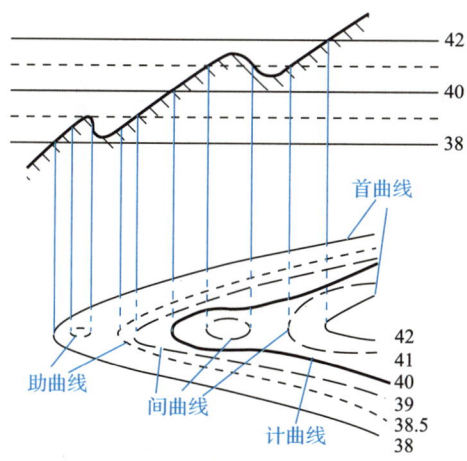

图 8.12 4 种类型的等高线

1. 首曲线

在同一幅地形图上，按规定的基本等高距描绘的等高线称为首曲线，又称为基本等高线。首曲线用 0.15mm 的细实线描绘。如图 8.12 中，高程为 42m、38m 的等高线。

2. 计曲线

凡是高程能被 5 倍基本等高距整除的等高线称为计曲线，也称为加粗等高线。为了计算和读图的方便，计曲线要加粗描绘并注记高程，计曲线用 0.3mm 粗实线绘出，如图 8.12 中，高程为 40m 的等高线。

3. 间曲线

为了显示首曲线不能表示出的局部地貌，按二分之一基本等高距描绘的等高线称为间曲线，也称为半距等高线。间曲线用 0.15mm 的细长虚线表示，如图 8.12 中，高程为 39m、41m 的等高线。

4. 助曲线

用间曲线还不能表示出的局部地貌，按四分之一基本等高距描绘的等高线称为助曲线。助曲线用 0.15mm 的细短虚线表示，如图 8.12 中，高程为 38.5m 的等高线。

8.4.5 等高线的特性

(1) 等高性。同一条等高线上各点的高程相同。

(2) 闭合性。等高线必定是闭合曲线。如不在本图幅内闭合，则必在相邻的图幅内闭合。所以，在描绘等高线时，凡在本图幅内不闭合的等高线，应绘到内图廓，不能在图幅内中断。

(3) 非交性。除在悬崖、陡崖处外，不同高程的等高线不能相交。

(4) 正交性。山脊、山谷的等高线与山脊线、山谷线正交。

(5) 密陡稀缓性。等高线平距 d 与地面坡度 i 成反比。

本 章 小 结

本章内容包括地形图的基本知识，地物和地貌，平面图和地形图的概念，地形图的分幅、图名、图号、图廓、接合图表，比例尺种类和比例尺精度，地物符号，等高线的概念和等高线的特性。

地形分为地物和地貌，有明显轮廓线的是地物，有高低起伏变化的则是地貌，平面图只有地物，地形图包含地物和地貌。一个地区选定好固定的比例尺后，一幅图绘制不下就要用多幅图绘制，就存在分幅、图名、图号、接合图表的问题。比例尺决定了图幅和实地的比例大小，而比例尺精度决定了测量时所需要满足的精度。等高线有不同的分类和特性，反映了地貌的高低起伏变化情况。

思考题与习题

一、选择题

1. 在地形图上，只有(　　)的等高线可以相交。

    A．洼地　　　　B．悬崖　　　　C．山谷　　　　D．山头

2. 在地形图上，可用比例符号表示的地物是(　　)。
   A．控制点　　　B．电杆　　　C．烟囱　　　D．房屋
3. 在一幅地形图上，等高距有(　　)个。
   A．2　　　B．1　　　C．无数　　　D．3
4. 在地形图上，等高线比较密集，说明此处(　　)。
   A．坡度缓　　　B．坡度陡　　　C．坡度为零　　　D．与坡度无关
5. 同一条等高线上的各点，其(　　)必定相等。
   A．地面高程　　　B．平距　　　C．水平角度　　　D．以上三者都是
6. 下列不属于地物的是(　　)。
   A．森林　　　B．高山　　　C．河流　　　D．房屋
7. 下列不属于地物符号的是(　　)。
   A．比例符号　　　B．半比例符号　　　C．注记符号　　　D．等高线
8. 在地形图上，相邻两条等高线间的水平距离是(　　)。
   A．等高距　　　　　　　　　　　B．等高线平距
   C．计曲线间的平距　　　　　　　D．间曲线间的平距
9. 当地物很小，不能用比例尺绘制时，常用(　　)来表示。
   A．比例符号　　　B．半比例符号　　　C．非比例符号　　　D．等比例符号
10. 等高线的平距大，表示地面坡度(　　)。
    A．陡　　　B．缓　　　C．均匀　　　D．不均匀

二、简答题
1. 什么是地形图？
2. 什么是比例尺？常用的有哪两种？什么是大比例尺地形图？
3. 何谓比例尺精度？比例尺精度有何作用？
4. 1∶500、1∶1000、1∶2000等地形图的比例尺精度分别为多少？
5. 何谓山脊线、山谷线？
6. 什么是等高线？等高线的特征是什么？
7. 何谓首曲线？何谓计曲线？
8. 何谓等高距？何谓等高线平距和地面坡度？三者之间有何关系？
9. 如何根据图幅大小及比例尺来计算图幅所表示的实地面积？
10. 何谓地物、地貌？何谓地物、地貌的特征点？地物符号有哪几种？
11. 坐标编号法是如何进行的？

第 9 章　地形图测绘

教学目标
　　了解图纸的准备，坐标格网的绘制，控制点展绘。掌握地形图的测绘，地形图的拼接、检查与整饰。

教学重点
　　坐标格网的绘制及经纬仪测绘法测绘大比例尺地形图。

教学难点
　　碎部点的选择，经纬仪测图的方法，测站点的增补。

第 9 章 地形图测绘

思维导图

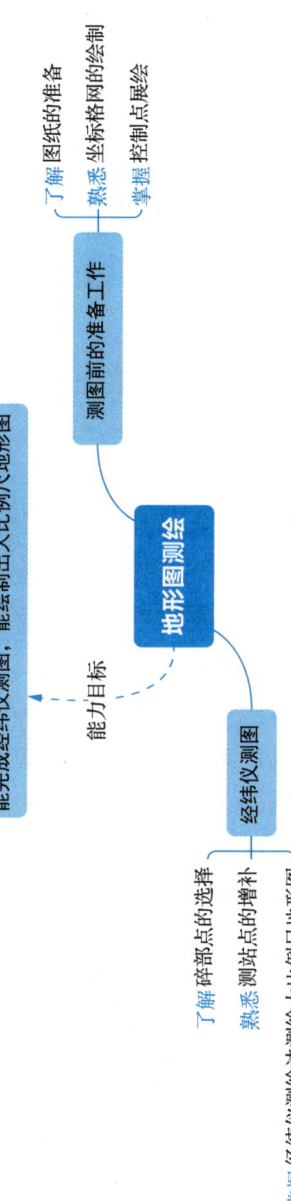

章节导读

本书在第1章介绍过测量工作有一个原则，就是"先控制，后碎部"，它是大比例尺地形图测绘时所遵循的原则。在测区内完成控制测量工作后，就可以以测定的图根控制点作为基准，进行地形图的测绘。测定周围的地物、地貌的特征点的平面位置和高程，按其比例尺缩绘在图纸上，形成地形图。测绘地形图的方法有很多，如经纬仪测绘法、小平板仪与经纬仪联合测绘法、大平板仪测绘法、摄影测量及全站仪测图等。本章主要介绍用经纬仪测绘法测绘大比例尺地形图。

✔ 案例引入

测绘一张反映地球表面形态和面貌的地形图是相当复杂的，不论是地形起伏变化的山区，还是河流、湖、塘等水网密集的水乡平原，图上各种各样的地貌和地物符号都准确地反映了地面的实际情况。它们是怎样测绘出来的呢？

这首先要明确确定地形图上的每个点位需要的3个基本要素：方位、距离和高程。同时，这3个基本要素还必须有起始方向、坐标原点和高程零点作依据。

用一张固定在图板上的白纸测绘地形图时，一开始要先对图板定向，可根据事先测量的大地控制点为起始方向来定向。在简易测图中，也可用指北针来定向。图板定向后，要确定测图点在图纸上的位置。对于纳入国家统一的基本地形图的测绘，是有统一规范的坐标点要求的，但对于小面积局部地区测绘，可假设独立的平面直角坐标系原点，即可按测方位和距离两要素的方式，测定地面上任何点的平面坐标位置。至于点的高程，由于国家高程系统已在全国各地布设了很多统一高程基准的水准点可供利用，一般可用水准测量方法连测到测图区，因此在测图时采用视距三角高程测量的方法，就可同时测定出任何一点的点位和高程。

地面上的地貌和地物都可用其变换点组成的线条反映。地貌可用等高线反映出其高低和形态变化；地物如房屋、道路、河流等均可用其特征点构成的线条表示；有不少特殊的地貌和地物还可以用专门的图例符号来表示。因此，测绘地形图的工作实际上就是测定并表示地面上所有地貌和地物的特征点。

随着测绘科学技术的发展和进步，现代地形图的大量艰巨的测绘工作也已由传统的野外白纸测图转向室内的航空摄影测绘和航天遥感测绘，并已逐渐迈向全数字化、自动化测图阶段。

引例图给出了航天遥感测绘系统界面。

第 9 章 地形图测绘

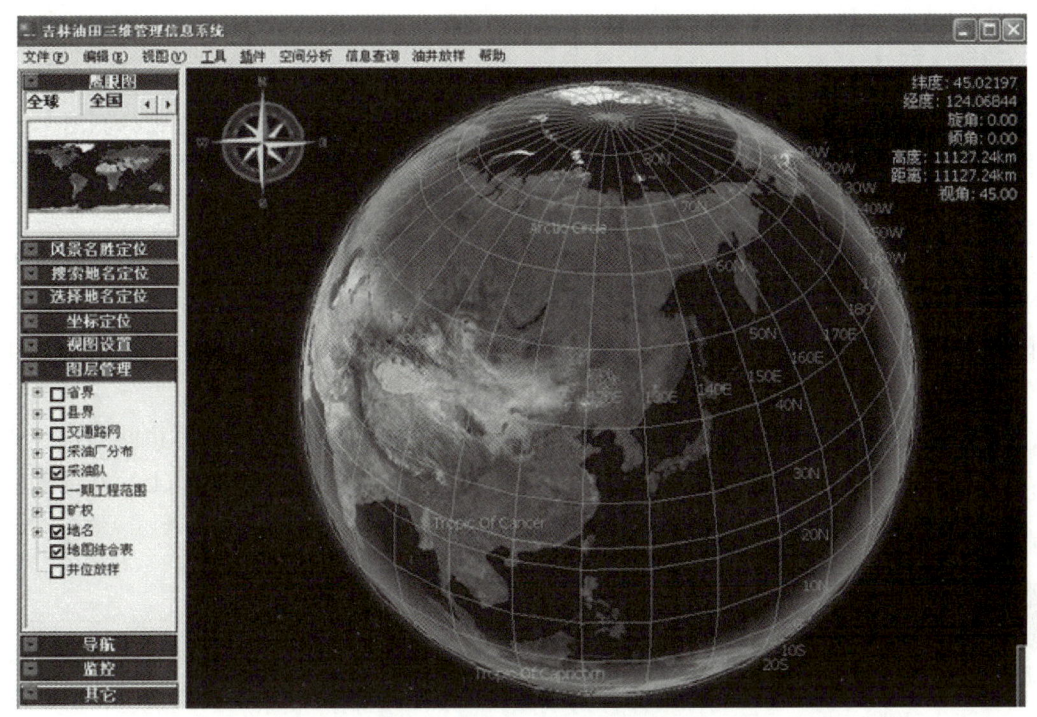

引例图　航天遥感测绘系统界面

9.1　测图前的准备工作

测图前应整理本测区的控制点成果及测区内可利用的资料，画出测图范围，并在网图上绘注测区中图的分幅和编号，然后定出本测区的施测方案和技术要求。此外，还应做好测图前的准备工作，包括图根控制测量及其数据处理、图纸的准备、坐标格网的绘制、控制点的展绘等工作。

1．图根控制测量及其数据处理

图根点是直接提供的可供测图使用的平面或高程控制点。测图前应先进行现场踏勘并选好图根控制点的位置，然后进行图根平面控制和图根高程控制测量，并进行数据的计算处理(本书第 6 章所授内容)。

2．图纸的准备

测绘地形图的图纸，以往都采用优质绘图纸。为了减小图纸的变形，将图纸裱糊在锌板、铝板或胶合板上。目前作业单位多采用聚酯薄膜代替绘图纸。聚酯薄膜是一面打毛的半透明图纸，其厚度为 0.07～0.1mm，伸缩率很小，且坚韧耐湿，沾污后可洗，可直接在图纸着墨，复晒蓝图。但聚酯薄膜图纸怕折、易燃，在测图、使用和保管时应注意防折防火。

> **特别提示**
>
> 对于临时性测图，应选择质地较好的绘图纸，可直接固定在图板上进行测图。

3. 坐标格网的绘制

为了精确地将控制点展绘在绘图纸上，首先要在图纸上精确地绘制 10cm×10cm 的直角坐标格网。规格有总尺寸 50cm×50cm 的正方形分幅和 40cm×50cm 的矩形分幅两种。绘制坐标格网的方法有 对角线法、坐标格网尺法 及 计算机绘制 等。另外，目前有一种印有坐标方格网的聚酯薄膜图纸，使用更为方便。

坐标格网绘制完成后要对格网进行检查。格网的检查方法是：用直尺检查各格网的交点是否在同一直线上，其偏差值不应超过 0.2mm，小方格的边长与其理论值相差不应超过 0.2mm。小方格对角线长度误差不应超过 0.3mm。

4. 控制点的展绘

如图 9.1 所示，根据平面控制点坐标值，将其点位在图纸上标出，称为 展绘控制点。控制点展绘后，应进行检核，用比例尺在图上量取相邻点间的距离，和已知的距离相比较，其差值不得超过图上的 0.3mm，否则应重新展绘。

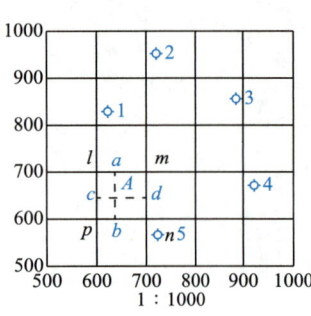

图 9.1 展绘控制点

> **特别提示**
>
> 这里所展绘的控制点是事先已完成小地区控制测量而产生的图根控制点。

9.2 地形图的测绘

在地形图测绘中，决定地物、地貌位置的特征点称为 地形特征点，也称为 碎部点。测绘地形图就是测定碎部点的平面位置和高程。

9.2.1 碎部点的选择

碎部点的正确选择，是保证成图质量和提高测图效率的关键。现将碎部点的选择方法介绍如下。

1. 地物特征点的选择

如图 9.2 所示，地物特征点主要是地物轮廓的 转折点，如房屋的房角、围墙、电力线的转折点，道路河岸线的转弯点、交叉点、电杆、独立树的中心点等。连接这些特征点，便可得到与实地相似的地物形状。由于地物形状极不规则，一般规定，主要地物凹凸部分在地形图上大于 0.4mm 时均应表示出来；在地形图上小于 0.4mm 时，可以用直线连接。

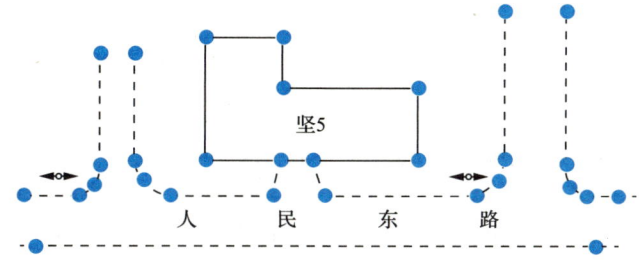

图 9.2　地物特征点的选择

2．地貌特征点的选择

如图 9.3 所示，地貌特征点应选在最能反映地貌特征的山脊线、山谷线等地形线上，如山顶、鞍部、山脊和山谷的地形变换处，山坡倾斜变换处和山脚地形变换处。

图 9.3　地貌特征点的选择

此外，为了能真实地表示实地情况，在地面平坦或坡度无明显变化的地区，碎部点的最大间距和最大视距均应符合表 9-1 的规定。

表 9-1　碎部点的最大间距和最大视距

测图比例尺	地貌点最大间距/m	最大视距/m			
		主要地物点		次要地物点和地貌点	
		一般地区	城市建筑区	一般地区	城市建筑区
1∶500	15	60	50	100	70
1∶1000	30	100	80	150	120
1∶2000	50	180	120	250	200
1∶5000	100	300	—	350	—

9.2.2 经纬仪测绘法

经纬仪测绘法测绘地形图的步骤如下:首先,将经纬仪安置在控制点上,测绘板安置于测站旁,用经纬仪测出碎部点方向与已知方向之间的水平角;其次,用视距测量方法测出测站到碎部点的水平距离及碎部点的高程;再次,根据测定的水平角和水平距离,用量角器和比例尺将碎部点展绘在图纸上,并在点的右侧注记其高程;最后,对照实地情况,按照地形图图式规定的符号绘出地形图。具体施测方法如下。

1. 安置仪器

如图 9.4 所示,将经纬仪安置在控制点 A 上,经对中、整平后,量取仪器高 i,并记入碎部测量手簿,即表 9-2。后视另一控制点 B,使水平度盘读数为 $0°00'$,则 AB 称为起始方向。

将小平板安置在测站附近,使图纸上控制边方向与地面上相应控制边方向大致一致。并连接图上相应控制点 a、b,并适当延长 ab 线,则 ab 为图上起始方向线。然后用小针通过量角器圆心的小孔插在 a 点,使量角器圆心固定在 a 点。

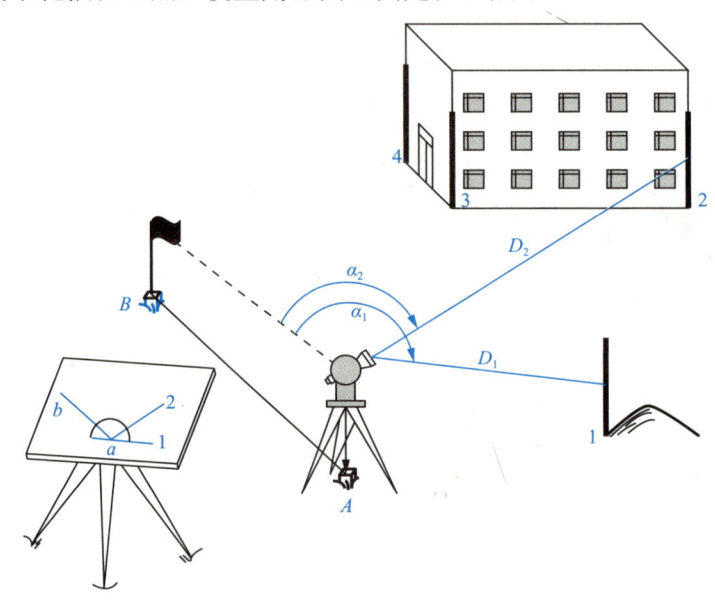

图 9.4 安置仪器

表 9-2 碎部测量手簿

测站点:A	定向点:B	仪器高:1.42m		测站高程:207.40m	指标差 $x=0''$		仪器:DJ$_6$	
测点	尺间隔 l/m	中丝读数 v/m	竖盘读数 L	竖直角 α	高差 h/m	水平角 β	水平距离 D/m	高程 H/m	备注
1	0.647	1.420	93°28′	−3°28′	−3.91	59°15′	64.5	203.49	山脚
2	0.750	2.420	93°00′	−3°00′	−4.92	150°30′	74.8	202.48	房角

212

2. 立尺

在立尺之前,跑尺员应根据实地情况及本测站测量范围,与观测员、绘图员共同商定跑尺路线,然后依次将视距尺立在地物、地貌特征点上。现将视距尺立于 1 点上。

3. 观测

观测员将经纬仪瞄准 1 点视距尺,读尺间隔 l、中丝读数 v、竖盘读数 L 及水平角 β。同法观测 2、3…各点。在观测过程中,应随时检查定向点方向,其归零差不应大于 $4'$。否则,应重新定向。

4. 记录与计算

将观测数据尺间隔 l、中丝读数 v、竖盘读数 L 及水平角 β 逐项记入表 9-2 相应栏内。根据观测数据,用视距测量计算公式,计算出水平距离和高程,填入表 9-2 相应栏内。在备注栏内注明重要碎部点的名称,如房角、山顶、鞍部等,以便必要时查对和作图。

5. 展点

转动量角器,将碎部点 1 的水平角角值 $59°15'$ 对准起始方向线 ab,如图 9.5 所示,此时量角器上零方向线便是碎部点 1 的方向。然后在零方向线上,按测图比例尺,根据所测的水平距离 64.5m,定出 1 点的位置,并在点的右侧注明其高程。当基本等高距为 0.5m 时,高程注记应注记至厘米;基本等高距大于 0.5m 时可注记至分米。同法,将其余各碎部点的平面位置及高程绘于图上。

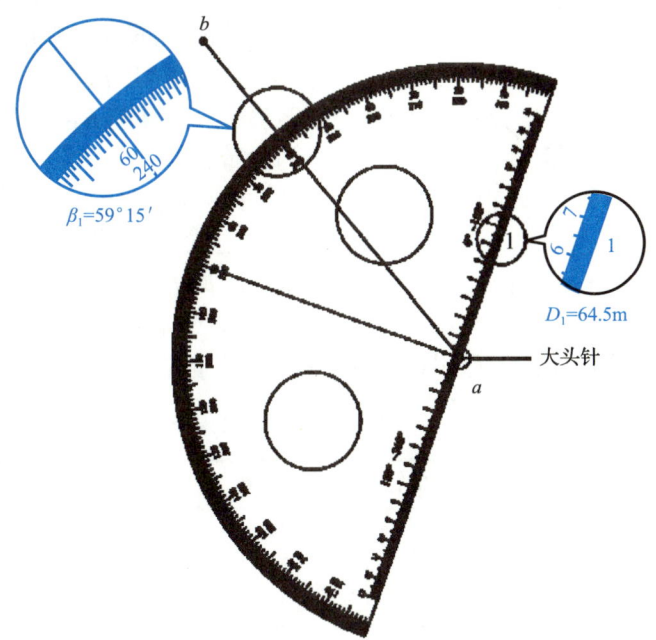

图 9.5 使用量角器展绘碎部点

经纬仪测绘法测绘大比例尺地形图

6. 绘图

参照实地情况,随测随绘,按地形图图式规定的符号将地物和等高线绘制出来。在测绘地物、地貌时,必须遵守"看不清不绘"的原则。地形图上的线划、符号和注记一般在现场完成。要做到点点清、站站清、天天清。

> **特别提示**
>
> 为了相邻图幅的拼接,每幅图应测出图廓外 5mm。自由图边(测区的边界线)在测绘过程中应加强检查,确保无误。

9.2.3 增补测站点

地形测图时,应充分利用图根控制点设站测绘碎部点,若因视距限制或通视影响,在图根控制点上不能完全测出周围的地物和地貌时,可以采用测边交会、测角交会等方法增补测站点,也可以根据图根控制点布设经纬仪视距支导线,增补测站点,为了保证精度,支导线点的数目不能超过两个。经纬仪视距支导线法简便易行,测图时经常利用该方法增补测站点。表 9-3 为经纬仪视距支导线技术要求。

如图 9.6 所示,从图根控制点 A 测定支导线点 1。经纬仪视距支导线法的具体施测步骤如下。

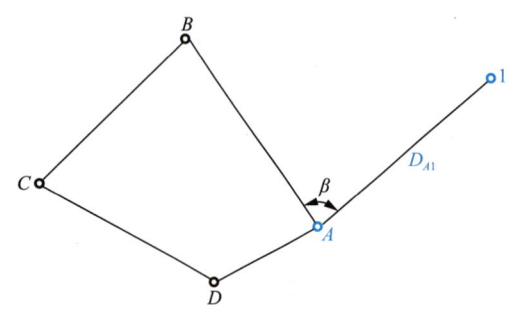

图 9.6　经纬仪视距支导线法增补测站点

(1) 将经纬仪安置在控制点 A 上,对中、整平。用测回法测量 AB 与 $A1$ 之间的水平角 β,用量角器在图上画出 $A1$ 方向线。

(2) 用视距法测出 A、1 两点间的水平距离 D_{A1} 和高差 h_{A1},概略定出 1 点在图上的位置。

(3) 再将经纬仪安置在 1 点上,在控制点 A 上立尺,用同样的方法测定两点间的水平距离 D_{1A} 和高差 h_{1A}。

(4) 若往、返两次测得距离较差不超过表 9-3 的规定时,取其平均值,按测图比例尺在方向线上定出增补测站点 1 点。

表 9-3　经纬仪视距支导线技术要求

测图比例尺	总长/m	最大视距/m	边　数	往返距离较差	备　注
1:1000	100	70	2	1/150	当距离小于 100m 时,按距离 100m 要求
1:2000	200	100	2		
1:5000	400	250	2		

9.2.4 碎部测量的注意事项

(1) 施测前应对竖盘指标差进行检测,要求竖盘指标差小于 1′。

(2) 每一测站每测若干点或结束时,应检查起始方向是否为零,即归零差是否超限。若超限,需重新安置为 0°00′00″,然后逐点改正。

(3) 每一测站测绘前，应先对在另一控制点所测碎部点进行检查和对测区内已测碎部点进行检查，碎部点检查应不少于两个。检查无误后，才能开始测绘。

(4) 每一测站的工作结束后，应在测绘范围内检查地物、地貌是否漏测、少测，地物名称和地理名称等是否清楚齐全，在确保没有错误和遗漏后，可迁至下一站。

9.2.5 地物、地貌的勾绘

在将碎部点测绘到图纸上后，需对照实地及时勾绘地物和等高线。

1. 地物的勾绘

地物要按地形图图式规定的符号表示。如房屋按其轮廓用直线连接；而河流、道路的弯曲部分，则用圆滑的曲线连接；对于不能按比例勾绘的地物，应按相应的非比例符号表示。

2. 等高线的勾绘

地貌主要用等高线来表示。对于不能用等高线表示的特殊地貌，如悬崖、峭壁、陡坎、冲沟、雨裂等，则用相应的图式符号来表示。

等高线是根据相邻地貌特征点的高程，按规定的等高距勾绘的。在碎部测量中，地貌特征点是选在坡度和方向变化之处，这样两相邻点间可视为坡度均匀。由于等高线的高程是等高距的整倍数，而所测地貌特征点的高程并非整数，故勾绘等高线时，首先要用比例内插法在各相邻地貌特征点间定出等高线通过的高程点，再将高程相同的相邻点用光滑的曲线连接。应当指出，在两点间进行内插时，这两点间的坡度必须均匀。等高线的勾绘方法有比例内插法、图解法和目估法等。

9.3 地形图的拼接、检查与整饰

9.3.1 地形图的拼接

测区面积较大时，整个测区必须划分为若干图幅，才能对其进行施测。这样，在相邻图幅连接处，由于测量误差和绘图误差的影响，无论是地物轮廓线，还是等高线往往不能完全吻合。如图 9.7 所示，两相邻图幅在房屋、道路、等高线等接处都有误差。拼接不透明的图纸时，先用宽约 5cm 的透明图纸蒙在左图幅的图边上，用铅笔把坐标格网线、地物、地貌勾绘在透明纸上，然后再把透明纸按坐标格网位置蒙在右图幅衔接边上，同样用铅笔勾绘地物和地貌，同一地物和等高线在两幅图上的不重合量，就是接边误差。当用聚酯薄膜进行测图时，不必勾绘图边，利用其自身的透明性，可将相邻两图幅的坐标格网重叠，就可量化地物和等高线的接边误差。若地物、等高线的接边误差超过规定限差，则应分析原因，到实地测量检查，以便对其纠正。

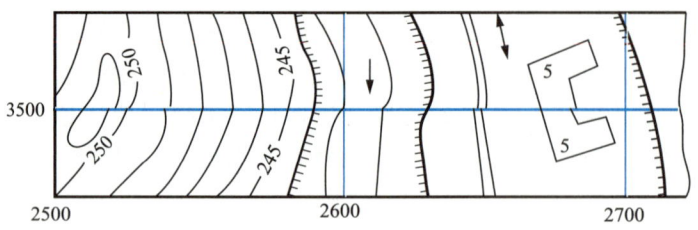

图 9.7　地形图的拼接

9.3.2　地形图的检查与验收

1. 检查

为了确保地形图的质量，除在施测过程中加强检查外，在地形图测完后，还必须对成图质量进行全面检查。

1) 室内检查

室内检查的内容有：图上地物、地貌是否清晰易读；各种符号、注记是否正确；等高线与地形点的高程是否相符，有无矛盾可疑之处；图边拼接有无问题；等等。如发现错误或疑问，应到野外进行实地检查，以便对其纠正。

2) 外业检查

(1) 巡视检查。检查时带图沿预定的线路巡视。将原图上的地物、地貌和相应实地上的地物、地貌对照，查看图上有无遗漏，名称注记是否与实地一致等。这是检查原图的主要方法，一般应在整个测区范围内进行。特别是应对接边时所遗漏的问题和室内检查时发现的问题，做重点检查。发现问题后应当场解决，否则应设站检查纠正。

(2) 仪器检查。对于室内检查和巡视检查中发现的错误、遗漏和疑点，应用仪器进行补测与检查，并进行必要的修改。仪器设站检查量一般为 10%。把测图仪器重新安置在图根控制点上，对一些主要地物和地貌进行重测。如发现点位误差超限，应按正确的观测结果修正。

2. 验收

验收是在委托人检查的基础上进行的，以鉴定各项成果是否合乎规范及有关技术指标的要求(或合同要求)。首先，检查成果资料是否齐全，其次，在全部成果中抽出一部分做全面的室内、外业检查，其余则进行一般性检查，以便对成果质量做出正确的评价。对成果质量的评价一般分优、良、合格和不合格 4 级。对于不合格的成果，应按照双方合同约定进行处理，或返工重测，或经济赔偿，或既经济赔偿又返工重测。

9.3.3　地形图的整饰

地形图经过上述拼接和检查后，还应清绘和整饰，使图面更加合理、清晰、美观。整饰的次序是：先图内后图外，图内应先注记后符号，先地物后地貌，并按规定的图式进行整饰；图廓外应按图式要求书写，并至少要写出图名、图号、比例尺、坐标系统、高程系统、施测单位和日期等。如使用地方独立坐标，还应画出真北方向。

9.3.4 上交成果

测图工作全部结束后应提交下列资料。

(1) 图根点展点图、水准路线图、埋石点"点之记"、测有坐标的地物点位置图、观测与计算手簿、成果表。

(2) 地形原图、图例簿、接合表、按板测图的接边纸。

(3) 技术设计书、质量检查验收报告及精度统计表、技术总结等。

地形图测绘

9.4 数字测图概述

随着科学技术的进步，电子计算技术迅猛发展并向其他专业不断渗透，电子测量仪器不断发展，促进了地形测量的自动化和数字化。测量成果不只是绘制在图纸上的地形图(以图纸为载体的地形信息)，还可以是以计算机磁盘为载体的数字地形信息，其提交的成果是可供计算机处理、远距离传输、多方共享的数字地形图。数字测图是一种全解析的计算机辅助测图方法，与图解法测图相比，其具有明显的优越性和广阔的发展前景，它将成为地理信息系统的重要组成部分。

9.4.1 数字测图系统

数字测图系统是以计算机为核心，连接测量仪器的输入输出设备，在硬件和软件的支持下，对地形空间数据进行采集、输入、编辑、成图、输出、绘图、管理的测绘系统。数字测图系统的综合框图如图 9.8 所示。

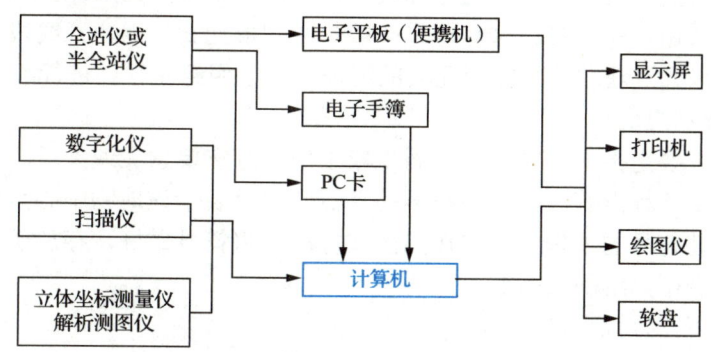

图 9.8 数字测图系统的综合框图

用全站仪在测站进行数字测图称为地面数字测图。

由于用全站仪直接测定地物点和地形点的精度很高，所以，地面数字测图是几种数字测图方法中精度最高的一种，也是城市大比例尺地形图最主要的测图方法。

若测区已有地形图，则可先用数字化仪或扫描仪将其数字化，再用数字测图系统将其修测或更新，得到所需的数字地形图。

对于大面积的测图，通常可采用航测方法或数字摄影测量方法，通过解析测图仪或数字摄影测量系统，得到数字地形图。

地面数字测图系统，其模式主要有两种，即数字测记法模式和电子平板模式。

数字测记法模式为野外测绘、室内成图，即用全站仪测量，电子手簿记录，同时配以人工画草图和编码系统，将野外测量数据从电子手簿直接传输到计算机中，再配以成图软件，根据编码系统以及参考草图编辑成图。使用的电子手簿可以是全站仪配套的电子手簿，也可以是专门的记录手簿，或者直接利用全站仪具有的存储器和存储卡作为记录手簿。数字测记法成图的软件也有许多种。

电子平板模式为野外测绘，实时显示，现场编辑成图。所谓电子平板模式，即将全站仪与装有成图软件的便携机联机，在测站上用全站仪实测地形点，计算机屏幕现场显示点位和图形，并可对其进行编辑，满足测图要求后，将测量和编辑数据存盘。这样，相当于在现场就得到一张平板仪测绘的地形图，因此，无须画草图，并可在现场将测得图形和实地相对照，如果有错误和遗漏，也能得到及时纠正。

9.4.2 图形信息的符号注记

地形图图面上的符号和注记在手工制图中是一项繁重的工作。用计算机成图不需要逐个绘制每一个符号，而只需先把各种符号按地形图图式的规定预先做好，并按地形编码系统建立符号库，存放在计算机中。使用时，只需按位置调用相应的符号，使其出现在图上指定的位置。这样进行符号注记，快速简便。

地形图符号分为比例符号、非比例符号及半比例符号3种。这些符号的处理方法如下。

1. 比例符号的绘制

比例符号主要是一些较大地物的轮廓线，依比例缩小后，图形保持与地面实物相似，如房屋、湖泊、农田、森林等。这些符号一般是由图形元素的点、直线段、曲线段等组合而成的，因而可以通过获取这些图形元素的特征点，使用绘图软件进行绘制。

2. 非比例符号的绘制

非比例符号主要是指一些独立的、面积较小但具有重要意义或不可忽视的地物，如测量控制点、水井、界址点等。非比例符号的特点是：仅表示该地物中心点的位置，而不代表其大小。对这些符号的处理，可先按照图式标准，将符号做好，存放于符号库中，在成图时，按其位置调用，绘制于图上。

3. 半比例符号的绘制

半比例符号在图上代表一些线状地物，如围墙、斜坡、管线等。这些符号的特点是：在长度上依比例。在处理这些符号时，可对每一个线状地物符号编制一个子程序，需要时，调用这些子程序，只需输入该线状地物转折处的特征点，即可由绘图软件绘出该线状地物。

4. 符号的面填充

对地面的植被、土质等进行绘制时，将其按照图式规定的代表性符号绘制出来，并将其均匀分布到图上规定范围内，这种绘图作业可由绘图软件的"面填充"功能来完成。

5. 说明注记

图上的说明注记分为数字注记、字母注记和汉字注记 3 种。数字注记和字母注记一般为绘图软件中自带，使用比较方便；对于汉字注记，可先建立矢量汉字库，根据汉字特征码进行注记，对于汉化的 AutoCAD 软件，则可直接进行汉字注记。

本章小结

本章内容包括图纸的准备，坐标格网的绘制，控制点的展绘，地形图的测绘，地形图的拼接、检查和整饰。

测图前应事先进行现场踏勘并选好图根控制点的位置，然后进行图根平面控制测量和图根高程控制测量，并进行数据的计算处理，最后才能进行地形图的测绘。经纬仪测绘法测绘地形图是通过测定一个角度和一个距离来确定控制点和碎部点之间的平面位置关系，再用三角高程法来确定碎部点的高程，把相关联的碎部点连成线，从而绘制出地形图。

思考题与习题

一、简答题

1. 测图前有哪些准备工作？控制点展绘后，怎样检查其正确性？
2. 什么是地物、地貌特征点？测图时如何选择？
3. 简述经纬仪测绘法在一个测站测绘地形图的工作步骤。
4. 何谓数字测图系统？它包含哪些主要内容？

二、计算题

某碎部测量按经纬仪测绘法进行，其测量数据见表 9-4，试计算各碎部点的水平距离及高程。

表 9-4 碎部测量记录表

测站点：A 定向点：B $H_A=42.95$m $i_A=1.48$m $x=0''$ 仪器：DJ_6

点号	尺间隔 l/m	中丝读数 v/m	竖盘读数 L	竖直角 α	高差 h/m	水平角 β	水平距离 D/m	高程 H/m	备注
1	0.552	1.480	83°36′			48°05′			
2	0.409	1.780	87°51′			56°25′			
3	0.324	1.480	93°45′			247°50′			
4	0.675	2.480	98°12′			261°35′			

第 10 章　地形图的应用

教学目标

　　了解地形图识读的内容方法，掌握地形图应用的基本内容，地形图在工程规划设计中的应用。

教学重点

　　利用地形图确定点的坐标、高程，确定两点间的距离、直线的坐标方位角和坡度，面积计算。

教学难点

　　量测面积的常用方法，场地平整。

第 10 章 地形图的应用

思维导图

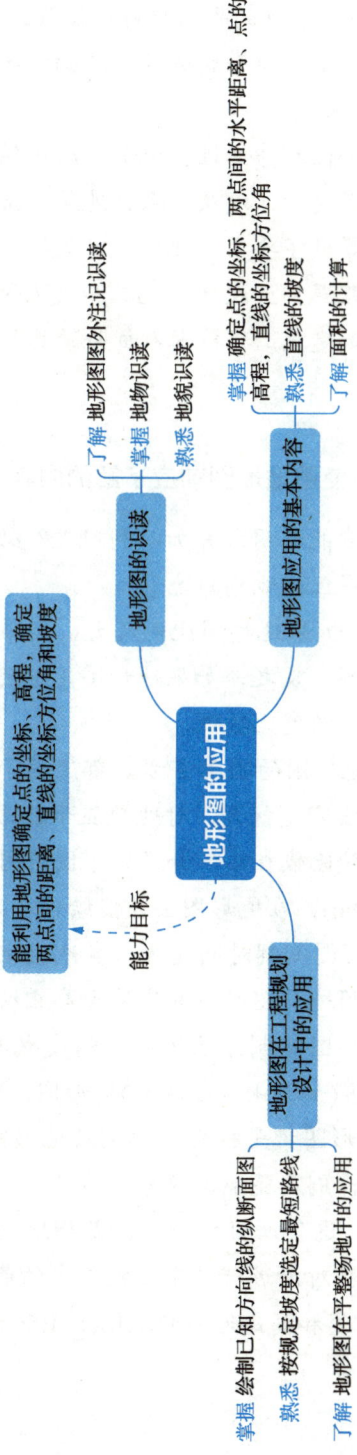

章节导读

地形图的一个突出特点是具有可量性和可定向性。设计人员可以在地形图上对地物、地貌做定量分析。如可以确定图上某点的平面坐标及高程;确定图上两点间的距离和方位;确定图上某部分的面积、体积;了解地面的坡度、坡向;绘制某方向线上的断面图;确定汇水区域和场地平整填挖边界;等等。

地形图的另一个特点是综合性和易读性。地形图所提供的信息内容非常丰富,如居民地、交通网和境界线等社会经济要素,以及水系、地貌、土壤和植被等自然地理要素,还有控制点、坐标格网和比例尺等数字要素,此外还有文字、数字和符号等各种注记,尤其是大比例尺地形图更是建筑工程规划、设计、施工和竣工管理等不可缺少的重要资料。因此,正确识读和应用地形图,是建筑工程技术人员必须具备的基本技能。

案例引入

使用地形图前应了解的内容

如果有一张地形图,怎样才能看明白并加以利用呢?必须根据图外注记了解地形图精度及有关情况,才能依据地形图正确地判断地形。

(1) 弄清地形图的比例尺。如果地形图比例尺大,则每幅地形图包括的实地范围小,地形显示比较详细,精度比较高;反之,如果地形图比例尺小,则每幅地形图所包括的实地范围大,地形显示比较简略,精度比较低。

(2) 认清图上等高距。在地形图的图廓下方,都注明了本幅地形图所采用的基本等高距。基本等高距小,图上等高线密度就大,对地貌显示就比较详细;基本等高距大,图上等高线密度就小,对地貌显示就比较粗略。如果地形图采用的基本等高距为 10m,则其高程需要是 10m 的整数倍(如 320m),在地形图上才能绘出等高线。

(3) 了解测图的时间。地形图测制时间越久,实地变化越大。地形图与实地不完全符合的情况是经常存在的,在使用地形图时应和实地勘察相结合。

(4) 了解成图的方法。地形图测制方法不同,精度也不同。一般大比例尺(1∶25000 或 1∶50000)地形图和困难地区(如高山、沙漠等)地形图,都是直接测绘的,精度比较高;小比例尺(1∶2000000 以上)地形图都是根据大比例尺地形图编绘的,关系位置是正确的,但次要地物舍弃较多。地形图比例尺越小,内容越简略。

(5) 了解地物地貌的精度。这里所说的精度,是指地物与地貌平面位置和高程的最大误差。一般情况下,地物和地貌对附近野外平面控制点的最大位置误差,在平地和丘陵地不超过图上 1mm,在山地、沙漠和高山地不超过图上 1.5mm。

第10章 地形图的应用

10.1 地形图的识读

地形图的识读是正确应用地形图的基础，这就要求能将地形图上的每一种注记、符号的含义准确地判读出来。地形图的识读，可按先图外后图内、先地物后地貌、先主要后次要、先注记后符号的基本顺序，并参照相应的地形图图式逐一阅读。

10.1.1 地形图图外注记识读

根据地形图图廓外的注记，可全面了解地形的基本情况。例如，由地形图的比例尺可以知道该地形图反映地物、地貌的详略；根据测图日期的注记可以知道地形图的新旧，从而判断地物、地貌的变化程度；从图廓坐标可以掌握图幅的范围；通过接合图表可以了解与相邻图幅的关系。了解地形图所使用的地形图图式的版别，对地物、地貌的识读非常重要。了解地形图的坐标系统、高程系统、等高距、测图方法等，对正确用图有很重要的作用。

10.1.2 地物识读

地物识读前，要熟悉一些常用地物符号，了解地物符号和注记的确切含义。根据地物符号，了解图内主要地物的分布情况，如村庄名称、公路走向、河流分布、地面植被、农田等。

10.1.3 地貌识读

根据等高线判读出山头、洼地、山脊、山谷、山坡及鞍部等基本地貌，并根据特定的符号判读出雨裂、冲沟、峭壁、悬崖、崩坍及陡坎等特殊地貌。同时根据等高线的密集程度来分析地面坡度的变化情况。在地形图上，除读出各种地物和地貌外，还应根据图上配置的各种植被符号或注记说明，了解植被的分布、类别特征、面积大小等。按以上读图的基本程序和方法，可对一幅地形图获得较全面的了解，以达到真正读懂地形图的目的，为用图打下良好的基础。

 知识衔接

熟记地物地貌符号的方法

熟记地物地貌符号，是识别地形图、利用地形图研究地形和地面状况的基础。地物、

地貌符号数量较多，其中需熟记的有 100 余个。怎样才能熟记地物、地貌符号呢？通常采用两种方法。

一是抓住符号的特点。不论是哪一类地物符号，都有图形、大小、颜色之别。记忆时，首先记住颜色特点。地物符号的颜色基本与地物的自然色彩相一致，如水系为蓝色，植被为绿色，土壤为棕色，人工物体和注记为黑色。其次记住图形特点。符号图形设计，通常以抽象概括的方法，把复杂的地物地貌用有规律的图形表示出来，按照实地地物平面形状、侧面形状和有关意义来设计图形，如亭子、纪念碑、古塔等，只要把符号与地物形状联系起来，运用想象力就很容易记住。最后结合注记记忆。注记是符号图形的补充和说明，如石油井注有"油"字，煤矿注有"煤"字，渡口注有"人渡"字样，识别这些注记就很容易记住符号。

二是结合用图熟记符号。结合实地对照，识别记忆地物地貌符号，是一举两得的事，既能记住地物地貌符号，又能提高识图用图能力。

10.2　地形图应用的基本内容

10.2.1　在地形图上确定某点的坐标

大比例尺地形图上绘有 10cm×10cm 的坐标格网，并在图廓的西、南边上注有纵、横坐标值，如图 10.1 所示，需在地形图上确定 A 点的坐标。

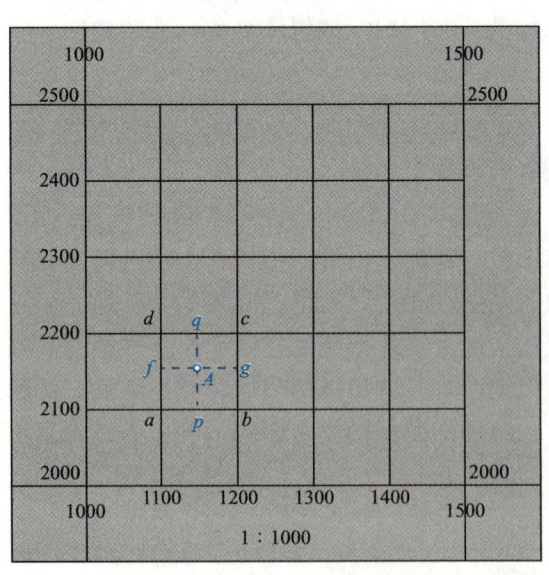

图 10.1　地形图应用的基本内容(一)

欲求图 10.1 上 A 点的坐标，首先要根据 A 点在图上的位置，确定 A 点所在的坐标方格

$abcd$,过 A 点作平行于 x 轴和 y 轴的两条直线 pq、fg 与坐标方格相交于 p、q、f、g 4 点,再按地形图比例尺量出 $af=60.7$m,$ap=48.6$m,则 A 点的坐标为

$$\left.\begin{array}{l}x_A = x_a + af = 2100\text{m} + 60.7\text{m} = 2160.7\text{m} \\ y_A = y_a + ap = 1100\text{m} + 48.6\text{m} = 1148.6\text{m}\end{array}\right\} \quad (10\text{-}1)$$

如果精度要求较高,则应考虑图纸伸缩的影响,此时还应量出 ab 和 ad 的长度。设图上坐标方格边长的理论值为 $l(l=100\text{mm})$,则 A 点的坐标可按下式计算,即

$$\left.\begin{array}{l}x_A = x_a + \dfrac{1}{ad}af \\ y_A = y_a + \dfrac{1}{ab}ap\end{array}\right\} \quad (10\text{-}2)$$

10.2.2 在地形图上确定两点间的水平距离

1. 解析法

如图 10.2 所示,用解析法确定 A、B 两点的水平距离。

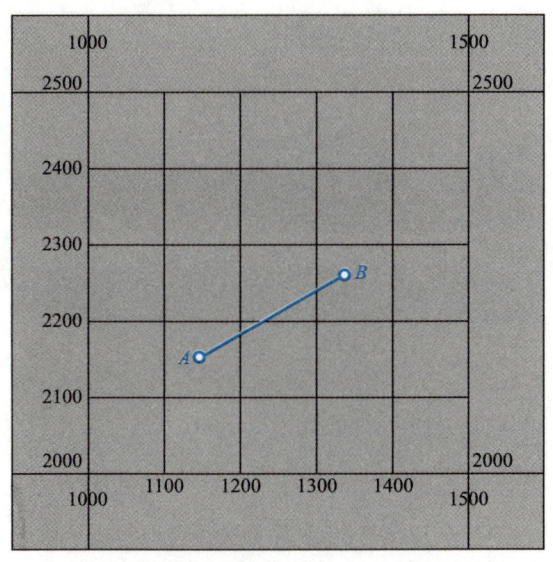

图 10.2 地形图应用的基本内容(二)

欲求 A、B 两点的水平距离,可按式(10-1)先求出图上 A、B 两点坐标 (x_A, y_A) 和 (x_B, y_B),然后按下式计算 AB 的水平距离。

$$D_{AB} = \sqrt{(x_B-x_A)^2 + (y_B-y_A)^2} \quad (10\text{-}3)$$

2. 在图上直接量取

用两脚规在图上直接卡出 A、B 两点的长度,再与地形图上的直线比例尺比较,即可得出 A、B 两点的水平距离。当精度要求不高时,可用比例尺直接在图上量取。

10.2.3 在地形图上确定某一直线的坐标方位角

1. 解析法

如果 A、B 两点的坐标已知，可按坐标反算公式计算直线 AB 的坐标方位角。

$$\alpha_{AB} = \arctan\frac{y_B - y_A}{x_B - x_A} = \arctan\frac{\Delta y_{AB}}{\Delta x_{AB}} \tag{10-4}$$

2. 图解法

当精度要求不高时，可用量角器在图上直接量取直线 AB 的坐标方位角。如图 10.3 所示，通过 A、B 两点分别作坐标纵轴的平行线，然后用量角器的中心分别对准 A、B 两点，量出直线 AB 的坐标方位角 α'_{AB} 和直线 BA 的坐标方位角 α'_{BA}，则直线 AB 的坐标方位角为

$$\alpha_{AB} = \frac{1}{2}(\alpha'_{AB} + \alpha'_{BA} \pm 180°) \tag{10-5}$$

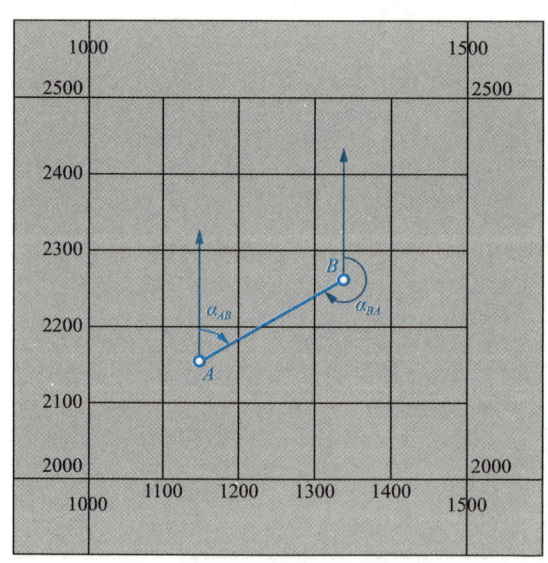

图 10.3　地形图应用的基本内容(三)

10.2.4 在地形图上确定任意一点的高程

地形图上点的高程可根据等高线或高程注记来确定。

1. 点在等高线上

如果点在等高线上，则其高程为 等高线的高程。如图 10.4 所示，A 点位于 30m 等高线上，则 A 点的高程为 30m。

2. 点不在等高线上

如果点不在等高线上，则可按 内插法 求得其高程。如图10.4所示，B 点位于32m 和34m两条等高线之间，这时可通过 B 点 作一条大致垂直于两条等高线的直线，分 别交等高线于 m、n 两点，在图上量取 mn 和 mB 的长度，又已知等高距 $h=2$m，则 B 点相对于 m 点的高差 h_{mB} 可按下式计算

$$h_{mB}=\frac{mB}{mn}h \tag{10-6}$$

设 $\frac{mB}{mn}$ 的值为0.8，则 B 点的高程为

$$H_B=H_m+h_{mB}=32\text{m}+0.8\times 2\text{m}=33.6\text{m}$$

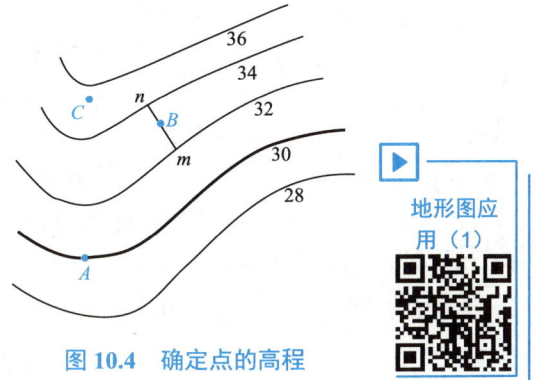

图10.4 确定点的高程

> **特别提示**
>
> 通常根据等高线，用目估法按比例推算图上点的高程。

10.2.5 在地形图上确定某一直线的坡度

在地形图上求得直线的长度以及两端点的高程后，可按下式计算该直线的平均坡度 i，即

$$i=\frac{h}{dM}=\frac{h}{D} \tag{10-7}$$

式中：d 为图上量得的长度，mm；M 为地形图比例尺分母；h 为两端点间的高差，m；D 为直线实地水平距离，m。

坡度有正负号，"+"号表示上坡，"-"号表示下坡，常用百分率(%)或千分率(‰)表示。

10.2.6 面积的计算

在规划设计和工程建设中，常常需要在地形图上测算某一区域范围的面积，如求平整土地的填挖面积，规划设计城镇某一区域的面积，厂矿用地面积，渠道和道路工程的填、挖断面的面积，汇水面积，等等。几种量测面积的常用方法如下。

1. 几何图形法

若图形是由直线连接的多边形，可将图形划分为若干个简单的几何图形，如图10.5所示的三角形、矩形、梯形等。然后用比例尺量取计算所需的元素(长、宽、高)，应用面积计算公式求出各个简单几何图形的面积。最后取代数和，即为多边形的面积。

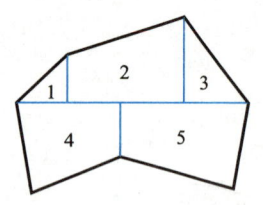

图 10.5 几何图形法

图形边界为曲线时，可近似地用直线连接成多边形，再计算面积。

2. 解析法

当要求测定面积的方法具有较高精度，且图形为多边形，各顶点的坐标值为已知值时，可采用解析法计算面积。

如图 10.6 所示，欲求四边形 1234 的面积，已知其顶点坐标为 $1(x_1, y_1)$、$2(x_2, y_2)$、$3(x_3, y_3)$ 和 $4(x_4, y_4)$，则其面积相当于相应梯形面积的代数和，即

$$S_{1234}=S_{122'1'}+S_{232'3'}-S_{144'1'}-S_{433'4'}$$
$$=\frac{1}{2}[(x_1+x_2)(y_2-y_1)+(x_2+x_3)(y_3-y_2)-(x_1+x_4)(y_4-y_1)-(x_3+x_4)(y_3-y_4)]$$

整理得

$$S_{1234}=\frac{1}{2}[x_1(y_2-y_4)+x_2(y_3-y_1)+x_3(y_4-y_2)+x_4(y_1-y_3)]$$

对于 n 点多边形，其面积公式的一般式为

$$S=\frac{1}{2}\sum_{i=1}^{n}x_i(y_{i+1}-y_{i-1}) \tag{10-8}$$

若将各顶点投影于 x 轴，同理可推出

$$S=\frac{1}{2}\sum_{i=1}^{n}y_i(x_{i+1}-x_{i-1}) \tag{10-9}$$

式中：i 为多边形各顶点的序号。当 i 取 1 时，$i-1$ 就为 n，当 i 为 n 时，$i+1$ 就为 1。式(10-8) 和式(10-9)的运算结果应相等，可做校核。

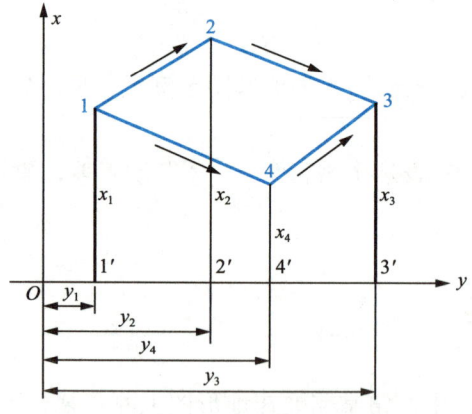

图 10.6 解析法

> **特别提示**
>
> 式(10-8)和式(10-9)为解析法求面积的通用公式。如果多边形顶点按顺时针编号，面积值为正号，反之则为负号，但最终取值为正。

3．透明方格网法

对于用不规则曲线围成的图形，可采用透明方格网法进行面积量算。

如图 10.7 所示，用透明方格网纸(方格边长一般为 1mm、2mm、5mm、10mm)蒙在要量测的图形上，先数出图形内的完整方格数，然后将不够一整格的用目估折合成整格数，两者相加乘以每格所代表的面积，即为所量图形的面积，即

$$S=nA \tag{10-10}$$

式中：S 为所量图形的面积；n 为方格总数；A 为 1 个方格的面积。

例 10-1 如图 10.7 所示，方格边长为 1cm，图的比例尺为 1∶1000。完整方格数为 36 个，不完整的方格凑整为 8 个，求该图形面积。

解： $A=1\text{cm}^2\times 1000^2=100\text{m}^2$

因为总方格数为 36 个＋8 个＝44 个，所以 $S=44\times 100\text{m}^2=4400\text{m}^2$。

4．平行线法

透明方格网法的量算受到方格凑整误差的影响，精度不高，为了减少边缘因目估产生的误差，可采用平行线法。

如图 10.8 所示，用平行线法量算面积时，将绘有间距 $d=1$mm 或 2mm 的平行线组的透明纸覆盖在待算的图形上，则整个图形被平行线切割成若干等高(高度为 d)的近似梯形，上、下底的平均值以 l_i 表示，则图形的总面积为

$$S=dl_1+dl_2+\cdots+dl_n$$

则

$$S=d\sum_{i=1}^{n}l_i$$

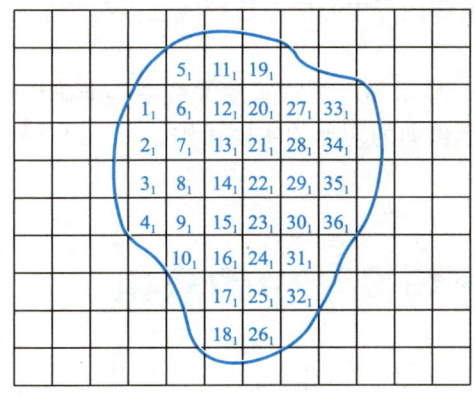

图 10.7 透明方格网法

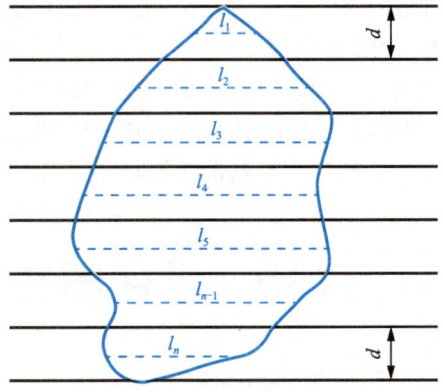

图 10.8 平行线法

图形面积 S 等于平行线间距乘以梯形各中位线的总长。最后，再根据图的比例尺将其换算为实地面积

$$S=d\sum_{i=1}^{n}l_i M^2 \tag{10-11}$$

式中：M 为地形图的比例尺分母。

例 10-2 在 1∶2000 比例尺的地形图上,量得各梯形上、下底平均值的总和 $\sum_{i=1}^{n} l_i =$ 876mm,$d=2$mm,求图形面积。

解: $S = d \sum_{i=1}^{n} l_i M^2 = (0.002 \times 0.876 \times 2000^2) \text{m}^2 = 7008 \text{m}^2$

5. 求积仪法

求积仪是一种专门用来量算图形面积的仪器。其优点是量算速度快,操作简便,适用于不同几何图形的面积量算,而且能满足一定的精度要求。求积仪有机械求积仪和电子求积仪两种,在此仅介绍电子求积仪。

电子求积仪具有操作简便、功能全、精度高等特点。有定极式和动极式两种,现以 KP-90N 动极式电子求积仪为例说明其特点及其量测方法。

1) 构造

KP-90N 动极式电子求积仪由三大部分组成:一是动极和动极轴;二是微型计算机;三是跟踪臂和跟踪放大镜。

2) 特点

该仪器可进行面积累加测量,平均值测量和累加平均值测量,可选用不同的面积单位,还可通过计算器进行单位与比例尺的换算,以及测量面积的存储,精度可达 1/500。

3) 测量方法

电子求积仪的测量方法如下。

(1) 将图纸水平固定在图板上,把跟踪放大镜放在图形中央,并使动极轴与跟踪臂成 90°。

(2) 开机后,用"UNIT-1"和"UNIT-2"两功能键选择好单位,用"SCALE"键输入图的比例尺,并按"R-S"键,确认后,即可在欲测图形中心的左边周线上标明一个记号,作为量测的起始点。

(3) 然后按"START"键,蜂鸣器发出响声,显示零,用跟踪放大镜中心准确地沿着图形的边界线顺时针移动一周,回到起点,其显示值即为图形的实地面积。为了提高精度,对同一面积要重复测量 3 次以上,取其均值。

10.3 地形图在工程规划设计中的应用

10.3.1 绘制已知方向线的纵断面图

纵断面图是反映指定方向地面起伏变化的剖面图。在道路、管道等工程设计中,为进行填、挖土石方量的概算、合理确定线路的纵坡等,均需较详细地了解沿线路方向上的地面起伏变化情况,为此常根据大比例尺地形图的等高线绘制线路的纵断面图。

如图 10.9 所示，欲绘制直线 AB、BC 纵断面图，具体步骤如下。

(1) 在图纸上绘出表示平距的横轴 PQ，过 A 点作垂线，作为纵轴，表示高程。平距的比例尺与地形图的比例尺一致；为了明显地表示地面起伏变化情况，高程比例尺往往比平距比例尺大 10～20 倍。

(2) 在纵轴上标注高程，在地形图上沿断面方向量取两相邻等高线间的平距，依次在横轴上标出，得 b, c, d, …, l 及 C 等点。

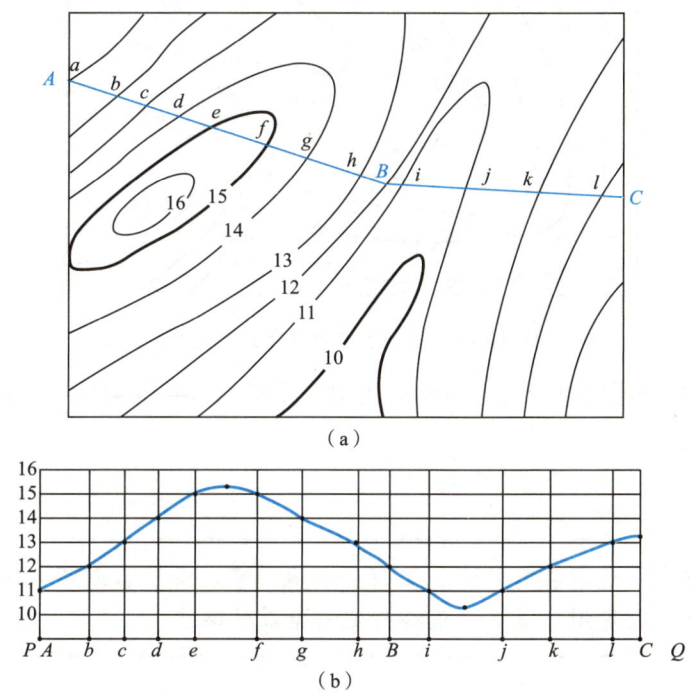

图 10.9　绘制直线 AB、BC 纵断面图

(3) 从各点作横轴的垂线，在垂线上按各点的高程，对照纵轴标注的高程确定各点在纵断面图上的位置。

(4) 用光滑的曲线连接各点，即得已知方向线 A—B—C 的纵断面图。

10.3.2　按规定坡度选定最短路线

在道路、管道等工程规划中，一般要求按规定坡度选定一条最短路线，对道路或管道进行铺设。

如图 10.10 所示，设从公路旁 A 点到山头 B 点选定一条路线，限制坡度为 4%，地形图比例尺为 1∶2000，等高距为 1m。具体方法如下。

(1) 确定线路上两相邻等高线间的最小等高线平距。

$$d = \frac{h}{iM} = \frac{1\text{m}}{0.04 \times 2000} = 12.5\text{m}$$

(2) 先以 A 点为圆心，以 d 为半径，用圆规画弧，交 81m 等高线于 1 点，再以 1 点为圆心，同样以 d 为半径画弧，交 82m 等高线于 2 点，依次到 B 点。连接相邻点，便得同坡度路线 $A—1—2—\cdots—B$。

在选线过程中，有时会遇到两相邻等高线间的最小平距大于 d 的情况，即所作圆弧不能与相邻等高线相交，说明该处的坡度小于指定的坡度，则以最短距离定线。

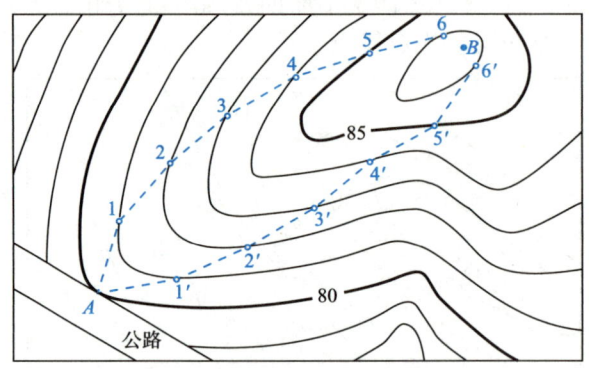

图 10.10　按规定坡度选定最短路线

(3) 另外，在图上还可以沿另一方向定出第二条线路 $A—1'—2'—\cdots—B$，可作为方案的比较。

> **特别提示**
>
> 在实际工作中，还需在野外考虑工程上其他因素，如少占或不占耕地，避开不良地质构造，减少工程费用，等等，最终确定一条最佳路线。

10.3.3　地形图在平整场地中的应用

将施工场地的自然地表按要求整理成一定高程的水平地面或一定坡度的倾斜地面的工作称为平整场地。在平整场地工作中，为使填、挖土石方量基本平衡，常要利用地形图确定填、挖边界和进行填、挖土石方量的概算。计算平整场地土石方量的方法很多，其中方格网法是最常用的一种。

1. 将场地平整为水平地面

如图 10.11 所示，地形图的比例尺为 1∶1000，拟将原地面平整成某一高程的水平地面，使填、挖土石方量基本平衡。方法步骤如下。

1) 绘制方格网

在地形图上拟平整场地内绘制方格网，方格大小根据地形复杂程度、地形图比例尺，以及要求的精度而定。一般方格的边长为 10m 或 20m。图中方格为 20m×20m。各方格顶点号注于方格点的左下角，如图中的 A_1, A_2, $\cdots$, E_3, E_4。

2) 求各方格点的地面高程

根据地形图上的等高线，用内插法求出各方格点的地面高程，并注于方格点的右上角，如图10.11所示。

3) 计算设计高程

分别求出各方格4个顶点的地面高程的平均值，即各方格的平均高程；将各方格的平均高程求和并除以方格数 n，即得到设计高程 $H_设$。根据图10.11中的数据，求得的设计高程 $H_设=49.9\text{m}$，并注于方格点右下角。

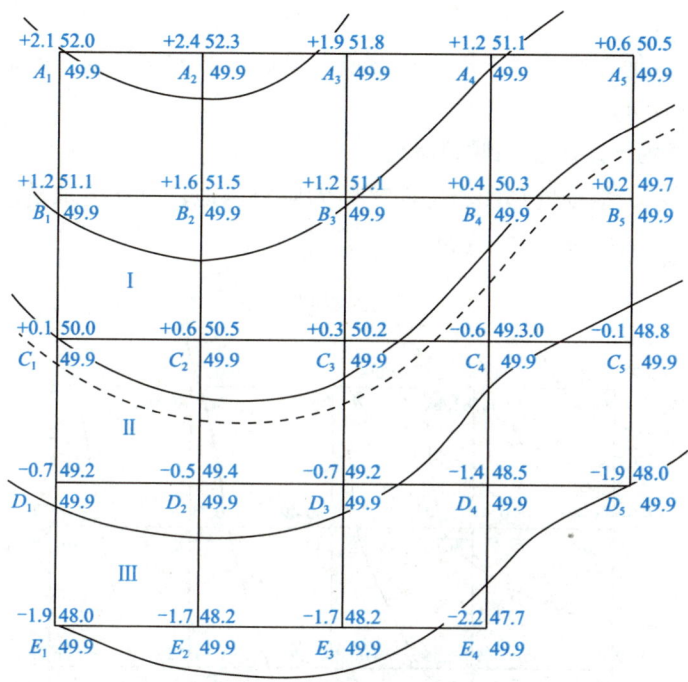

图10.11 将场地平整为水平地面

4) 确定方格点的填、挖高度

各方格点地面高程与设计高程之差，为该点的填、挖高度，即

$$h = H_地 - H_设 \tag{10-12}$$

式中：h 为"＋"表示挖深，为"－"表示填高；并将 h 值标注于相应方格点左上角。

5) 确定填挖边界线

根据设计高程 $H_设=49.9\text{m}$，在地形图上用内插法绘出49.9m等高线。该线就是填、挖边界线，即图10.11中用虚线绘制的等高线。

6) 计算填、挖土石方量

有两种情况：一种是整个方格全填或全挖方，如图10.11中方格Ⅰ、Ⅲ，另一种既有挖方，又有填方的方格，如图10.11中方格Ⅱ。

现以方格Ⅰ、Ⅱ、Ⅲ为例，说明其计算方法。

方格Ⅰ为全挖方

$$V_{Ⅰ挖} = \frac{1}{4}(1.2+1.6+0.1+0.6) \times A_{Ⅰ挖} = 0.875 A_{Ⅰ挖}(\text{m}^3)$$

方格Ⅱ既有挖方，又有填方

$$V_{Ⅱ挖}=\frac{1}{4}(0.1+0.6+0+0)\times A_{Ⅱ挖}=0.175A_{Ⅱ挖}(\mathrm{m}^3)$$

$$V_{Ⅱ填}=\frac{1}{4}(0+0-0.7-0.5)\times A_{Ⅱ填}=-0.3A_{Ⅱ填}(\mathrm{m}^3)$$

方格Ⅲ为全填方

$$V_{Ⅲ填}=\frac{1}{4}(-0.7-0.5-1.9-1.7)\times A_{Ⅲ填}=-1.2A_{Ⅲ填}(\mathrm{m}^3)$$

式中：$A_{Ⅰ挖}$、$A_{Ⅱ挖}$、$A_{Ⅱ填}$、$A_{Ⅲ填}$为各方格的填、挖面积，m^2。

同法可计算出其他方格的填、挖土石方量，最后将各方格的填、挖土石方量累加，即得总的填、挖土石方量。

2. 将场地平整为一定坡度的倾斜场地

如图 10.12 所示，根据地形图将地面平整为倾斜场地，设计要求是：倾斜面的坡度，从北到南为-2.0%，从西到东为-1.5%。

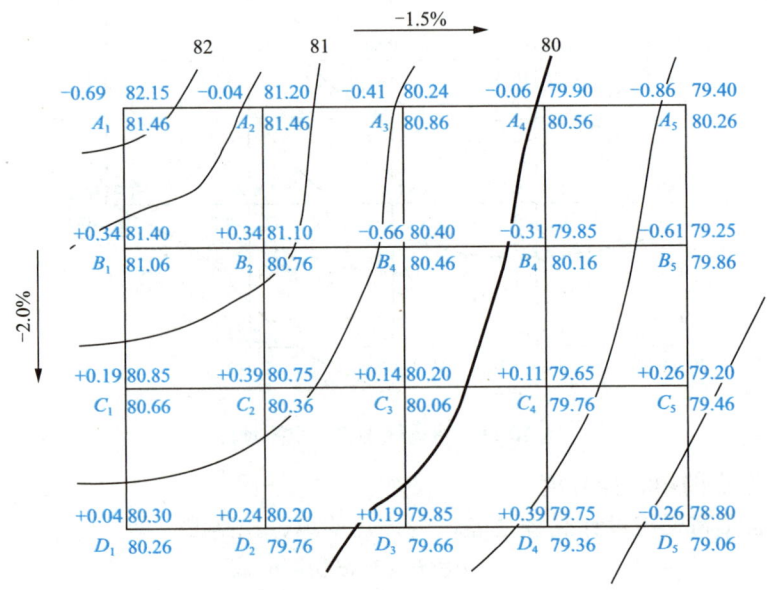

图 10.12　将场地平整为一定坡度的倾斜场地

倾斜平面的设计高程应使得填、挖土石方量基本平衡。具体步骤如下。

1) 绘制方格网并求方格点的地面高程

与"将场地平整为水平地面"同法绘制方格网，并将各方格点的地面高程注于图上，图中方格边长为20m。

2) 计算各方格点的设计高程

根据填、挖土石方量基本平衡的原则，按与"将场地平整为水平地面"计算设计高程相同的方法，计算场地几何图形的重心点 G 的高程，并将其重心点 G 的高程作为设计高程。用图10.12中的数据计算得 $H_{设}=80.26\mathrm{m}$。

重心点及设计高程确定以后，根据方格点间距和设计坡度，自重心点起沿方格方向，向四周推算各方格点的设计高程。

$$各方格南北两点间的设计高差 = 20m \times 2.0\% = 0.4m$$
$$各方格东西两点间的设计高差 = 20m \times 1.5\% = 0.3m$$

则
$$B_3 点的设计高程 = 80.26m + 0.2m = 80.46m$$
$$A_3 点的设计高程 = 80.46m + 0.4m = 80.86m$$
$$C_3 点的设计高程 = 80.26m - 0.2m = 80.06m$$
$$D_3 点的设计高程 = 80.06m - 0.4m = 79.66m$$

同理可推算其他方格点的设计高程，并将高程注于方格点的右下角。推算高程时应进行以下两项检核。

(1) 从一个角点起沿边界逐点推算一周后到起点，设计高程应闭合。
(2) 对角线各点设计高程的差值应完全一致。

3) 计算方格点的填、挖高度

按式(10-12)计算各方格点的填、挖高度，并注于相应点的左上角。

4) 计算填、挖土石方量

根据方格点的填、挖高度及方格面积，分别计算各方格内的填、挖土石方量及整个场地总的填、挖土石方量。

地形图应用(2)

本章小结

本章内容包括地形图的识读的内容、方法，地形图应用的基本内容，地形图在工程规划设计中的应用。

地形图的识读包括地形图外注记识读、地物识读、地貌识读几大部分。而地形图应用的基本内容则包括在图上量取点的坐标、在图上量测两点间的水平距离、在图上量测直线的坐标方位角、在图上量测点的高程、在图上量测直线的坡度、在图上量算图形的面积。

地形图在工程规划设计中的应用则包括绘制已知方向线的纵断面图，按规定坡度选择最短路线，将场地平整为水平地面或一定坡度的倾斜场地时设计高程和土方量的计算。

思考题与习题

一、简答题

1. 地形图应用的基本内容是什么？
2. 在地形图上确定面积的方法有哪些？简单叙述一下。

二、计算题

1. 在 1∶500 的地形图上量得 A、B 两点的水平距离 $d_{AB}=17.8\text{cm}$,两点间高差 $h_{AB}=12.5\text{m}$,求 A、B 两点间的坡度。

2. 已知 A 点的高程为 $H_A=20.5\text{m}$,AB 直线的设计坡度 $i=-2\%$,A、B 两点间的水平距离 $D_{AB}=100\text{m}$,求 B 点的设计高程。

3. 在图 10.13 中完成如下作业。

(1) 根据等高线按比例内插法求出 A、C 两点的高程。
(2) 用图解法求定 A、B 两点的坐标。
(3) 求定 A、B 两点间的水平距离。
(4) 求定 AB 连线的坐标方位角。

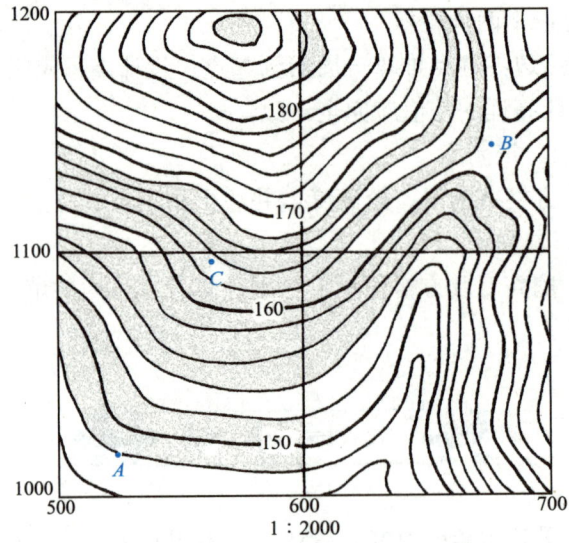

图 10.13　计算题 3 图

第 11 章 施工测量的基本工作

教学目标

了解施工测量的概念、特点、原则,建筑施工场地的控制测量方法,施工坐标和测量坐标的转换;掌握已知水平距离、水平角和高程的测设方法,点的平面位置的测设,已知坡度线的测设。

教学重点

已知水平距离、水平角和高程的测设方法,点的平面位置的测设。

教学难点

点的高程传递,用极坐标法测设点的平面位置。

思维导图

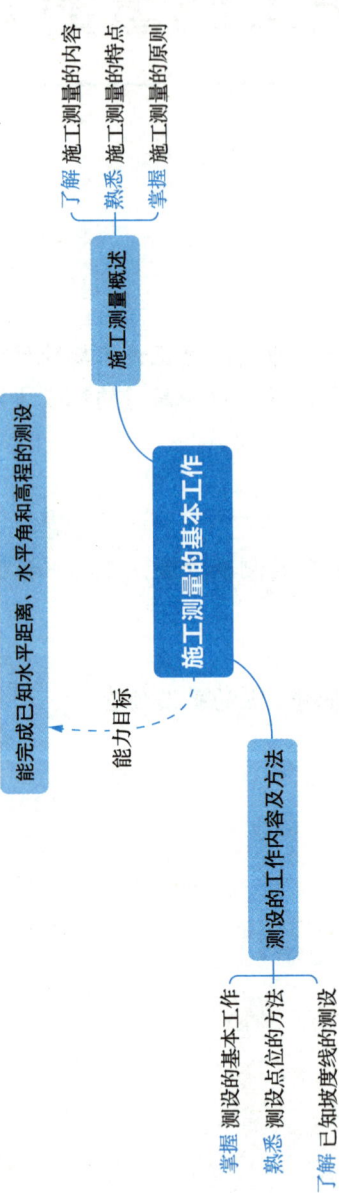

第 11 章　施工测量的基本工作

章节导读

施工测量是建筑工程在施工阶段的测量工作，又称为测设或放样，是建筑工程测量里最重要的工作。施工测量的目的是将图纸上规划、设计的建筑物与构筑物的平面位置及其高程，按照设计要求以一定的精度测设到实地上，作为施工的依据。测设或放样的前提是有测设数据，并且在施工现场有控制网或控制点，根据图纸所提供的测设数据，再以控制点或控制网为基准点或基准线，就可以进行施工放样了。测设数据往往要先进行施工坐标和测量坐标的相互转换。

案例引入

某学校建筑工程专业大二学生暑假到一新开工工地实习，施工员给他建筑总平面图，让他试着对拟建建筑物进行定位。该学生在建筑总平面图上找到了拟建建筑物的外墙轴线交点的坐标，也找到了图纸说明：建筑物的±0.000m 相当于黄海高程 4.563m。可是他应该如何进行定位放线？如何合理选择测设方案？还需要获得其他哪些已知条件？

11.1　施工测量概述

11.1.1　施工测量的内容

在施工阶段所进行的测量工作称为施工测量。施工测量的目的是把图纸上设计的建(构)筑物的平面位置和高程，按设计和施工的要求放样(测设)到相应的地点，作为施工的依据。并在施工过程中进行一系列的测量工作，以指导和衔接各施工阶段和工种间的施工。

施工测量贯穿于整个施工过程中。其主要内容如下。

(1) 施工前建立与工程相适应的施工控制网。

(2) 建(构)筑物的放样及构件与设备安装的测量工作，确保施工质量符合设计要求。

(3) 检查和验收工作。每道工序完成后，都要通过测量检查工程各部位的实际位置和高程是否符合要求。用实测验收的记录、编绘的竣工图和资料，作为验收时鉴定工程质量和工程交付后管理、维修、扩建、改建的依据。

(4) 变形观测工作。随着施工的进展，测定建(构)筑物的位移和沉降，作为鉴定工程质量和验证工程设计、施工是否合理的依据。

11.1.2　施工测量的特点

(1) 施工测量是直接为工程施工服务的，因此它必须与施工组织计划相协调。测量人员必须了解设计的内容、性质及其对测量工作的精度要求，随时掌握工程进度及现场变动，使测量精度和速度满足施工的需要。

(2) 施工测量的精度主要取决于建(构)筑物的大小、性质、用途、材料、施工方法等因素。一般高层建筑施工测量精度应高于低层建筑，装配式建筑施工测量精度应高于非装配式，钢结构建筑施工测量精度应高于钢筋混凝土结构建筑。往往局部精度高于整体定位精度。

(3) 由于施工现场各工序交叉作业、材料堆放、运输频繁、场地变动及施工机械的震动，使测量标志易遭破坏，因此，测量标志从形式、选点到埋设均应考虑便于使用、保管和检查，如有破坏，应及时恢复。

(4) 现代建筑工程规模大，施工速度快，测量精度要求高，所以在施工之前一定要做好各项准备工作。核算图纸上的数据与尺寸，检验和校正好测量仪器，制定合理的测量方案，在测量过程中注意人身和仪器的安全。

11.1.3　施工测量的原则

为了保证建(构)筑物的平面位置和高程都符合设计要求，施工测量也应遵循"从整体到局部，先控制后碎部"的原则。即在施工现场先建立统一的平面控制网和高程控制网，然后，根据控制点的点位，测设各个建(构)筑物的位置。

> **特别提示**
>
> 施工测量的检核也很重要，因此，必须加强外业和内业的检核。

11.2　测设的基本工作

测设就是根据已有的控制点或地物点，按工程设计要求，将待建的建筑物、构筑物的特征点在实地标定出来。因此，首先要算出这些特征点与控制点或原有建筑物之间的角度、距离和高差等测设数据，其次利用测量仪器和工具，根据测设数据将特征点测设到实地。

测设的基本工作包括已知水平距离测设、已知水平角测设和已知高程测设。

11.2.1　已知水平距离的测设

已知水平距离的测设，是指从地面上一个已知端点出发，沿给定的方向，量出已知(设计)的实地水平距离，定出这段距离另一端点的位置。

1. 钢尺测设法

1) 一般方法

当测设精度要求不高时,从已知点开始,沿给定的方向,用钢尺直接丈量出已知水平距离,定出这段距离的另一端点。为了校核,应再丈量一次,若两次丈量的相对误差在 1/5000～1/3000 内,取平均位置作为该端点的最后位置。

2) 精确方法

当测设精度要求较高时,应使用检定过的钢尺,用经纬仪定线,根据已知水平距离 D,经过尺长改正、温度改正和倾斜改正后,用式(11-1)计算出实地测设长度 L。

$$L=D-\Delta l_d-\Delta l_t-\Delta l_h \tag{11-1}$$

然后根据计算结果,用钢尺进行测设。现举例说明测设方法。

如图 11.1 所示,从 A 点沿 AC 方向测设 B 点,使水平距离 $D=25.000\text{m}$,所用钢尺的尺长方程式为

$$l_t=30\text{m}+0.003\text{m}+1.25\times10^{-5}\text{℃}^{-1}\times30\text{m}\times(t-20\text{℃})$$

测设时温度为 $t=30\text{℃}$,测设时拉力与检定钢尺时拉力相同。

(1) 测设之前通过概量,定出终点,并测得两点之间的高差 $h_{AB}=+1.000\text{m}$。

(2) 计算 L 的长度。

$$\Delta l_d=\frac{\Delta l}{l_0}D=\frac{0.003\text{m}}{30\text{m}}\times25\text{m}\approx+0.002\text{m}$$

$$\Delta l_t=\alpha(t-t_0)D=1.25\times10^{-5}\text{℃}^{-1}\times(30\text{℃}-20\text{℃})\times25\text{m}\approx+0.003\text{m}$$

$$\Delta l_h=\frac{h^2}{2D}=-\frac{(1.000\text{m})^2}{2\times25\text{m}}=-0.020\text{m}$$

$$L=D-\Delta l_d-\Delta l_t-\Delta l_h$$
$$=25.000\text{m}-0.002\text{m}-0.003\text{m}-(-0.020\text{m})=25.015\text{m}$$

(3) 在地面上从 A 点沿 AC 方向,用钢尺实量 25.015m,定出 B 点,则 AB 两点间的水平距离正好是已知值 25.000m。

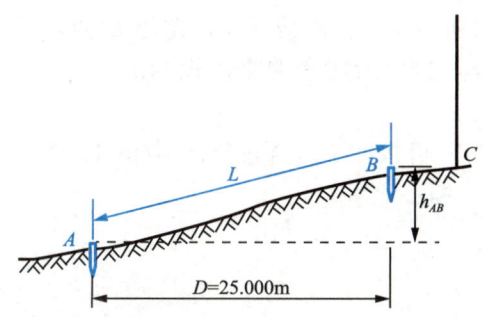

图 11.1 用钢尺测设已知水平距离的精确方法

2. 光电测距仪测设法

由于光电测距仪的普及应用,当测设精度要求较高时,一般采用光电测距仪测设法来测设。测设方法如下。

(1) 如图 11.2 所示,在 A 点安置光电测距仪,反光棱镜在已知方向上前后移动,使仪器显示值略大于测设的距离,定出 C'点。

(2) 在 C' 点安置反光棱镜，测出竖直角 α 及斜距 L(必要时加测气象改正)，计算水平距离 $D'=L\cos\alpha$，求出 D' 与应测设的水平距离 D 之差 $\Delta D = D - D'$。

(3) 根据 ΔD 的数值，在实地用钢尺沿测设方向将 C' 点改正至 C 点，并用木桩标定其点位。

(4) 将反光棱镜安置于 C 点，再实测 AC 距离，其不符值应在限差之内，否则应再次进行改正，直至符合限差。

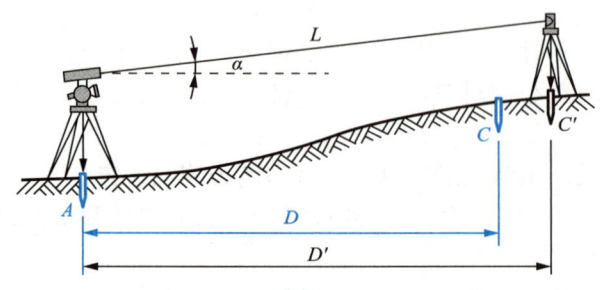

图 11.2　用测距仪测设已知水平距离

11.2.2　已知水平角的测设

已知水平角的测设，是指根据已知顶角位置与一个已知边方向，标定出另一边方向，使两方向的水平夹角等于已知水平角角值。

1. 一般方法

当测设水平角的精度要求不高时，可采用盘左、盘右取中的方法测设，如图 11.3 所示，设地面已知方向为 OA，O 为顶角，β 为已知水平角角值，OB 为欲定的方向线。测设方法如下。

(1) 在 O 点安置经纬仪，盘左位置瞄准 A 点，使水平度盘读数为 $0°00'00''$。
(2) 转动照准部，使水平度盘读数恰好为 β，在此视线上定出 B' 点。
(3) 盘右位置，重复上述步骤，再测设一次，定出 B'' 点。
(4) 取 B' 和 B'' 的中点 B，则 $\angle AOB$ 就是要测设的 β。

2. 精确方法

当测设精度要求较高时，可按如下步骤进行测设(图 11.4)。

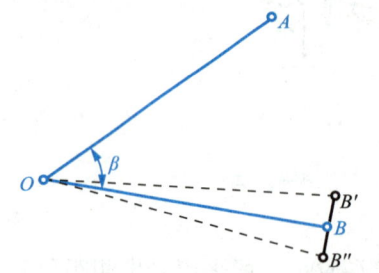
图 11.3　已知水平角测设的一般方法

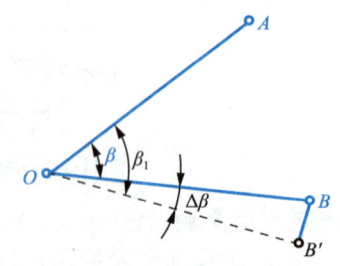
图 11.4　已知水平角测设的精确方法

(1) 先用一般方法测设出 B' 点。
(2) 用测回法对 $\angle AOB'$ 观测若干个测回(测回数根据要求的精度而定)，求出各测回平均

值 $β_1$，并计算出

$$\Delta\beta = \beta - \beta_1$$

(3) 量取 OB' 的水平距离。

(4) 用式(11-2)计算改正距离。

$$BB' = OB'\tan\Delta\beta \approx OB'\frac{\Delta\beta}{\rho} \tag{11-2}$$

(5) 自 B' 点沿 OB' 的垂直方向量出距离 BB'，定出 B 点，则 $\angle AOB$ 就是要测设的角度。

已知水平角的测设

> **特别提示**
>
> 量取改正距离时，如 $\Delta\beta$ 为正，则沿 OB' 的垂直方向向外量取；如 $\Delta\beta$ 为负，则沿 OB' 的垂直方向向内量取。

11.2.3 已知高程的测设

已知高程的测设，是指利用水准测量的方法，根据已知水准点，将设计高程测设到现场作业面上。

1. 在地面上测设已知高程

如图 11.5 所示，某建筑物的室内地坪设计高程为 45.000m，附近有一水准点 BM3，其高程为 $H_3=44.680$m。现在要求把该建筑物的室内地坪高程测设到木桩 A 上，作为施工时控制高程的依据。测设方法如下。

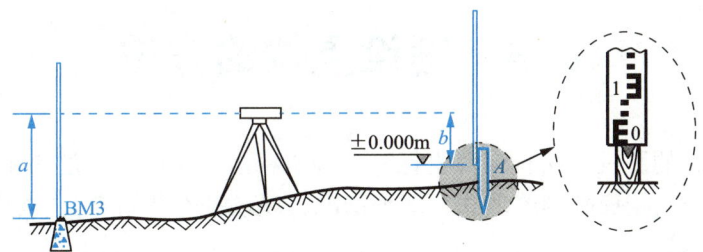

图 11.5 已知高程的测设

(1) 在水准点 BM3 和木桩 A 之间安置水准仪，在水准点 BM3 上立水准尺，用水准仪的水平视线测得后视读数为 1.556m，此时视线高程为

$$44.680 + 1.556 = 46.236(\text{m})$$

(2) 计算当 A 点处水准尺尺底高程为室内地坪设计高程时，水准仪的前视读数应为

$$b = 46.236 - 45.000 = 1.236(\text{m})$$

(3) 上下移动竖立在木桩 A 侧面的水准尺，至水准仪的水平视线在水准尺上截取的读数为 1.236m 时，紧靠尺底在木桩上画一水平线，其高程即为 45.000m。

2. 高程传递

当向较深的基坑或较高的建筑物上测设已知高程点时，如水准尺长度不够，可利用钢尺向下或向上引测。

如图 11.6 所示，欲在深基坑内设置一点 B，使其高程为 $H_设$。地面附近有一水准点 BM_R，其高程为 H_R。测设方法如下。

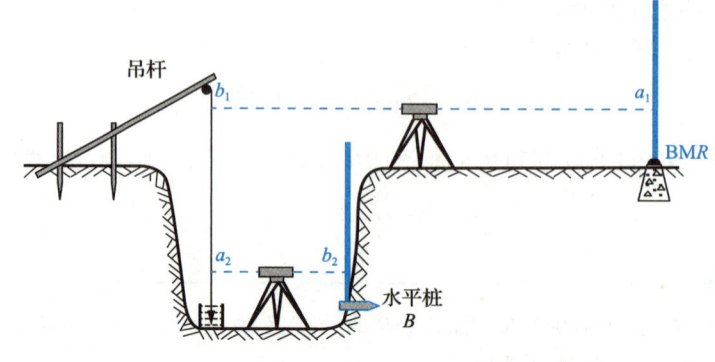

图 11.6　高程传递

(1) 在基坑一边架设吊杆，杆上吊一根零点向下的钢尺，钢尺的下端挂上 10kg 的重锤，放入油桶中。

(2) 在地面安置一台水准仪，设水准仪在 BM_R 点处水准尺上的读数为 a_1，在钢尺上的读数为 b_1。

(3) 在坑底安置另一台水准仪，设水准仪在钢尺上的读数为 a_2。

(4) 计算当 B 点处水准尺底高程为 $H_设$ 时，B 点处水准尺的读数应为

$$b_应 = (H_R + a_1) - (b_1 - a_2) - H_设 \tag{11-3}$$

用同样的方法，也可从低处向高处测设已知高程的点。

11.3　测设点位的方法

点的平面位置的测设方法有直角坐标法、极坐标法、角度交会法和距离交会法。至于采用哪种方法，应根据控制网的形式、地形情况、现场条件及精度要求等因素确定。

1. 直角坐标法

直角坐标法是根据直角坐标原理，利用纵横坐标之差，测设点的平面位置。直角坐标法适用于施工控制网为建筑方格网或建筑基线，且量距方便的建筑施工场地。

1) 计算测设数据

如图 11.7 所示，Ⅰ、Ⅱ、Ⅲ、Ⅳ为建筑施工场地的建筑方格网点，a、b、c、d 为欲测设建筑物的 4 个角点，根据设计图上各点坐标值，可求出建筑物的长度、宽度及测设数据。

建筑物的长度 $= y_c - y_a = 580.00\text{m} - 530.00\text{m} = 50.00\text{m}$

建筑物的宽度 $= x_c - x_a = 650.00\text{m} - 620.00\text{m} = 30.00\text{m}$

a 点的测设数据（Ⅰ点与 a 点的纵横坐标之差）为

$\Delta x = x_a - x_Ⅰ = 620.00\text{m} - 600.00\text{m} = 20.00\text{m}$

$\Delta y = y_a - y_Ⅰ = 530.00\text{m} - 500.00\text{m} = 30.00\text{m}$

2) 点位测设方法

(1) 在Ⅰ点安置经纬仪,瞄准Ⅳ点,沿视线方向测设距离 30.00m,定出 m 点,继续向前测设 50.00m,定出 n 点。

(2) 在 m 点安置经纬仪,瞄准Ⅳ点,按逆时针方向测设 90°角,由 m 点沿视线方向测设距离 20.00m,定出 a 点,做出标志,再向前测设 30.00m,定出 b 点,做出标志。

(3) 在 n 点安置经纬仪,瞄准Ⅰ点,按顺时针方向测设 90°角,由 n 点沿视线方向测设距离 20.00m,定出 d 点,做出标志,再向前测设 30.00m,定出 c 点,做出标志。

(4) 检查建筑物四角是否等于 90°,各边长是否等于设计长度,其误差均应在限差以内。测设上述距离和角度时,可根据精度要求分别采用一般方法或精密方法。

2. 极坐标法

极坐标法是根据一个水平角和一段水平距离,测设点的平面位置。极坐标法适用于量距方便,且待测设点距控制点较近的建筑施工场地。

极坐标法

1) 计算测设数据

如图 11.8 所示,A、B 为已知平面控制点,其坐标值分别为 $A(x_A, y_A)$、$B(x_B, y_B)$,P 点为建筑物的一个角点,其坐标为 $P(x_P, y_P)$。现根据 A、B 两点,用极坐标法测设 P 点,其测设数据计算方法如下。

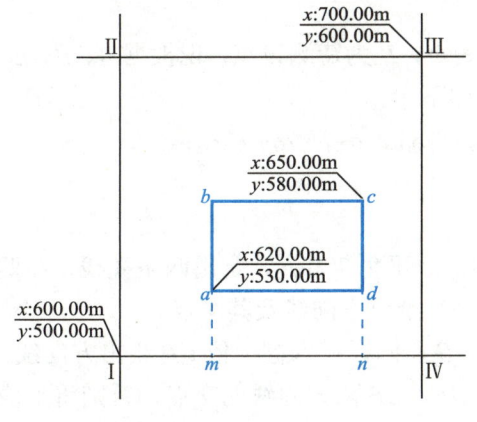

图 11.7　直角坐标法

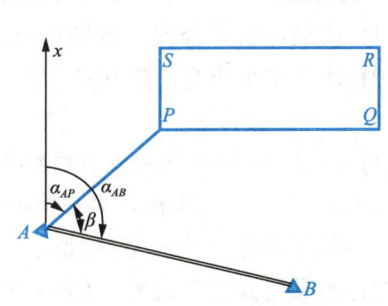

图 11.8　极坐标法

(1) 计算 AB 边的坐标方位角 α_{AB} 和 AP 边的坐标方位角 α_{AP},按坐标反算公式计算。

$$\alpha_{AP} = \arctan\frac{\Delta y_{AP}}{\Delta x_{AP}}$$

> **特别提示**
>
> 每条边在计算时,应根据 Δx 和 Δy 的正负情况,判断该边所属象限。

(2) 计算 AP 与 AB 之间的夹角。

$$\beta = \alpha_{AB} - \alpha_{AP}$$

(3) 计算 A、P 两点间的水平距离。

$$D_{AP}=\sqrt{(x_P-x_A)^2+(y_P-y_A)^2}=\sqrt{\Delta x_{AP}^2+\Delta y_{AP}^2}$$

例 11-1 已知 $x_P=370.000\text{m}$，$y_P=458.000\text{m}$，$x_A=348.758\text{m}$，$y_A=433.570\text{m}$，$\alpha_{AB}=103°48'48''$，试计算测设数据 β 和 D_{AP}。

解：
$$\alpha_{AP}=\arctan\frac{\Delta y_{AP}}{\Delta x_{AP}}=\arctan\frac{458.000\text{m}-433.570\text{m}}{370.000\text{m}-348.758\text{m}}=48°59'34''$$

$$\beta=\alpha_{AB}-\alpha_{AP}=103°48'48''-48°59'34''=54°49'14''$$

$$D_{AP}=\sqrt{(370.000\text{m}-348.758\text{m})^2+(458.000\text{m}-433.570\text{m})^2}=32.374\text{m}$$

2) 点位测设方法

(1) 在 A 点安置经纬仪，瞄准 B 点，按逆时针方向测设 β 角，定出 AP 方向。

(2) 沿 AP 方向，自 A 点测设水平距离 D_{AP}，定出 P 点，做出标志。

(3) 用同样的方法测设 Q、R、S 点。全部测设完毕后，检查建筑物四角是否等于 90°，各边长是否等于设计长度，其误差均应在限差以内。

同样，在测设距离和角度时，可根据精度要求分别采用一般方法或精密方法。

3. 角度交会法

角度交会法适用于待测设点距控制点较远，且量距较困难的建筑施工场地。

1) 计算测设数据

如图 11.9(a) 所示，A、B、C 为已知平面控制点，P 为待测设点，现根据 A、B、C 3 点，用角度交会法测设 P 点，其测设数据计算方法如下。

(1) 按坐标反算公式，分别计算出 α_{AB}、α_{AP}、α_{BP}、α_{BA}、α_{CB} 和 α_{CP}。

(2) 计算水平角 β_1、β_2 和 β_3。

2) 点位测设方法

(1) 在 A、B 两点同时安置经纬仪，同时测设水平角 β_1 和 β_2，定出两条视线，在两条视线相交处钉下一个大木桩，并在木桩上依 AP、BP 绘出方向线及其交点。

(2) 在控制点 C 上安置经纬仪，测设水平角 β_3，同样在木桩上依 CP 绘出方向线。

(3) 如果交会没有误差，CP 方向线应通过 AP、BP 两方向线的交点，否则将形成一个"示误三角形"，如图 11.9(b) 所示。若示误三角形边长在限差以内，则取示误三角形重心作为待测设点 P 的最终位置。

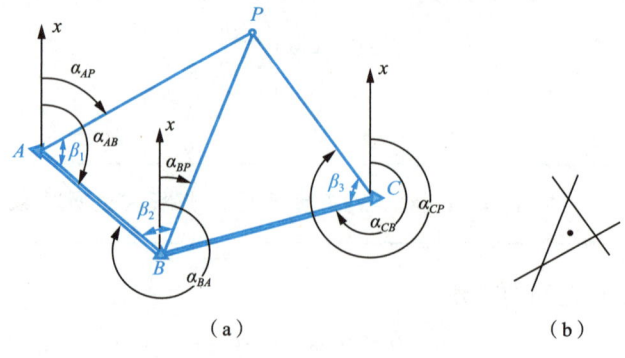

图 11.9 角度交会法

> **特别提示**
>
> 测设 β_1、β_2 和 β_3 时，视具体情况，可采用一般方法和精密方法。

4．距离交会法

距离交会法是由两个控制点测设两段已知水平距离，交会定出点的平面位置的测设方法。距离交会法适用于待测设点至控制点的距离不超过一尺段长，且地势平坦、量距方便的建筑施工场地。

1) 计算测设数据

如图 11.10 所示，A、B 为已知平面控制点，P 为待测设点，现根据 A、B 两点，用距离交会法测设 P 点，根据 A、B、P 3 点的坐标值，分别计算出 D_{AP} 和 D_{BP}。

2) 点位测设方法

(1) 将钢尺的零点对准 A 点，以 D_{AP} 为半径在地面上画一圆弧。

(2) 再将钢尺的零点对准 B 点，以 D_{BP} 为半径在地面上再画一圆弧。两圆弧的交点即为 P 点的平面位置。

(3) 用同样的方法，测设出 Q 点的平面位置。

(4) 丈量 P、Q 两点间的水平距离，与设计长度进行比较，其误差应在限差以内。

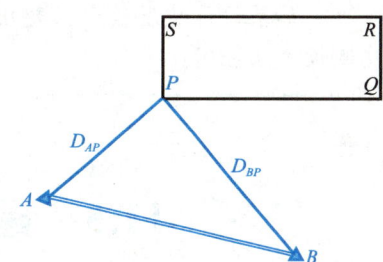

图 11.10　距离交会法

11.4　已知坡度线的测设

在道路建设、敷设无压排水管道、地下工程、场地平整等工程施工中，常要测设指定的坡度线。已知坡度线的测设是根据设计坡度和坡度端点的设计高程，用水准测量的方法将坡度线上各点的设计高程标定在地面的桩位上，使之构成已知坡度。

如图 11.11 所示，A、B 为坡度线的两端点，其水平距离为 D，设 A 点的高程为 H_A，要沿 AB 方向测设一条坡度为 i_{AB} 的坡度线。测设方法如下。

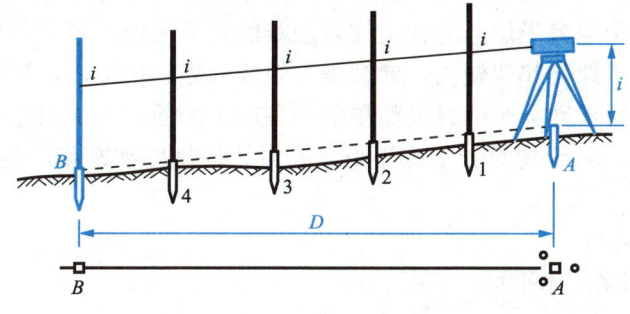

图 11.11　已知坡度线的测设

(1) 根据 A 点的高程、坡度 i_{AB} 和 A、B 两点间的水平距离 D，计算出 B 点的设计高程。

$$H_B = H_A + i_{AB}D$$

(2) 按测设已知高程的方法，在 B 点处将设计高程 H_B 测设于 B 桩顶上，此时，AB 直线即构成坡度为 i_{AB} 的坡度线。

(3) 将水准仪安置在 A 点上，使基座上的一个脚螺旋在 AB 方向线上，其余两个脚螺旋的连线与 AB 方向垂直。量取仪器高度 i，用望远镜瞄准 B 点的水准尺，转动在 AB 方向线上的脚螺旋或微倾螺旋，使十字丝中丝对准 B 点水准尺，使水准尺的读数等于仪器高 i，此时，仪器的视线与设计坡度线平行。

(4) 在 AB 方向线上测设中间点，分别在 1、2、3…处打下木桩，使各木桩上水准尺的读数均为仪器高 i，这样各桩顶的连线就是欲测设的坡度线。

> **特别提示**
>
> 　　如果设计坡度较大，超出水准仪脚螺旋所能调节的范围，则可用经纬仪测设，其测设方法相同。

11.5　建筑施工场地的控制测量

11.5.1　施工场地的控制测量概述

一方面，在勘探设计阶段所建立的控制网，是为测图而建立的，有时并未考虑施工的需要，其控制点的分布、密度和精度，都难以满足施工测量的要求；另一方面，在平整场地时，大多控制点被破坏。因此，施工之前，在建筑场地应重新建立专门的施工控制网。

1．施工控制网的分类

施工控制网分为施工平面控制网和施工高程控制网两种。

1) 施工平面控制网

施工平面控制网可以布设成导线网、三角网、建筑基线和建筑方格网 4 种形式。

(1) 导线网。对于地势平坦，通视又比较困难的施工场地，可采用导线网。

(2) 三角网。对于地势起伏较大，通视条件较好的施工场地，可采用三角网。

(3) 建筑基线。对于地势平坦且又简单的小型施工场地，可采用建筑基线。

(4) 建筑方格网。对于建筑物多为矩形且布置比较规则和密集的施工场地，可采用建筑方格网。

2) 施工高程控制网

施工高程控制网采用水准网。

2．施工控制网的特点

与测图控制网相比，施工控制网具有控制范围小、控制点密度大、精度要求高及使用频繁等特点。

11.5.2 施工场地的平面控制测量

1. 建筑基线

1) 建筑基线的布置

建筑基线是建筑场地的施工控制基准线，即在建筑场地布置一条或几条轴线。它适用于建筑设计总平面图布置比较简单的小型建筑场地。建筑基线的布设形式，应根据建筑物的分布、施工场地地形等因素来确定。常用的布设形式有"一"字形、"L"形、"十"字形和"T"形，如图 11.12 所示。

建筑基线应尽可能靠近拟建的主要建筑物，并与其主要轴线平行，以便使用比较简单的直角坐标法进行建筑物的定位。建筑基线上的基线点应不少于 3 个，以便相互检核。建筑基线应尽可能与施工场地的建筑红线相关联。基线点应选在通视良好和不易被破坏的地方，为能长期保存，要埋设永久性的混凝土桩。

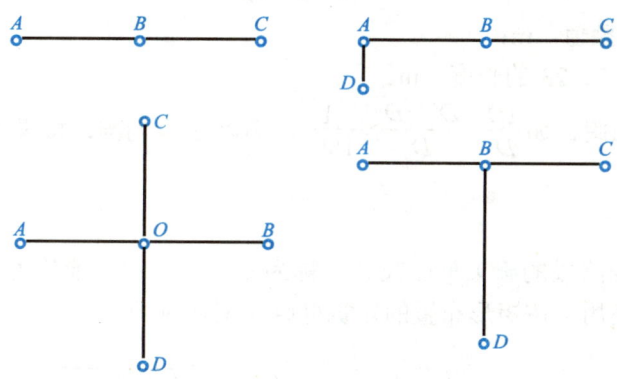

图 11.12 建筑基线的布设形式

2) 建筑基线的测设方法

根据施工场地的条件不同，建筑基线的测设方法有以下两种。

(1) 根据建筑红线测设建筑基线。由城市测绘部门测定的建筑用地界定基准线称为建筑红线。在城市建设区，建筑红线可作为建筑基线测设的依据。如图 11.13 所示，AB、AC 为建筑红线，1、2、3 为建筑基线点，利用建筑红线测设建筑基线的方法如下。

首先，从 A 点沿 AB 方向量取 d_2 定出 P 点，沿 AC 方向量取 d_1 定出 Q 点。

其次，过 B 点作 AB 的垂线，沿垂线量取 d_1 定出 2 点，做出标志；过 C 点作 AC 的垂线，沿垂线量取 d_2 定出 3 点，做出标志；用细线拉出直线 $P3$ 和 $Q2$，两条直线的交点即为 1 点，做出标志。

最后，在 1 点安置经纬仪，精确观测∠213，其与 90°的差值应小于±20″。

(2) 根据附近已有控制点测设建筑基线。在新建建筑区，可以利用建筑基线的设计坐标和附近已有控制点的坐标，用极坐标法测设建筑基线。如图 11.14 所示，A、B 为附近已有控制点，1、2、3 为选定的建筑基线点。测设方法如下。

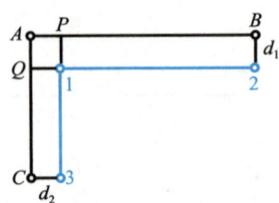
图 11.13 根据建筑红线测设建筑基线

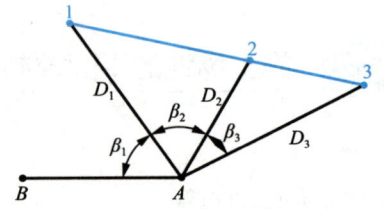
图 11.14 根据控制点测设建筑基线

首先，根据已知控制点和建筑基线点的坐标，计算出测设数据 β_1、D_1、β_2、D_2、β_3、D_3。其次，用极坐标法测设 1、2、3 点。

由于存在测量误差，测设的基线点往往不在同一直线上，且点与点之间的距离与设计值也不完全相符，因此，需要精确测出已测设直线的折角 β' 和距离 D'，并与设计值相比较。如图 11.15 所示，如果 $\Delta\beta = \beta' - 180°$ 超过 $\pm15''$，则应对 1′、2′、3′ 点在与基线垂直的方向上进行等量调整，调整量按式(11-4)计算

$$\delta = \frac{ab}{a+b} \times \frac{\Delta\beta}{2\rho} \tag{11-4}$$

式中：δ 为各点的调整值，m；

a、b 分别为 12、23 的长度，m。

如果测设距离超限，如 $\frac{\Delta D}{D} = \frac{D'-D}{D} > \frac{1}{1000}$，则以 2 点为准，按设计长度沿基线方向调整 1′、3′ 点。

2. 建筑方格网

由正方形或矩形组成的施工平面控制网称为建筑方格网，或称为矩形网，如图 11.16 所示。建筑方格网适用于按矩形布置的建筑群或大型建筑场地。

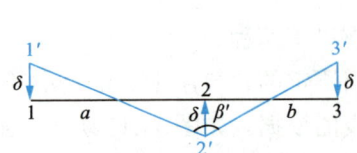
图 11.15 基线点的调整

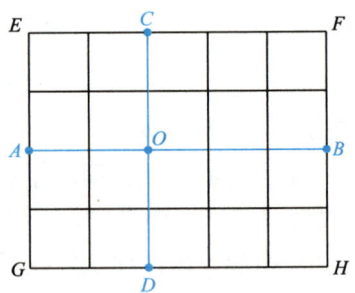
图 11.16 建筑方格网

1) 建筑方格网的布设

建筑方格网，应根据总平面图上各建(构)筑物、道路及各种管线的布置，结合现场的地形条件来布设。如图 11.16 所示，先确定方格网的主轴线 AOB 和 COD，再布设方格网。

主轴线的测设

2) 建筑方格网的测设

测设方法如下。

(1) 主轴线测设。主轴线测设与建筑基线测设方法相似。首先，准备测

设数据。其次,测设两条互相垂直的主轴线 AOB 和 COD,如图 11.16 所示。主轴线实质上是由 5 个主点 A、B、O、C 和 D 组成的。最后,精确检测主轴线点的相对位置关系,并与设计值相比较,如果超限,则应进行调整。建筑方格网的主要技术要求见表 11-1。

表 11-1 建筑方格网的主要技术要求

等级	边长/m	测角中误差	边长相对中误差	测角检测限差	边长检测限差
Ⅰ级	100~300	5″	1/30000	10″	1/15000
Ⅱ级	100~300	8″	1/20000	16″	1/10000

(2) 方格网点测设。如图 11.16 所示,主轴线测设后,分别在主点 A、B 和 C、D 安置经纬仪,后视主点 O,向左右测设 90°水平角,即可交会出田字形方格网点。随后再作检核,测量相邻两点间的距离,看是否与设计值相等,测量其角度是否为 90°,误差均应在允许范围内,并埋设永久性标志。

建筑方格网轴线与建筑物轴线平行或垂直,因此,可用直角坐标法进行建筑物的定位,计算简单,测设方便,而且精度较高。但其缺点是方格网必须按照总平面图布置,其点位易被破坏,而且测设工作量也较大。

11.5.3 施工场地的高程控制测量

1. 施工场地高程控制网的建立

建筑施工场地的高程控制测量一般采用水准测量方法,应根据施工场地附近的国家或城市已知水准点,测定施工场地水准点的高程,以便纳入统一的高程系统。

在施工场地上,水准点的密度,应尽可能满足安置一次仪器即可测设出所需高程的要求。而测图时敷设的水准点往往是不够的,因此,还需增设一些水准点。在一般情况下,建筑基线点、建筑方格网点及导线点也可兼作高程控制点。只要在平面控制点桩面上中心点旁边,设置一个突出的半球状标志即可。

为了便于检核和提高测量精度,施工场地高程控制网应布设成闭合或附合路线。高程控制网可分为首级网和加密网,相应的水准点称为基本水准点和施工水准点。

2. 基本水准点

基本水准点应布设在土质坚实、不受施工影响、无震动和便于施测的场地,并埋设永久性标志。一般情况下,按四等水准测量的方法测定其高程,而对于为连续性生产车间或地下管道测设所建立的基本水准点,则需按三等水准测量的方法测定其高程。

3. 施工水准点

施工水准点是用来直接测设建筑物高程的。为了测设方便和减少误差,施工水准点应靠近建筑物。

此外,由于设计建筑物时常以底层室内地坪标高±0.000m 为高程起算面,为了施工测设方便,常在建筑物内部或附近测设±0.000m 水准点。±0.000m 水准点的位置,一般选在稳定的建筑物墙、柱的侧面,用红漆绘成顶为水平线的"▼"形,其顶端表示±0.000m 位置。

11.5.4 施工坐标系与测量坐标系的坐标换算

施工坐标系也称为建筑坐标系，其坐标轴与主要建筑物主轴线平行或垂直，以便用直角坐标法进行建筑物的放样。

施工控制测量的建筑基线和建筑方格网一般采用施工坐标系，而施工坐标系与测量坐标系往往不一致，因此，施工测量前常常需要进行施工坐标系与测量坐标系的坐标换算。

如图 11.17 所示，设 xOy 为测量坐标系，$x'O'y'$ 为施工坐标系，x_o、y_o 为施工坐标系的原点 O' 在测量坐标系中的坐标，α 为施工坐标系的纵轴 $O'x'$ 在测量坐标系中的坐标方位角。设已知 P 点的施工坐标为(x'_P，y'_P)，则可按式(11-5)将其换算为测量坐标(x_P，y_P)

$$\begin{cases} x_P = x_o + x'_P \cos\alpha - y'_P \sin\alpha \\ y_P = y_o + x'_P \sin\alpha + y'_P \cos\alpha \end{cases} \tag{11-5}$$

如已知 P 点的测量坐标，则可按式(11-6)将其换算为施工坐标

$$\begin{cases} x'_P = (x_P - x_o)\cos\alpha + (y_P - y_o)\sin\alpha \\ y'_P = (x_P - x_o)\sin\alpha + (y_P - y_o)\cos\alpha \end{cases} \tag{11-6}$$

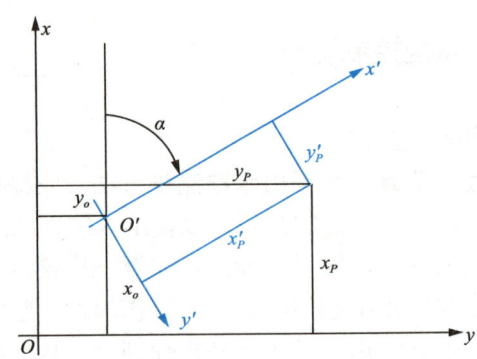

图 11.17 施工坐标系与测量坐标系的坐标换算

本章小结

本章内容包括施工测量的概念、特点、原则，已知水平距离、水平角和高程的测设方法，点的平面位置的测设方法，已知坡度线的测设方法，建筑施工场地的控制测量，施工坐标和测量坐标的转换。

已知水平距离和水平角的测设有一般方法和精确方法两种。所使用的仪器相同，主要是测设的方法不同，水平距离的精确方法测设主要考虑了钢尺量距的三项改正数，而水平角的精确方法测设则是在一般测设完了以后，再用测回法精确测量所测设的角度，对其进行调整。已知高程的测设主要是先求出前视读数 b，再根据 b 确定点的位置。

点的平面位置的测设方法包括直角坐标法、极坐标法、角度交会法、距离交会法。根据不同的已知条件和施工现场的条件来选择合理的测设方法。

设计图纸上往往都是使用的施工坐标,而施工现场的平面控制点却往往是测量坐标,这就需要掌握两者之间的转换方法。

思考题与习题

一、简答题

1. 施工测量遵循的测量原则是什么?
2. 测设的基本工作有哪几项?测设与测量有何不同?
3. 点的平面位置的测设方法有哪些方法?各适用于什么场合?各需要哪些测设数据?
4. 施工平面控制网有哪几种形式?
5. 施工测量的精度最终体现在哪几项?因此应根据哪些方面进行施工测量?

二、计算题

1. 要在坡度一致的倾斜地面上测设水平距离为 112.000m 的线段,预先测定线段两端的高差为+1.60m,测设时的温度为 15℃,所用钢尺的尺长方程式为

$$l_t = 30\text{m} - 0.007\text{m} + 1.25 \times 10^{-5} ℃^{-1} \times (t - 20℃) \times 30\text{m}$$

试计算用这把钢尺在实地沿倾斜地面应量的长度。

2. 已测设直角 AOB,并用多个测回测得其平均角值为 90°00′48″,又知 OB 的长度为 180.000m,求在垂直于 OB 的方向上,B 点应该向何方向移动多少距离才能得到 90°00′00″ 的角?

3. 利用高程为 9.531m 的水准点 A,测设设计高程为 9.800m 的室内±0.000m 标高,水准仪安置在合适位置,读取水准点 A 上水准尺读数为 1.035m,求水准仪瞄准±0.000m 标高处水准尺,读数为多少时,尺底高程就是±0.000m 标高位置?

4. A、B 是已知的平面控制点,其坐标与方位角为 $A(1000.000,1000.000)$,$\alpha_{AB}=125°48′32″$,P 是放样点,设计坐标为 $P(1033.640,1028.760)$,请用极坐标法计算 P 点的测设数据,并简述计算过程。

5. 根据图 11.17 所示的坐标系,设已知施工坐标原点 O' 的测量坐标为(187.500,112.500),建筑基线点Ⅱ的施工坐标为(135.000,100.000),两坐标系轴间的夹角 $\alpha=16°00′00″$,试计算Ⅱ点的测量坐标。

第 12 章　建筑工程施工测量概述

教学目标

了解建筑物的变形观测，竣工总平面图的编绘方法，高层建筑的施工测量；掌握建筑物(或构筑物)的施工放样、构件安装，民用建筑的施工测量，工业建筑的施工测量。

教学重点

建筑物定位的方法，基础工程测量，墙体工程测量，高层建筑物的轴线投测，厂房构件安装测量。

教学难点

建筑物的轴线投测、高层建筑施工测量的外控法和内控法。

思维导图

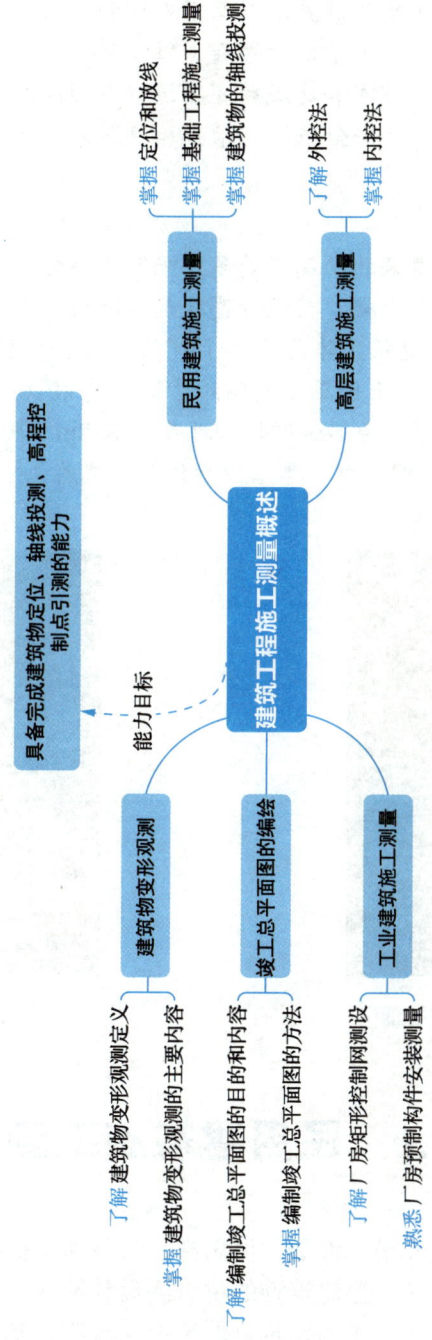

章节导读

建筑工程的施工测量贯穿于整个施工过程,大到每一层楼的高度、建筑物的长度和宽度,小到门窗的布置、每一块砖的位置,以及室内外的管线、建筑物结构安装,建筑物的每一个部位都离不开施工测量。为了便于管理、维修和扩建,还必须编绘竣工图。有些高大的和特殊的建筑物,在施工期间和建成后还要进行变形观测,以便控制施工进度,积累资料,掌握规律,为建筑工程的安全施工、维护和使用提供数据。

案例引入

你知道目前中国最高的建筑物的高度是多少吗?告诉你吧,那就是上海中心大厦,是位于上海市的一座地标式摩天大楼,其设计高度超过附近的上海环球金融中心。上海中心大厦总建筑面积578000m^2,建筑主体为地上127层,地下5层,总高为632m,结构高度为580m,基底面积30368m^2。而世界上最高的建筑物是2010年1月4日正式投入使用的阿拉伯联合酋长国的哈利法塔,原名迪拜塔,高度为828m,共162层。如此高的建筑,在施工时它的高度是如何控制的呢?学完本章以后你就会恍然大悟了。引例图1和引例图2分别是上海中心大厦和哈利法塔。

引例图1 上海中心大厦

引例图2 哈利法塔

12.1 民用建筑施工测量

民用建筑是指住宅、办公楼、食堂、俱乐部、医院和学校等建筑物。民用建筑施工测量的主要任务是按照设计要求,把建筑物的位置测设到地面上,并配合施工以保证工程质量。民用建筑施工测量的主要工作为建筑物的定位和放线、基础工程施工测量、墙体工程施工测量及高层建筑施工测量等。

12.1.1 施工测量前的准备工作

1. 熟悉设计图纸

设计图纸是施工测量的主要依据,在测设前,应熟悉建筑物的设计图纸,了解建筑物与相邻地物的相互关系,以及建筑物的尺寸和施工的要求等,并仔细核对各设计图纸的有关尺寸。测设时必须具备下列图纸资料。

1) 总平面图

如图12.1所示,从总平面图上,可以查取或计算新建建筑物与原有建筑物或测量控制点之间的平面尺寸和高差,作为测设建筑物总体位置的依据。

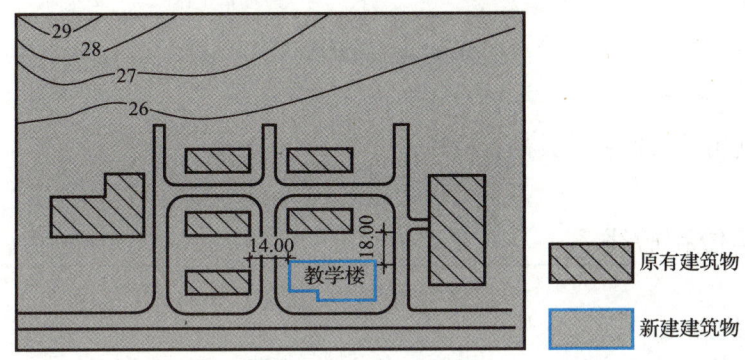

图 12.1　总平面图

2) 建筑平面图

从建筑平面图中,可以查取建筑物的总尺寸,以及内部各定位轴线之间的关系尺寸,这是施工测设的基本资料。

3) 基础平面图

从基础平面图中,可以查取基础边线与定位轴线的平面尺寸,这是测设基础轴线的必要数据。

4) 基础详图

从基础详图中,可以查取基础立面尺寸和设计标高,这是基础高程测设的依据。

5) 建筑物的立面图和剖面图

从建筑物的立面图和剖面图中,可以查取基础、地坪、门窗、楼板、屋架和屋面等结构或构件的设计高程,这是高程测设的主要依据。

2. 现场踏勘

现场踏勘的目的是全面了解现场的地物、地貌和原有测量控制点的分布情况,并调查与施工测量有关的问题。对施工场地上的平面控制点和水准点进行检核,获得精确的测量起始数据和点位。

3. 施工场地整理

施工测量前要平整和清理施工场地,以便进行测设工作。

4. 制定测设方案

根据设计要求、定位条件、现场地形和施工方案等因素，制定测设方案，包括测设方法、测设数据计算和绘制测设略图。测设略图如图 12.2 所示。

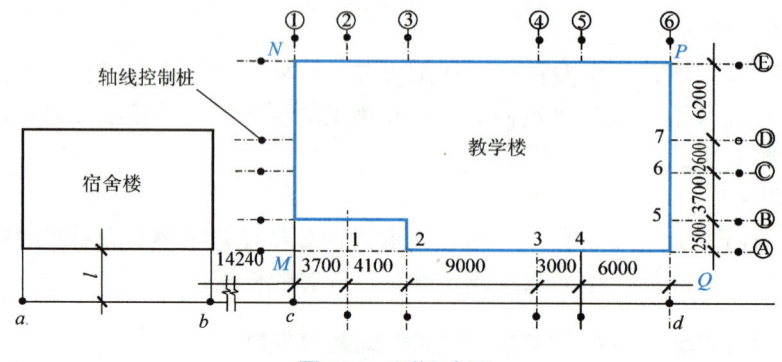

图 12.2　测设略图

5. 仪器和工具

对测设所使用的仪器和工具进行检核。

12.1.2　定位和放线

1. 建筑物的定位

建筑物的定位，是指将建筑物外廓各轴线交点(即图 12.2 中的 M、N、P 和 Q)测设在地面上，作为基础放样和细部放样的依据。

由于定位条件不同，定位方法也不同，下面介绍根据已有建筑物测设拟建建筑物的方法。

(1) 如图 12.2 所示，用钢尺沿宿舍楼的东、西墙，延长出一小段距离 l 得 a、b 两点，做出标志。

(2) 在 a 点安置经纬仪，瞄准 b 点，并从 b 沿 ab 方向量取 14.240m(因为教学楼的外墙厚 370mm，轴线偏里，离外墙皮 240mm)，定出 c 点，做出标志，再继续沿 ab 方向从 c 点起量取 25.800m，定出 d 点，做出标志，cd 线就是测设教学楼平面位置的建筑基线。

(3) 分别在 c、d 两点安置经纬仪，瞄准 a 点，顺时针方向测设 90°，沿此视线方向量取距离 $(l+0.240)$m，定出 M、Q 两点，做出标志，再继续量取 15.000m，定出 N、P 两点，做出标志。M、N、P、Q 4 点即为教学楼外廓定位轴线的交点。

(4) 检查 NP 的距离是否等于 25.800m，∠N 和 ∠P 是否等于 90°，其误差应在允许范围内。

如施工场地已有建筑方格网或建筑基线，可直接采用直角坐标法进行定位。

2. 建筑物的放线

建筑物的放线，是指根据已定位的外墙轴线交点桩(角桩)，详细测设出建筑物各轴线的交点桩(或称中心桩)，然后，根据交点桩用白灰撒出基槽开挖边界线。放线方法如下。

1) 在外墙轴线周边上测设中心桩位置

如图 12.2 所示，在 M 点安置经纬仪，瞄准 Q 点，用钢尺沿 MQ 方向量出相邻两轴线间的距离,定出 1、2、3…各点,同理可定出 5、6、7…各点。量距精度应达到设计精度要求。测量各轴线之间距离时,钢尺零点要始终对在同一点上。

2) 恢复轴线位置的方法

由于在开挖基槽时,角桩和中心桩要被挖掉,为了便于在施工中恢复各轴线位置,应把各轴线延长到基槽外安全地点,并做好标志。其方法有设置轴线控制桩和龙门板两种形式。

(1) 设置轴线控制桩。轴线控制桩设置在基槽外,基础轴线的延长线上,作为开槽后各施工阶段恢复轴线的依据,如图 12.2 所示。轴线控制桩一般设置在基槽外 2～4m 处,打下木桩,桩顶钉上小钉,准确标出轴线位置,并用混凝土包裹木桩,如图 12.3 所示。如附近有建筑物,也可把轴线投测到建筑物上,用红漆做出标志,以代替轴线控制桩。

(2) 设置龙门板。在小型民用建筑施工中,常将各轴线引测到基槽外的水平木板上。水平木板称为龙门板,固定龙门板的木桩称为龙门桩,如图 12.4 所示。设置龙门板的步骤如下。

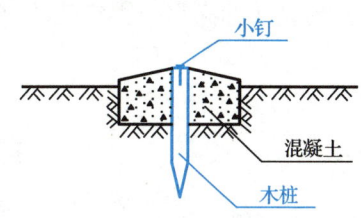

图 12.3 轴线控制桩

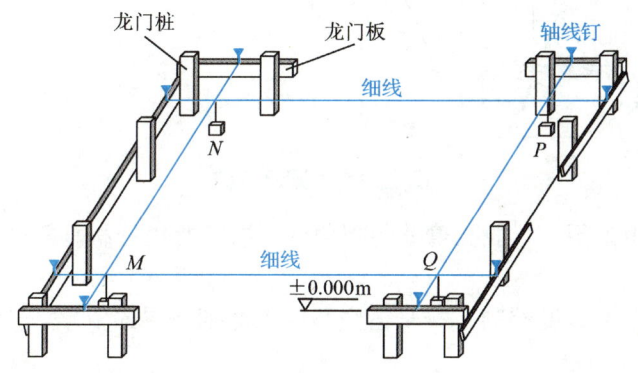

图 12.4 龙门板

首先,在建筑物四角与隔墙两端,基槽开挖边界线以外 1.5～2m 处,设置龙门桩。龙门桩要钉得竖直、牢固,龙门桩的外侧面应与基槽平行。

其次,根据施工场地的水准点,用水准仪在每个龙门桩外侧测设出该建筑物室内地坪设计高程线(±0.000m 标高线),并做出标志。

再次,沿龙门桩上±0.000m 标高线钉设龙门板,这样龙门板顶面就在±0.000m 标高线的水平面上。用水准仪校核龙门板的高程,如有差错应及时纠正,其允许误差为±5mm。

从次,在 N 点安置经纬仪,瞄准 P 点,沿视线方向在龙门板上定出一点,用小钉做标志,纵转望远镜,在 N 点的龙门板上也钉一个小钉。用同样的方法,将各轴线引测到龙门板上,所钉的小钉称为轴线钉。轴线钉定位误差应小于±5mm。

最后,用钢尺沿龙门板的顶面,检查轴线钉的间距,其相对误差不应超过 1/2000。检查合格后,以轴线钉为准,将墙边线、基础边线、基础开挖边线等标定在龙门板上。

定位和放线实训

12.1.3 基础工程施工测量

1. 基槽抄平

建筑施工中的高程测设又称为抄平。

1) 设置水平桩

为了控制基槽的开挖深度,当快挖到槽底设计标高时,应用水准仪根据地面上±0.000m点,在槽壁上设置一些水平小木桩(称为水平桩),如图12.5所示,使小木桩的上表面离槽底的设计标高为一固定值(如0.500m)。

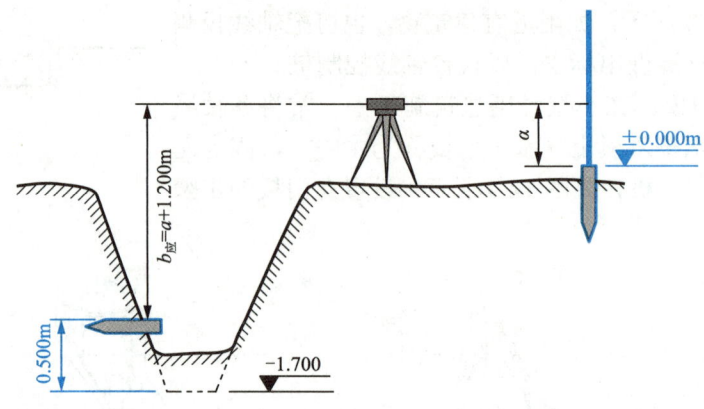

图 12.5 设置水平桩

为了施工时使用方便,一般在槽壁各拐角处、深度变化处和基槽壁上每隔3～4m测设一水平桩。

水平桩可作为挖槽深度控制、修平槽底和施工基础垫层的依据。

2) 水平桩的测设方法

如图12.5所示,槽底设计标高为-1.700m,欲测设比槽底设计标高高0.500m的水平桩,测设方法如下。

(1) 在地面适当地方安置水准仪,在±0.000m 标高线位置上立水准尺,读取后视读数为1.318m。

(2) 计算测设水平桩的应读前视读数 $b_应$。

$$b_应 = a - h = 1.318 - (-1.700 + 0.500) = 2.518(\text{m})$$

(3) 在槽内一侧立水准尺,并上下移动,直至水准仪视线读数为 2.518m,沿水准尺尺底在槽壁打入一小木桩。

2. 垫层中线的投测

基础垫层打好后,根据轴线控制桩或龙门板上的轴线钉,用经纬仪或用拉绳挂线锤的方法,把轴线投测到垫层上,如图12.6所示,并用墨线弹出墙中心线和基础边线,作为砌筑基础的依据。

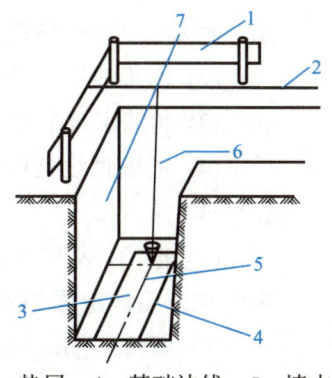

1—龙门板；2—细线；3—垫层；4—基础边线；5—墙中线；6—线锤；7—槽壁。

图 12.6　垫层中线的投测

> **特别提示**
>
> 由于整个墙身砌筑均以垫层中线为准，这是确定建筑物位置的关键环节，因此要严格校核后方可进行砌筑施工。

3．基础墙标高的控制

房屋基础墙是指±0.000m 以下的砖墙，它的高度是用基础皮数杆来控制的。

(1) 基础皮数杆是一根木制的杆子，在杆上事先按照设计尺寸，画出显示砖、灰缝厚度的线条，并标明±0.000m 和防潮层的标高位置。图 12.7 所示为皮数杆的设置。

(2) 立皮数杆时，先在立杆处打一木桩，用水准仪在木桩侧面定出一条高于垫层某一数值(如 100mm)的水平线，然后将皮数杆上标高相同的一条线与木桩上的水平线对齐，并用大铁钉把皮数杆与木桩钉在一起，作为基础墙的标高依据。

4．基础面标高的检查

基础施工结束后，应检查基础面的标高是否符合设计要求(也可检查防潮层)。可用水准仪测出基础面上若干点的高程，将其和设计高程比较，允许误差为±10mm。

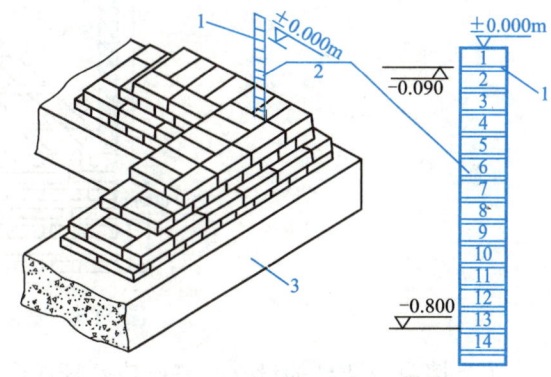

1—防潮层；2—皮数杆；3—垫层。

图 12.7　皮数杆的设置

12.1.4　墙体施工测量

1．墙体定位

(1) 利用轴线控制桩或龙门板上的轴线和墙边线标志，用经纬仪或拉细绳挂锤球的方

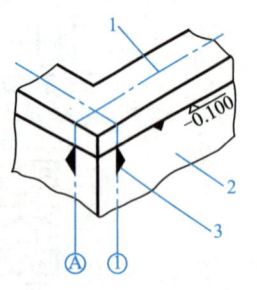

1—墙中心线；2—外墙基础；3—轴线。

图 12.8　墙体定位

法，将轴线投测到基础面上或防潮层上。

(2) 用墨线弹出墙中线和墙边线。

(3) 检查外墙轴线交角是否等于 90°。

(4) 把墙轴线延伸并画在外墙基础上，作为向上投测轴线的依据。

(5) 把门、窗和其他洞口的边线也在外墙基础上标定出来。墙体定位如图 12.8 所示。

2．墙体各部位标高控制

在墙体施工中，墙身各部位标高通常也是用皮数杆来控制的。

(1) 在墙身皮数杆上，根据设计尺寸，按砖、灰缝的厚度画出线条，并标明±0.000m、门、窗、楼板等的标高位置。墙身皮数杆的设置如图 12.9 所示。

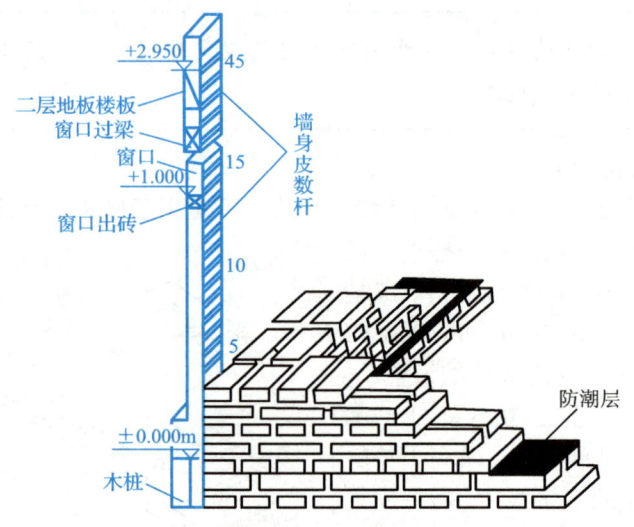

图 12.9　墙身皮数杆的设置

(2) 墙身皮数杆的设立与基础皮数杆相同，使皮数杆上的±0.000m 标高与房屋的室内地坪标高相吻合。在墙的转角处，每隔 10～15m 设置一根皮数杆。

(3) 在墙身砌起 1m 以后，在室内墙身上定出＋0.500m 的标高线，为该层地面施工和室内装修所用。

(4) 第二层以上墙体施工时，为了使皮数杆在同一水平面上，要用水准仪测出楼板四角的标高，取平均值作为地坪标高，并以此作为立皮数杆的标志。

> **特别提示**
>
> 框架结构的民用建筑，墙体砌筑是在框架施工后进行的，故可在柱面上划线，代替皮数杆。

12.1.5 建筑物的轴线投测

在多层建筑墙身砌筑过程中，为了保证建筑物轴线位置正确，可用吊锤球法或经纬仪投测法将轴线投测到各层楼板或柱顶边缘。

1. 吊锤球法

如图 12.10 所示，将较重的锤球悬吊在楼板或柱顶边缘，当锤球尖对准基础墙面上的轴线标志时，线在楼板或柱顶边缘的位置即为楼层轴线端点位置，并画出标志线。各轴线的端点投测完后，用钢尺检核各轴线的间距，符合要求后，继续施工，并把轴线逐层自下向上传递。

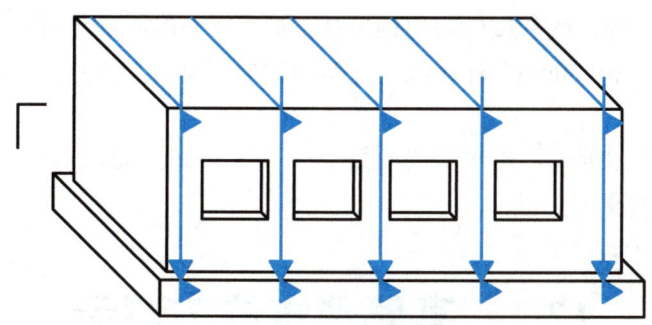

图 12.10 吊锤球法

吊锤球法简便易行，不受施工场地限制，一般能保证施工质量。但当有风或建筑物较高时，投测误差较大，应采用经纬仪投测法。

建筑物的轴线投测

2. 经纬仪投测法

如图 12.11 所示，在轴线控制桩上安置经纬仪，严格整平后，瞄准基础墙面上的轴线标志，用盘左、盘右分中投点法，将轴线投测到楼板或柱顶边缘。将所有端点投测到楼板或柱顶边缘后，用钢尺检核其间距，相对误差不得大于 1/2000。检查合格后，才能在楼板缝间弹线，继续施工。

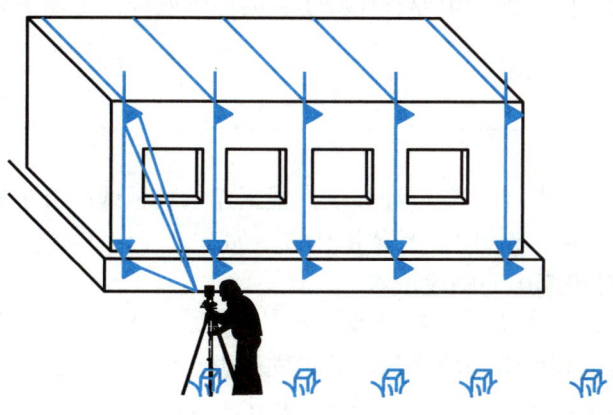

图 12.11 经纬仪投测法

12.1.6　建筑物的高程传递

在多层建筑物施工中，要由下层向上层传递高程，以使楼板、门窗口等的标高符合设计要求。高程传递的方法有以下几种。

1. 利用皮数杆传递高程

一般建筑物可用墙体皮数杆传递高程。具体方法参照 12.1.4 节中的"墙体各部位标高控制"。

2. 利用钢尺直接丈量

对于高程传递精度要求较高的建筑物，通常用钢尺直接丈量来传递高程。对于二层以上的各层，每砌高一层，就从楼梯间用钢尺从下层的"+0.500m"标高线处，向上量出层高，测出上一层的"+0.500m"标高线，这样用钢尺逐层向上引测。

3. 吊钢尺法

用悬挂钢尺代替水准尺，用水准仪读数，从下向上传递高程。具体方法参照 11.2.3 节中的"已知高程的测设"。

12.2　高层建筑施工测量

高层建筑施工测量中的主要问题是控制垂直度，就是将建筑物的基础轴线准确地向高层引测，并保证各层相应轴线位于同一竖直面内，控制竖向偏差，使轴线向上投测的偏差值不超限。

轴线向上投测时，要求竖向误差在本层内不超过 5mm，全楼累计误差值不应超过 $2H/1000$（H 为建筑物总高度），且不应大于下列条件时的值：30m＜H≤60m 时，10mm；60m＜H≤90m 时，15mm；90m＜H 时，20mm。

高层建筑轴线的竖向投测，主要有外控法和内控法两种，下面分别介绍这两种方法。

12.2.1　外控法

外控法是指在建筑物外部，利用经纬仪，根据建筑物轴线控制桩来进行轴线的竖向投测，也称作"经纬仪引桩投测法"。具体操作方法如下。

1. 在建筑物底部投测中心轴线位置

高层建筑的基础工程完工后，将经纬仪安置在轴线控制桩 A_1、A_1'、B_1 和 B_1' 上，把建筑物主轴线精确地投测到建筑物的底部，并设立标志，如图 12.12 中的 a_1、a_1'、b_1 和 b_1'，以供下一步施工与向上投测用。图 12.12 所示为经纬仪投测中心轴线。

2. 向上投测中心线

随着建筑物不断升高，要逐层将轴线向上传递，如图 12.12 所示，应将经纬仪安置在轴线控制桩 A_1、A_1'、B_1 和 B_1' 上，严格整平仪器，用望远镜瞄准建筑物底部已标出的轴线点 a_1、a_1'、b_1 和 b_1'，用盘左和盘右分别向上投测到每层楼板上，并取其中点作为该层中心轴线的投影点，如图 12.12 中的 a_2、a_2'、b_2 和 b_2'。

3. 增设轴线引桩

当楼层逐渐增高，而轴线控制桩距建筑物又较近时，望远镜的仰角较大，操作不便，投测精度也会降低。为此，要将原中心轴线控制桩引测到更远的安全地方，或者附近大楼的屋面。

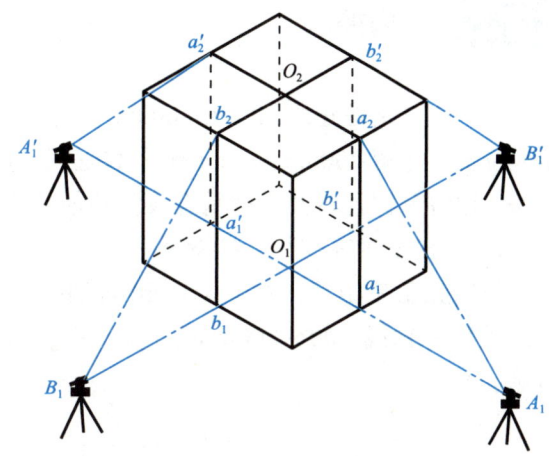

图 12.12　经纬仪投测中心轴线

具体做法如下。

将经纬仪安置在已经投测上去的较高层(如第 10 层)楼面轴线 $a_{10}a_{10}'$ 上，如图 12.13 所示，瞄准地面上原有的轴线控制桩 A_1 和 A_1' 点，用盘左、盘右分中投点法，将轴线延长到远处 A_2 和 A_2' 点，并用标志固定其位置，A_2、A_2' 即为新投测的 A_1A_1' 轴控制桩。

> **特别提示**
>
> 更高层的中心轴线，可将经纬仪安置在新的轴线控制桩上，按上述方法继续进行投测。

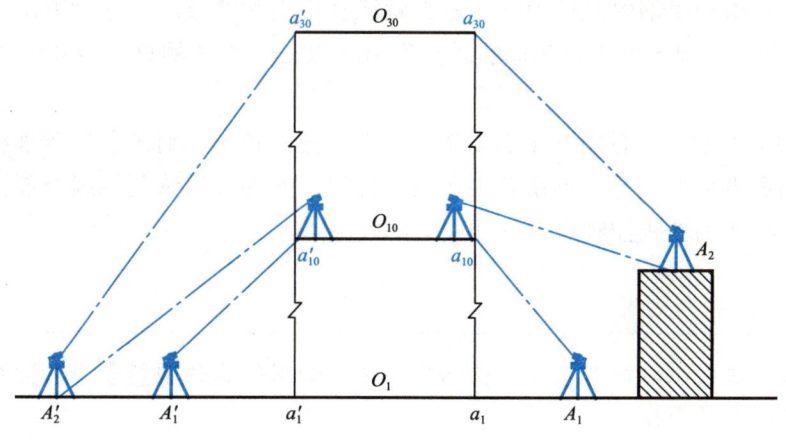

图 12.13　经纬仪引桩投测

12.2.2 内控法

内控法是指在建筑物内±0.000m平面设置轴线控制点，并预埋标志，以后在各层楼板相应位置上预留200mm×200mm的传递孔，在轴线控制点上直接采用吊线坠法或激光铅垂仪法，通过预留孔将其点位垂直投测到任一楼层，如图12.15所示。

1. 内控法轴线控制点的设置

基础施工完毕后，在±0.000m首层平面上，适当位置设置与轴线平行的辅助轴线。辅助轴线距轴线500～800mm为宜，并在辅助轴线交点或端点处埋设标志，如图12.14所示。

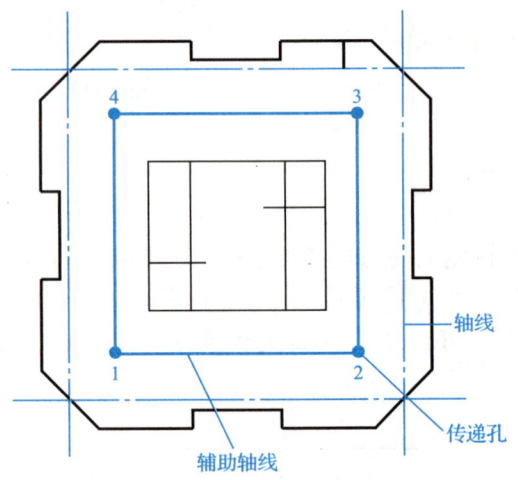

图12.14 内控法轴线控制点的设置

2. 吊线坠法

吊线坠法是指利用钢丝悬挂锤球，进行轴线竖向投测的方法。这种方法一般用于高度在50～100m的高层建筑施工，锤球的质量为10～20kg，钢丝的直径为0.5～0.8mm。投测方法如下。

如图12.15所示，在预留孔上面安置十字架，挂上锤球，对准首层预埋标志。当锤球线静止时，固定十字架，并在预留孔四周做出标记，作为以后恢复轴线及放样的依据。此时，十字架中心即为轴线控制点在该楼面上的投测点。

> **特别提示**
>
> 用吊线坠法实测时，要采取一些必要措施，如用铅直的塑料管套着坠线或将锤球沉浸于油中，以减小摆动。

3. 激光铅垂仪法

1) 激光铅垂仪简介

激光铅垂仪是一种专用的铅直定位仪器。适用于高层建筑物、烟囱及高塔架的铅直定位测量。

激光铅垂仪的基本构造如图 12.16 所示,主要由氦氖激光器、精密竖轴、发射望远镜、水准器、基座、激光电源及接收屏等部分组成。

氦氖激光器通过两组固定螺钉固定在套筒内。激光铅垂仪的竖轴是空心筒轴,两端有螺扣,上、下两端分别与发射望远镜和氦氖激光器套筒相连接,二者位置可对调,构成向上或向下发射激光束的铅垂仪。仪器上设置有两个互成 90°的水准管,仪器配有专用激光电源。

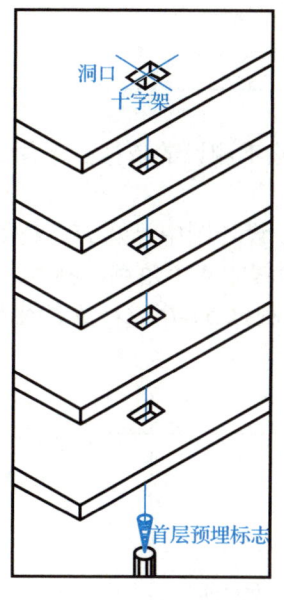

图 12.15 吊线坠法投测轴线　　　图 12.16 激光铅垂仪

2) 激光铅垂仪投测轴线

激光铅垂仪投测轴线的方法如下。

(1) 在首层轴线控制点上安置激光铅垂仪,利用氦氖激光器底端(全反射棱镜端)发射的激光束进行对中,通过调节基座整平螺旋,使水准管气泡严格居中。

(2) 在上层施工楼面预留孔处,放置接收靶。

(3) 接通激光电源,启动激光器,发射铅直激光束,通过发射望远镜调焦,使激光束会聚成红色耀目光斑,投射到接收靶上。

(4) 移动接收靶,使靶心与红色光斑重合,固定接收靶,并在预留孔四周做出标记,此时,靶心位置即为轴线控制点在该楼面上的投测点。

激光铅垂仪投测轴线

12.3 工业建筑施工测量

12.3.1 工业建筑施工测量概述

工业建筑以厂房为主体，一般工业厂房多采用在工厂预制构件，在现场装配的方法施工。厂房的预制构件有柱子、吊车梁和屋架等。因此，工业建筑施工测量的工作主要是保证这些预制构件安装到位。具体任务为厂房矩形控制网测设、厂房柱列轴线放样、杯形基础施工测量及厂房预制构件安装测量等。

12.3.2 厂房矩形控制网测设

工业厂房一般都应建立厂房矩形控制网，它是厂房施工测设的依据。下面介绍根据建筑方格网，及其直角坐标法测设厂房矩形控制网的方法。

如图 12.17 所示，H、I、J、K 4 点是厂房的房角点，设计图中已知 H、J 两点的坐标。S、P、Q、R 为布置在基础开挖边线以外的厂房矩形控制网的 4 个角点，称为<u>厂房控制桩</u>。厂房矩形控制网的边线到厂房轴线的距离为 4m，厂房控制桩 S、P、Q、R 的坐标，可按厂房角点的设计坐标，加减 4m 算得。测设方法如下。

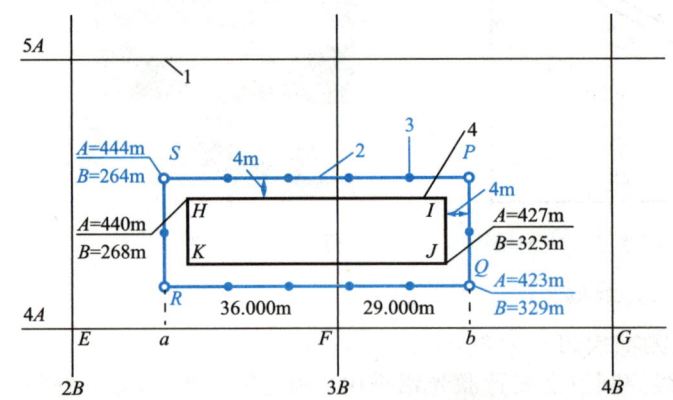

1—建筑方格网；2—厂房矩形控制网；3—距离指标桩；4—厂房轴线。

图 12.17 厂房矩形控制网测设

1. 计算测设数据

根据厂房控制桩 S、P、Q、R 的坐标，计算利用直角坐标法进行测设时所需的测设数据，计算结果标注在图 12.17 中。

2. 厂房控制点的测设

(1) 从 F 点起沿 FE 方向量取 36m，定出 a 点；沿 FG 方向量取 29m，定出 b 点。

(2) 在 a 点与 b 点上安置经纬仪，分别瞄准 E 点与 F 点，顺时针方向测设 90°，得两条视线方向，沿视线方向量取 23m，定出 R、Q 点。再向前量取 21m，定出 S、P 点。

(3) 为了便于进行细部的测设，在测设厂房矩形控制网的同时，还应沿控制网测设距离指标桩，如图 12.17 所示，距离指标桩的间距一般等于柱子间距的整数倍。

3. 检查

(1) 检查 ∠S、∠P 是否等于 90°，其误差不得超过 ±10″。
(2) 检查 SP 是否等于设计长度，其相对误差不得超过 1/10000。

> **特别提示**
>
> 以上这种方法适用于中小型厂房，对于大型或设备复杂的厂房，应先测设厂房控制网的主轴线，再根据主轴线测设厂房矩形控制网。

12.3.3 厂房柱列轴线和柱基施工测量

1. 厂房柱列轴线测设

根据厂房平面图上所注的柱间距和跨距尺寸，用钢尺沿矩形控制网各边量出各柱列轴线控制桩的位置(如图 12.18 中的 1′、2′…)，并打入大木桩，桩顶用小钉标出点位，作为柱基测设和施工安装的依据。丈量时应以相邻的两个距离指标桩为起点分别进行，以便检核。

2. 柱基定位和放线

(1) 安置两台经纬仪，在两条互相垂直的柱列轴线控制桩上，沿轴线方向交会出各柱基的位置(柱列轴线的交点)，此项工作称为柱基定位。

(2) 在柱基的 4 周轴线上，打入 4 个定位小木桩 a、b、c、d，如图 12.18 所示，其桩位应在基础开挖边线以外，比基础深度大 1.5 倍的地方，作为修坑和立模的依据。

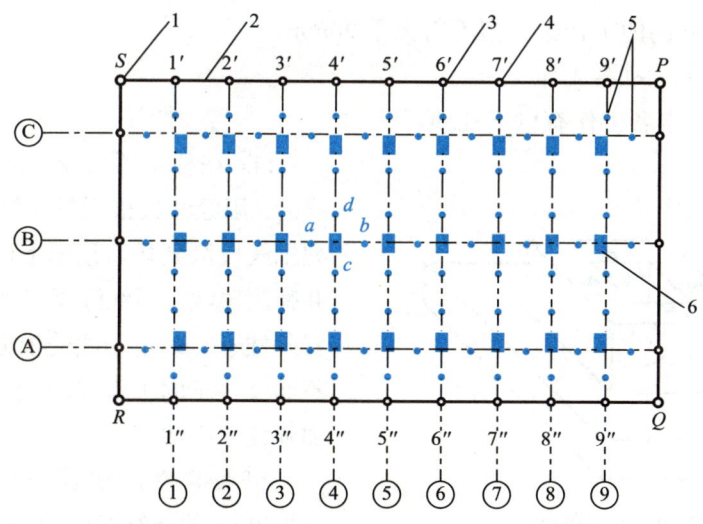

1—厂房控制桩；2—厂房矩形控制网；3—柱列轴线控制桩；
4—距离指标桩；5—定位小木桩；6—柱基础。

图 12.18　厂房柱列轴线和柱基测量

(3) 按照基础详图所注尺寸和基坑放坡宽度，用特制角尺，放出基坑开挖边界线，并撒出白灰线以便开挖，此项工作称为**基础放线**。

(4) 在进行柱基测设时，应注意柱列轴线不一定都是柱基的中心线，经常是一般立模、吊装等习惯用中心线，此时，应将柱列轴线平移，定出柱基中心线。

3. 柱基施工测量

1) 基坑开挖深度的控制

当基坑挖到一定深度时，应在**基坑四壁、离基坑底设计标高 0.5m 处，测设水平桩**，作为检查基坑底标高和控制垫层的依据。

2) 杯形基础立模测量

杯形基础立模测量有以下 3 项工作。

(1) 基础垫层打好后，根据基坑周边定位小木桩，用吊线坠法，把柱基定位线投测到垫层上，弹出墨线，用红漆画出标记，作为柱基立模板和布置基础钢筋的依据。

(2) 立模时，将模板底线对准垫层上的定位线，并用锤球检查模板是否垂直。

(3) 将柱基顶面设计标高测设在模板内壁，作为浇灌混凝土的高度依据。

12.3.4 厂房预制构件安装测量

1. 柱子安装测量

1) 柱子安装应满足的基本要求

柱子中心线应与相应的柱列轴线一致，其允许偏差为±5mm。牛腿顶面和柱顶面的实际标高应与设计标高一致，其允许误差为±(5～8mm)，柱高大于 5m 时为±8mm。柱身垂直允许误差为：当柱高≤5m 时，为±5mm；当柱高为 5～10m 时，为±10mm；当柱高超过 10m 时，则为柱高的 1/1000，但不得大于 20mm。

2) 柱子安装前的准备工作

柱子安装前的准备工作有以下几项。

(1) 在柱基顶面投测柱列轴线。柱基拆模后，用经纬仪根据柱列轴线控制桩，将柱列轴线投测到杯口顶面上，如图 12.19 所示，并弹出墨线，用红漆画出"▶"标志，作为安装柱子时确定轴线的依据。如果柱列轴线不通过柱子的中心线，应在杯形基础顶面上加弹柱中心线。

用水准仪，在杯口内壁，测设一条 −0.600m 的标高线(一般杯口顶面的标高为 −0.500m)，并画出"▼"标志，如图 12.19 所示，作为杯底找平的依据。

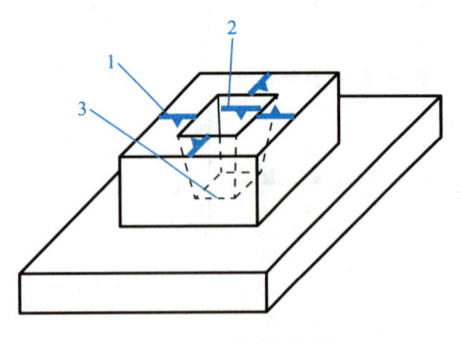

图 12.19 杯形基础

1—柱列轴线；2——0.600m 标高线；3—杯底

(2) 柱身弹线。柱子安装前，应将每根柱子按轴线位置进行编号。如图 12.20 所示，在每根柱子的 3 个侧面弹出柱中心线，并在每条线的上端和下端近杯口处画出"▶"标志。根据牛腿面的设计标高，从牛腿面向下用钢尺量出 -0.600m 的标高线，并画出"▼"标志。

(3) 杯底找平。先量出柱子的 -0.600m 标高线至柱底面的长度，再在相应的柱基杯口内，量出 -0.600m 标高线至杯底的高度，并进行比较，以确定杯底找平层厚度，用水泥砂浆根据找平层厚度，在杯底进行找平，使牛腿面符合设计高程。

3) 柱子的安装测量

柱子安装测量的目的是保证柱子平面和高程符合设计要求，柱身垂直。

(1) 预制的钢筋混凝土柱子插入杯口后，应使柱子三面的中心线与杯口中心线对齐，如图 12.21(a)所示，用木楔或钢楔临时固定。

(2) 柱子立稳后，立即用水准仪检测柱身上的 ±0.000m 标高线，其容许误差为 ±3mm。

(3) 如图 12.21(a)所示，用两台经纬仪，分别安置在柱基纵、横轴线上，离柱子的距离不小于柱高的 1.5 倍，先用望远镜瞄准柱底的中心线标志，固定照准部后，再缓慢抬高望远镜，观察柱子偏离十字丝竖丝的方向，指挥用钢丝绳拉直柱子，直至从两台经纬仪中，观测到的柱中心线都与十字丝竖丝重合。

(4) 在杯口与柱子的缝隙中浇入混凝土，以固定柱子的位置。

(5) 在实际安装时，一般是一次把许多柱子都竖起来，然后进行垂直校正。这时，可把两台经纬仪分别安置在纵横轴线的一侧，一次可校正几根柱子，如图 12.21(b)所示，但仪器偏离轴线的角度应在 15°以内。

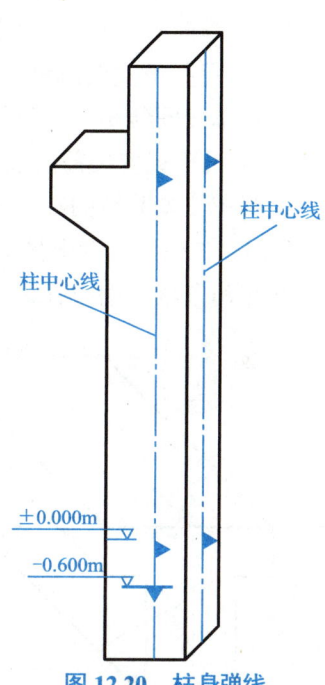

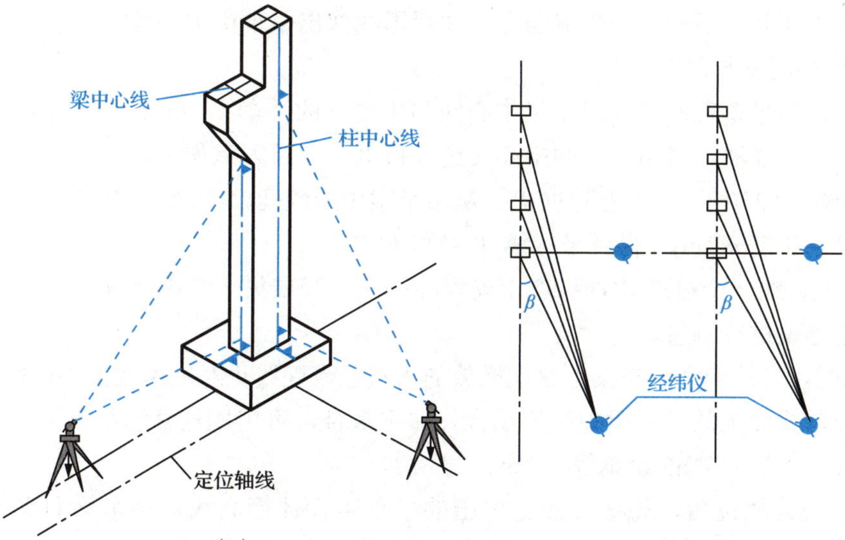

图 12.20 柱身弹线

图 12.21 柱子的安装测量

4) 柱子安装测量的注意事项

所使用的经纬仪必须严格校正,操作时,应使照准部水准管气泡严格居中。校正时,除注意柱子垂直外,还应随时检查柱中心线是否对准杯口柱列轴线标志,以防柱子安装就位后,产生水平位移。在校正变截面的柱子时,经纬仪必须安置在柱列轴线上,以免产生差错。在日照下校正柱子的垂直度时,应考虑日照使柱顶向阴面弯曲的影响,为避免此种影响,宜在早晨或阴天校正。

2. 吊车梁安装测量

吊车梁安装测量主要是保证吊车梁中心线位置和吊车梁的标高满足设计要求。

1) 吊车梁安装前的准备工作

吊车梁安装前的准备工作有以下几项。

(1) 在柱面上量出吊车梁顶面标高。根据柱子上的±0.000m 标高线,用钢尺沿柱面向上量出吊车梁顶面设计标高线,作为调整吊车梁面标高的依据。

(2) 在吊车梁上弹出吊车梁中心线,如图 12.22 所示,在吊车梁的顶面和两端面上,用墨线弹出吊车梁的中心线,作为安装定位的依据。

(3) 在牛腿面上弹出吊车梁的中心线。根据厂房中心线,在牛腿面上投测出吊车梁的中心线,投测方法如下。

如图 12.23(a)所示,利用厂房中心线 A_1A_1,根据设计轨道间距,在地面上测设出吊车梁中心线(即图中吊车轨道中心线)$A'A'$ 和 $B'B'$。在吊车梁中心线的一个端点 A'(或 B')上安置经纬仪,瞄准另一个端点 A'(或 B'),固定照准部,抬高望远镜,即可将吊

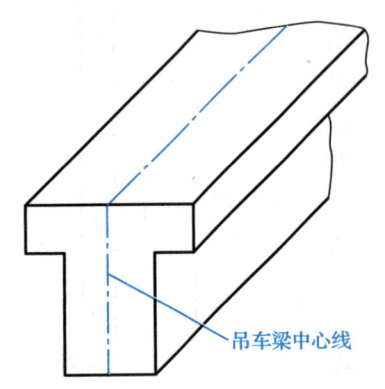

图 12.22　在吊车梁上弹出吊车梁中心线

车梁中心线投测到每根柱子的牛腿面上,并用墨线弹出吊车梁中心线。

2) 吊车梁的安装测量

安装时,使吊车梁两端的吊车梁中心线与牛腿面的吊车梁中心线重合,使吊车梁初步定位。采用平行线法,对吊车梁的中心线进行检测,校正方法如下。

(1) 如图 12.23(b)所示,在地面上,从吊车梁中心线(也是吊车轨道中心线),向厂房中心线方向量出长度 $a(1m)$,得到平行线 $A''A''$ 和 $B''B''$。

(2) 在平行线一个端点 A''(或 B'')上安置经纬仪,瞄准另一个端点 A''(或 B''),固定照准部,抬高望远镜进行测量。

(3) 此时,另外一个人在梁上移动横放的木尺,当视线正对准木尺上 1m 刻划线时,木尺的零点应与梁面上的吊车梁中心线重合。如不重合,可用撬杠移动吊车梁,直到吊车梁中心线到 $A''A''$(或 $B''B''$)的距离等于 1m。

吊车梁安装就位后,先按柱面上定出的吊车梁设计标高线对吊车梁面进行调整,然后将水准仪安置在吊车梁上,每隔 3m 测一点高程,并与设计高程相比较,误差应在 3mm 以内。

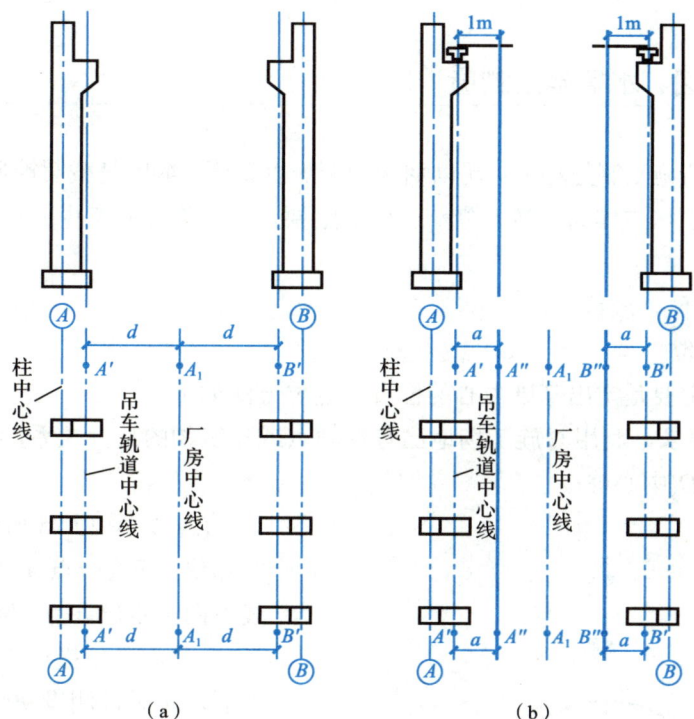

图 12.23　吊车梁的安装测量

3. 屋架安装测量

1) 屋架安装前的准备工作

屋架安装前，用经纬仪或其他方法在柱顶面上，测设出屋架定位轴线。在屋架两端弹出屋架中心线，以便进行定位。

2) 屋架的安装测量

屋架安装就位时，应使屋架的中心线与柱顶面上的定位轴线对准，允许误差为 5mm。屋架的垂直度可用锤球或经纬仪进行检查。用经纬仪检查方法如下。

(1) 如图 12.24 所示，在屋架上安装 3 把卡尺，一把卡尺安装在屋架的上弦中点附近，另外两把分别安装在屋架的两端。自屋架几何中心沿卡尺向外量出一定距离，一般为 500mm，做出标志。

(2) 在地面上，距屋架中线同样距离处，安置经纬仪，观测 3 把卡尺的标志是否在同一竖直面内，如果屋架竖向偏差较大，则用机具校正，最后将屋架固定。

垂直度允许偏差为：薄腹梁为 5mm；桁架为屋架高的 1/250。

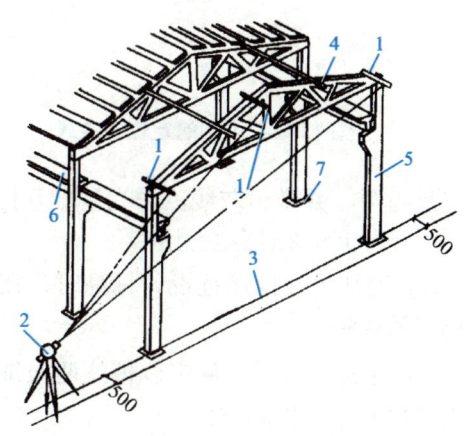

1—卡尺；2—经纬仪；3—屋架定位轴线；
4—屋架；5—柱；6—吊车梁；7—柱基。

图 12.24　屋架的安装测量

12.3.5 烟囱、水塔施工测量

烟囱和水塔的施工测量相似，现以烟囱为例加以说明。烟囱是截圆锥形的高耸构筑物，其特点是：基础小，主体高。施工测量工作的主要是：严格控制其中心位置，保证烟囱主体竖直。

1. 烟囱的定位、放线

1）烟囱的定位

烟囱的定位主要是定出基础中心的位置，定位方法如下。

(1) 按设计要求，利用与施工场地已有控制点或建筑物的尺寸关系，在地面上测设出烟囱的中心位置 O（中心桩）。

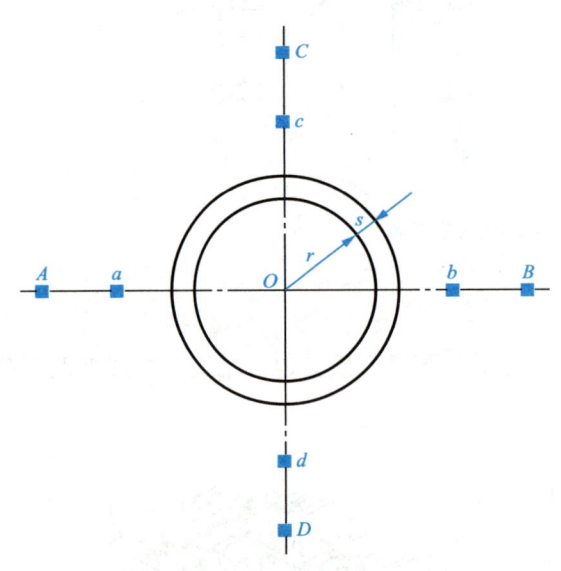

图 12.25 烟囱的定位、放线

(2) 如图 12.25 所示，在 O 点安置经纬仪，任选一点 A 作后视点，并在视线方向上定出 a 点，倒转望远镜，通过盘左、盘右分中投点法定出点 b 和点 B；然后，顺时针测设 90°，定出点 d 和点 D，倒转望远镜，定出点 c 和点 C，得到两条互相垂直的定位轴线 AB 和 CD。

(3) A、B、C、D 4 点至 O 点的距离为烟囱高度的 1～1.5 倍。a、b、c、d 是施工定位桩，用于修坡和确定基础中心，应设置在尽量靠近烟囱而不影响桩位稳固的地方。

2）烟囱的放线

以 O 点为圆心，以烟囱底部半径 r 加上基坑放坡宽度 s 为半径，在地面上用皮尺画圆，并撒出灰线，作为基础开挖的边线。

2. 烟囱的基础施工测量

(1) 当基坑开挖接近设计标高时，在基坑内壁测设水平桩，作为检查基坑底标高和施工垫层的依据。

(2) 坑底夯实后，从定位桩拉两根细线，用锤球把烟囱中心投测到坑底，钉上木桩，作为垫层的中心控制点。

(3) 浇灌混凝土基础时，应在基础中心埋设钢筋作为标志，根据定位轴线，用经纬仪把烟囱中心投测到标志上，并刻上"＋"字，作为施工过程中，控制筒身中心位置的依据。

3. 烟囱筒身施工测量

1) 引测烟囱中心线

在烟囱施工中，应随时将中心点引测到施工的作业面上。

(1) 在烟囱施工中，一般每砌一步架或每升模板一次，就应引测一次中心线，以检核该施工作业面的中心与基础中心是否在同一铅垂线上。引测方法如下。

在施工作业面上固定一根木枋，在木枋中心处悬挂 8～12kg 的锤球，逐渐移动木枋，直到锤球对准基础中心。此时，木枋中心就是该作业面的中心位置。

(2) 烟囱每砌筑完 10m，必须用经纬仪引测一次中心线。引测方法如下。

如图 12.25 所示，分别在控制桩 A、B、C、D 上安置经纬仪，瞄准相应的控制点 a、b、c、d，将轴线点投测到作业面上，并做出标记。然后，按标记拉两条细绳，其交点即为烟囱的中心位置，并与锤球引测的中心位置比较，以做校核。烟囱的中心偏差一般不应超过砌筑高度的 1/1000。

(3) 对于高大的钢筋混凝土烟囱，烟囱模板每滑升一次，就应采用激光铅垂仪进行一次烟囱的铅直定位，定位方法如下。

在烟囱底部的中心标志上，安置激光铅垂仪，在作业面中央安置接收靶。在接收靶上，显示的激光光斑中心，即为烟囱的中心位置。

(4) 在检查中心线的同时，以引测的中心位置为圆心，以施工作业面上烟囱的设计半径为半径，用刻划尺杆画圆，如图 12.26 所示，以检查烟囱壁的位置。

2) 烟囱外筒壁收坡控制

烟囱外筒壁的收坡，是用靠尺板来控制的。靠尺板的形状如图 12.27 所示，靠尺板两侧的斜边应严格按设计的筒壁斜度制作。使用时，把斜边贴靠在筒体外壁上，若锤球线恰好通过下端缺口，说明外筒壁的收坡符合设计要求。

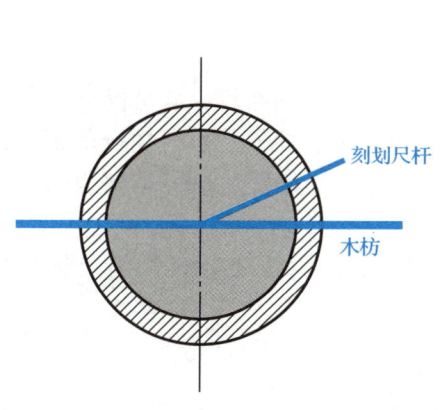

图 12.26　烟囱壁位置的检查

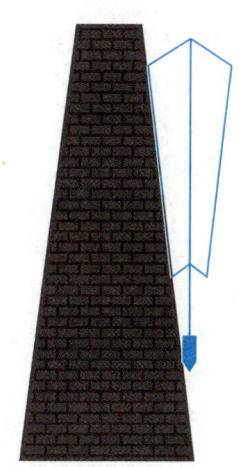

图 12.27　靠尺板的形状

3) 烟囱筒体标高的控制

一般是先用水准仪在烟囱底部的外壁上测设出＋0.500m(或任一整分米数)的标高线，以此标高线为准，用钢尺直接向上量取高度。

12.4　建筑物变形观测

为保证建筑物在施工、使用和运行中的安全，以及为建筑物的设计、施工、管理及科学研究提供可靠的资料，在建筑物施工和运行期间，需要对建筑物的稳定性进行观测，这种观测称为建筑物的变形观测。建筑物变形观测的主要内容有：建筑物的沉降观测，建筑物的倾斜观测，建筑物的裂缝观测，建筑物的位移观测。

12.4.1　建筑物的沉降观测

建筑物的沉降观测是用水准测量的方法，周期性地观测建筑物上的沉降观测点和水准基点之间的高差变化值。主要工作有：水准基点的布设，沉降观测点的布设，沉降观测，沉降观测的成果整理。

1．水准基点的布设

水准基点是沉降观测的基准，因此水准基点的布设应满足以下要求。

(1) 要有足够的稳定性。水准基点必须设置在沉降影响范围以外，冰冻地区水准基点应埋设在冰冻线以下 0.5m。

(2) 具备检核条件。为了保证水准基点高程的正确性，水准基点最少应布设 3 个，以便相互检核。

(3) 要满足一定的观测精度。水准基点和观测点之间的距离应适中，相距太远会影响观测精度，一般应在 100m 范围内。

2．沉降观测点的布设

进行沉降观测的建筑物，应布设沉降观测点，沉降观测点的布设应满足以下要求。

(1) 沉降观测点的位置。沉降观测点应布设在能全面反映建筑物沉降情况的部位，如建筑物四角，沉降缝两侧，荷载有变化的部位，大型设备基础处，柱子基础和地质条件变化处，等等。

(2) 沉降观测点的数量。沉降观测点一般是均匀布置的，它们之间的距离一般为 10～20m。

(3) 沉降观测点的设置形式，如图 12.28 所示。

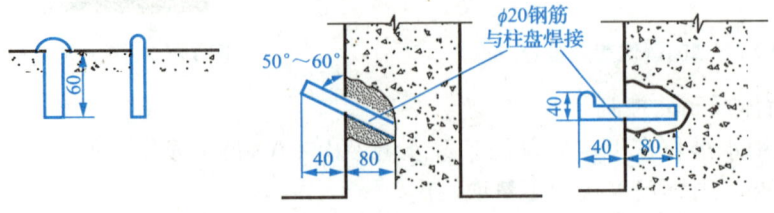

图 12.28　沉降观测点的设置形式

3. 沉降观测

1) 观测周期

布设的沉降观测点稳固后,在建筑物主体开工前,进行第一次观测。在建(构)筑物主体施工过程中,一般每盖 1～2 层观测一次。如中途停工时间较长,应在停工时和复工时进行观测。

当发生大量沉降或严重裂缝时,应立即或几天一次连续观测。建筑物封顶或竣工后,一般每月观测一次,如果沉降速度减缓,可改为 2～3 个月观测一次,直至沉降稳定。

2) 观测方法

观测时,先后视水准基点,接着依次前视各沉降观测点,最后再次后视该水准基点,两次后视读数之差不应超过±1mm。沉降观测的水准路线(从一个水准基点到另一个水准基点)应为闭合水准路线。

3) 精度要求

多层建筑物的沉降观测,可采用 DS_3 水准仪,用普通水准测量的方法进行,其水准路线的闭合差不应超过 $\pm 2.0\sqrt{n}$ mm(n 为测站数)。

高层建筑物的沉降观测,则应采用 DS_1 精密水准仪,用二等水准测量的方法进行,其水准路线的闭合差不应超过 $\pm 1.0\sqrt{n}$ mm。

4) 工作要求

沉降观测是一项长期、连续的工作,为了保证观测成果的正确性,应尽可能做到四定:固定观测人员,使用固定的水准仪和水准尺,使用固定的水准基点,按固定的实测路线和测站进行。

4. 沉降观测的成果整理

1) 整理原始记录

每次观测结束后,应检查记录的数据和计算是否正确,精度是否合格,然后,调整高差闭合差,推算出各沉降观测点的高程,并填入"沉降观测表"中。

2) 计算沉降量

计算各沉降观测点的本次沉降量

$$\text{本次沉降量} = \text{本次观测所得的高程} - \text{上次观测所得的高程} \tag{12-1}$$

计算累积沉降量

$$\text{累积沉降量} = \text{本次沉降量} + \text{上次累积沉降量} \tag{12-2}$$

将计算出的沉降观测点的本次沉降量、累积沉降量和观测日期、荷载情况等记入"沉降观测表"中。

3) 绘制沉降曲线

沉降曲线分为两部分,即时间与沉降量关系曲线和时间与荷载关系曲线,如图 12.29 所示。

(1) 绘制时间与沉降量关系曲线。首先,以沉降量 s 为纵轴,以时间 t 为横轴,组成直角坐标系。其次,以每次累积沉降量为纵坐标,以每次观测日期为横坐标,标出沉降观测点的位置。最后,用曲线将标出的各点连接起来,并在曲线的一端注明沉降观测点号码,这样就绘制出了时间与沉降量关系曲线。

(2) 绘制时间与荷载关系曲线。首先,以荷载 F 为纵轴,以时间 t 为横轴,组成直角坐标系。其次,根据每次观测时间和相应的荷载标出各点,将各点连接起来,即可绘制出时间与荷载关系曲线。

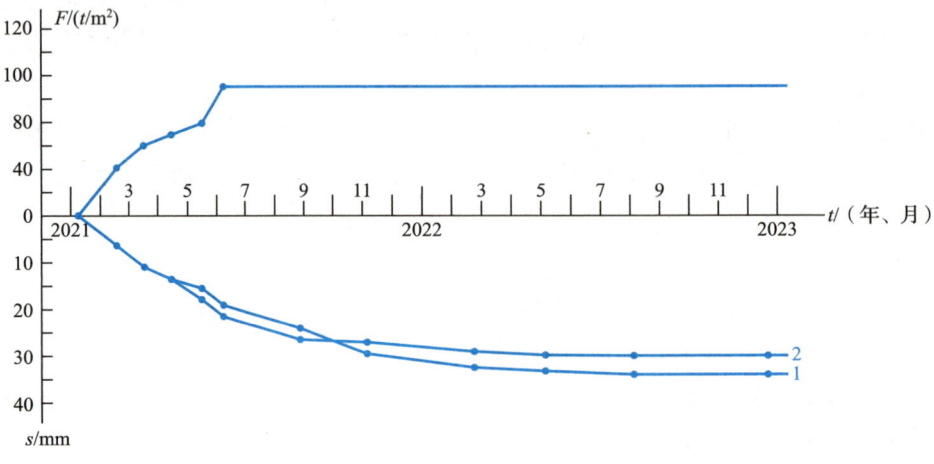

图 12.29　沉降曲线

12.4.2　建筑物的倾斜观测

用测量仪器来测定建筑物的基础和主体结构倾斜变化的工作称为**倾斜观测**。倾斜观测可以分为一般建筑物主体的倾斜观测,圆形建(构)筑物主体的倾斜观测,建筑物基础的倾斜观测。

1. 一般建筑物主体的倾斜观测

一般建筑物主体的倾斜观测,应测定建筑物顶部观测点相对于底部观测点的偏移值,再根据建筑物的高度,计算建筑物主体的倾斜度。即

$$i = \tan\alpha = \frac{\Delta D}{H} \tag{12-3}$$

式中:i 为建筑物主体的倾斜度;ΔD 为建筑物顶部观测点相对于底部测点的偏移值,m;H 为建筑物的高度,m;α 为倾斜角,(°)。

由式(12-3)可知倾斜观测主要是测定建筑物主体的偏移值 ΔD。偏移值 ΔD 的测定一般采用经纬仪投影法。

经纬仪投影法观测方法如下。

(1) 如图 12.30 所示,将经纬仪安置在固定测站上,该测站到建筑物的距离为建筑物高度的 1.5 倍以上。瞄准建筑物 X 墙面上部的观测点 M,用盘左、盘右分中投点法,定出下部的观测点 N。用同样的方法,在与 X 墙面垂直的 Y 墙面上定出上观测点 P 和下观测点 Q。M、N 和 P、Q 即为所设观测标志。

(2) 隔一段时间后，在原固定测站上安置经纬仪，分别瞄准上观测点 M 和 P，用盘左、盘右分中投点法，得到点 N' 和点 Q'。如果 N 与 N'、Q 与 Q' 不重合，说明建筑物发生了倾斜。

(3) 用尺子量出在 X、Y 墙面的偏移值 ΔA 和 ΔB，然后用矢量相加的方法，计算出该建筑物的总偏移值 ΔD，即

$$\Delta D = \sqrt{\Delta A^2 + \Delta B^2} \tag{12-4}$$

根据总偏移值 ΔD 和建筑物的高度 H，用式(12-3)即可计算出建筑物主体的倾斜度 i。

2. 圆形建(构)筑物主体的倾斜观测

对圆形建(构)筑物的倾斜观测，是在互相垂直的两个方向上，测定其顶部中心对底部中心的偏移值。具体观测方法如下。

(1) 如图 12.31 所示，在烟囱底部横放一根标尺，在标尺中垂线方向上安置经纬仪，经纬仪到烟囱的距离为烟囱高度的 1.5 倍。

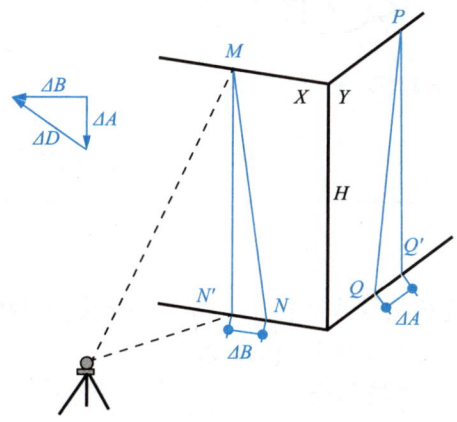

图 12.30　一般建筑物主体的倾斜观测

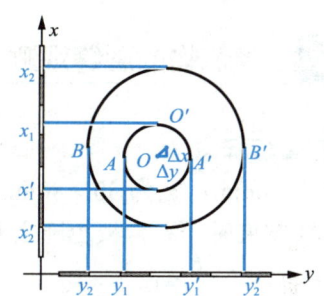

图 12.31　圆形建(构)筑物主体的倾斜观测

(2) 用望远镜将烟囱顶部边缘两点 A、A'，及底部边缘两点 B、B' 分别投到标尺上，得读数 y_1 和 y_1' 以及 y_2、y_2'。烟囱顶部中心 O 对底部中心 O' 在 y 方向上的偏移值 Δy 为

$$\Delta y = \frac{y_1 + y_1'}{2} - \frac{y_2 + y_2'}{2} \tag{12-5}$$

(3) 用同样的方法，可测得在 x 方向上，顶部中心 O 的偏移值 Δx 为

$$\Delta x = \frac{x_1 + x_1'}{2} - \frac{x_2 + x_2'}{2} \tag{12-6}$$

(4) 用矢量相加的方法，计算出顶部中心 O 对底部中心 O' 的总偏移值 ΔD，即

$$\Delta D = \sqrt{\Delta x^2 + \Delta y^2} \tag{12-7}$$

根据总偏移值 ΔD 和圆形建(构)筑物的高度 H，用式(12-3)即可计算出建筑物主体的倾斜度 i。另外，也可采用激光铅垂仪或悬吊锤球的方法，直接测定建(构)筑物的倾斜量。

3. 建筑物基础的倾斜观测

建筑物基础的倾斜观测一般采用精密水准测量的方法，定期测出基础两端点的沉降量差值Δh，再根据两点间的距离L，即可计算出基础的倾斜度。

对整体刚度较好的建筑物的倾斜观测，也可根据基础沉降量差值，推算主体偏移值。如图 12.32 所示，用精密水准测量测定建筑物基础两端点的沉降量差值Δh，再根据建筑物的宽度 L 和高度 H，推算出该建筑物主体的偏移值ΔD。即

$$\Delta D = \frac{\Delta h}{L} H \tag{12-8}$$

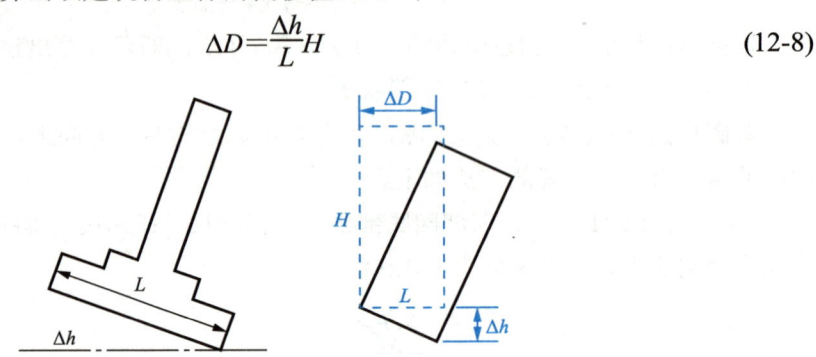

图 12.32　建筑物基础的倾斜观测

12.4.3　建筑物的裂缝观测

1. 石膏板标志

将厚为 10mm，宽为 50～80mm 的石膏板(长度视裂缝大小而定)，固定在裂缝的两侧。当裂缝继续发展时，石膏板也随之开裂，从而观察裂缝继续发展的情况。

2. 白铁皮标志

如图 12.33 所示，用两块白铁皮，一片取 150mm×150mm 的正方形，固定在裂缝的一侧，另一片为 50mm×200mm 的矩形，固定在裂缝的另一侧，使两块白铁皮的边缘相互平行，并使其中的一部分重叠。在两块白铁皮的表面，涂上红色油漆。如果裂缝继续发展，两块白铁皮将逐渐拉开，露出正方形上原被覆盖的没有油漆的部分，其宽度即为裂缝加大的宽度，可用尺子量出。

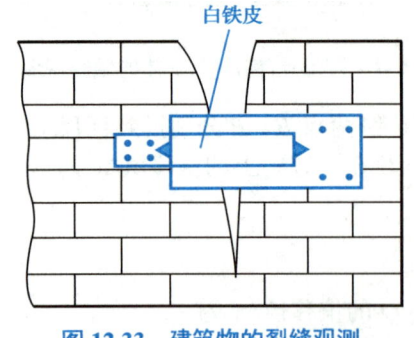

图 12.33　建筑物的裂缝观测

12.4.4　建筑物的位移观测

根据平面控制点测定建筑物的平面位置随时间而移动的大小及方向，称为位移观测。位移观测要先在建筑物附近埋设测量控制点，再在建筑物上设置位移观测点。位移观测的方法有角度前方交会法、基准线法两种。

12.5 竣工总平面图的编绘

12.5.1 编制竣工总平面图的目的

工业与民用建筑工程是根据设计总平面图施工的。在施工过程中，由于种种原因，建(构)筑物竣工后的位置与原设计位置不完全一致，所以，需要编绘竣工总平面图。

编制竣工总平面图的目的：一是全面反映竣工后的现状；二是为以后建(构)筑物的管理、维修、扩建、改建及事故处理提供依据；三是为工程验收提供依据。

竣工总平面图的编绘包括竣工测量和资料编绘两方面内容。

12.5.2 竣工测量

建(构)筑物竣工验收时进行的测量工作称为竣工测量。

每一个单项工程完成后，必须由施工单位进行竣工测量，并提出该工程的竣工测量成果，作为编绘竣工总平面图的依据。

1. 竣工测量的内容

1) 工业厂房及一般建筑物

测定各房角坐标、几何尺寸，各种管线进出口的位置和高程，室内地坪及房角标高，并附注房屋结构层数、面积和竣工时间。

2) 地下管线

测定检修井、转折点、起终点的坐标，井盖、井底、沟槽和管顶等的高程，附注管道及检修井的编号、名称、管径、管材、间距、坡度和流向。

3) 架空管线

测定转折点、结点、交叉点和支点的坐标，支架间距、基础面标高等。

4) 交通线路

测定线路起终点、转折点和交叉点的坐标，路面、人行道、绿化带界线等。

5) 特种构筑物

测定沉淀池的外形和四角坐标，圆形构筑物的中心坐标，基础面标高，构筑物的高度或深度等。

2. 竣工测量的方法与特点

竣工测量的基本方法与地形测量相似，区别在于以下几点。

1) 图根控制点的密度

一般竣工测量图根控制点的密度，要大于地形测量图根控制点的密度。

2) 碎部点的实测

地形测量一般采用视距测量的方法，测定碎部点的平面位置和高程；而竣工测量一般采用经纬仪测角、钢尺量距的极坐标法测定碎部点的平面位置，采用水准仪或经纬仪测定碎部点的高程；也可用全站仪进行测绘。

3) 测量精度

竣工测量的测量精度要高于地形测量的测量精度。地形测量的测量精度要求满足图解精度，而竣工测量的测量精度一般要满足解析精度，应精确至厘米。

4) 测绘内容

竣工测量的内容比地形测量的内容更丰富。竣工测量不仅测地面的地物和地貌，还要测地下各种隐蔽工程，如上、下水及热力管线等。

12.5.3 竣工总平面图的编绘概述

1. 编绘竣工总平面图的依据

(1) 设计总平面图，单位工程平面图，纵、横断面图，施工图及施工说明。

(2) 施工放样成果，施工检查成果及竣工测量成果。

(3) 更改设计的图纸、数据、资料(包括设计变更通知单)。

2. 竣工总平面图的编绘方法

(1) 在图纸上绘制坐标格网。绘制坐标格网的方法、精度要求，与地形测量绘制坐标格网的方法、精度要求相同。

(2) 展绘控制点。坐标格网画好后，将施工控制点按坐标值展绘在图纸上。展点对所临近的方格而言，其容许误差为±0.3mm。

(3) 展绘设计总平面图。根据坐标格网，将设计总平面图的图面内容，按其设计坐标，用铅笔展绘于图纸上，作为底图。

(4) 展绘竣工总平面图。对凡按设计坐标进行定位的工程，应以测量定位资料为依据，按设计坐标(或相对尺寸)和标高展绘。对原设计进行变更的工程，应根据设计变更资料展绘。对凡有竣工测量资料的工程，若竣工测量成果与设计值之比差，不超过所规定的定位容许误差时，按设计值展绘；否则，按竣工测量资料展绘。

3. 竣工总平面图的整饰

(1) 竣工总平面图的符号应与原设计图的符号一致。有关地形图的图例应使用国家地形图图式符号。

(2) 对于厂房，应使用黑色墨线，绘出该工程的竣工位置，并应在图上注明工程名称、坐标、高程及有关说明。

(3) 对于各种地上、地下管线，应用各种不同颜色的墨线，绘出其中心位置，并应在图上注明转折点及井位的坐标、高程及有关说明。

(4) 对于没有进行设计变更的工程，用墨线绘出的竣工位置，与按设计原图用铅笔绘出的设计位置应重合，但其坐标及高程数据与设计值比较可能稍有出入。

随着工程的进展，逐渐在底图上将铅笔线都绘成墨线。

4. 实测竣工总平面图

对于直接在现场指定位置进行施工的工程、以固定地物定位施工的工程及多次变更设计而无法查对原设计图的工程等，只好进行现场实测，这样测绘出的竣工总平面图，称为实测竣工总平面图。

本 章 小 结

本章主要介绍建筑物的定位和放线、基础工程施工测量、墙体施工测量、建筑物的轴线投测、建筑物的高程传递、高层建筑施工测量、厂房柱列轴线和柱基施工测量、厂房预制构件安装测量、建筑物产生变形的原因、变形观测的分类、竣工总平面图的编绘。

建筑物的定位、放线主要是通过对已知距离、角度、高程三项基本数据的测设。而基础工程施工测量、墙体施工测量、建筑物的轴线投测则是介绍了一些测设的方法和使用的仪器及辅助工具。

厂房和烟囱等工业厂房建筑施工测量的方法则更加复杂，对测量精度的要求也更高。厂房控制网是测设厂房施工放样的依据，对厂房控制网的测设严格执行规范的规定。在厂房基础施工测量中，特别注意柱基础中心线的测设和基础标高的控制。在厂房构件安装测量中，要做好各项准备工作，同时在安装完毕后要进行检核。烟囱是细长高耸的建筑物，在测设时一定要注意中心线垂直度的检核，以保证工程质量。

通过本章的学习还要掌握变形测量的基本要求，高程控制与沉降观测方法，建筑物的倾斜观测方法，建筑物的裂缝与位移观测，竣工总平面图的编绘。

思 考 题 与 习 题

简答题

1．民用建筑施工测量包括哪些主要工作？

2．在图 12.34 中，已标出新建建筑物的尺寸，以及新建建筑物与原有建筑物的相对位置尺寸，另外建筑物轴线距外墙皮 240mm，试述测设新建建筑物的方法和步骤。

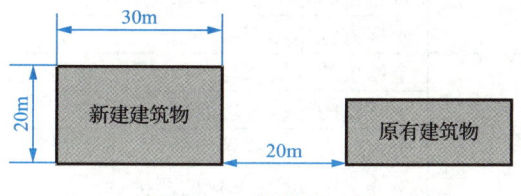

图 12.34　简答题 2 图

3．轴线控制桩和龙门板的作用是什么？如何设置？

4．高层建筑轴线投测的方法有哪两种？

5．工业建筑施工测量包括哪些主要工作？

6．何谓建筑物的沉降观测？在建筑物的沉降观测中，水准基点和沉降观测点的布设要求分别是什么？

AI 伴学内容及提示词

AI 伴学工具：生成式人工智能（GenAI）工具，如 DeepSeek、Kimi、豆包、通义千问、文心一言、ChatGPT 等。

序号	AI 伴学内容	AI 提示词
1	第1章　测量概述	什么是测量学？什么是测定和测设？
2		什么是水准面？什么是大地水准面？
3		绝对高程，相对高程，高差之间的关系
4		测量工作的基本原则有哪些？
5		测量工作包括哪些基本内容？
6	第2章　水准测量	水准测量的原理
7		光学水准仪的构造
8		水准测量的施测方法
9		水准路线有哪些？如何进行成果检核
10		水准测量误差产生的原因？
11		水准仪如何检验和校正
12	第3章　角度测量	水平角和竖直角测量原理
13		光学经纬仪的构造
14		测回法和方向观测法各在什么情况下使用？
15		电子经纬仪的构造
16		角度测量误差产生的原因
17		经纬仪的检验与校正
18	第4章　距离测量与直线定向	距离测量有哪些测量方法？
19		什么是直线定线？如何进行？
20		钢尺量距和视距测量哪个精度更高？为什么？
21		光电测距的原理？
22		直线定向是什么？有哪几种标准方向？
23		坐标方位角如何推算
24	第5章　全站仪及其使用	全站仪的发展历程和我国目前全站仪发展现状
25		全站仪的结构与功能
26		全站仪常规的测量工作
27		中纬 ZT-15R 全站仪的新特点
28		全站仪的日常检验与校正
29	第6章　小地区控制测量	什么是控制测量？
30		控制网有哪些分类？
31		导线测量的外业有哪些？
32		导线的布设形式及内业计算
33		什么是双面尺法？有哪些测量步骤？
34		三角高程测量的公式？

续表

序号	AI 伴学内容	AI 提示词
35	第 7 章 全球导航卫星系统（GNSS）技术	GNSS 的发展历程
36		全球有哪四大卫星导航定位系统？
37		GNSS 的基本定位原理？
38		GNSS 的组成部分？
39		中国北斗的建设历程及运用
40	第 8 章 地形图的基本知识	什么是地形图？
41		什么是比例尺和比例尺精度？
42		了解图名、图号、图廓、结合图表
43		等高线有哪些特性？
44		等高距和等高线平距各是什么？
45	第 9 章 地形图测绘	测图前有哪些准备工作
46		经纬仪测图如何选择碎部点？
47		经纬仪测图一个测站上有哪些工作？
48		如何增补测站点
49		地形图的检查与验收
50	第 10 章 地形图的应用	地形图的识读
51		地形图应用的基本内容
52		如何利用地形图确定点的坐标，高程，两点间距离
53		如何绘制纵断面图
54		地形图在平整场地中的应用
55	第 11 章 施工测量的基本工作	施工测量的内容有哪些？
56		施工测量的特点？
57		如何测设已知水平距离、水平角、高程
58		点位的测设方法有哪些？
59		施工控制网的分类及特点
60	第 12 章 建筑工程施工测量概述	建筑物的定位如何进行？
61		建筑物轴线的投测方法？
62		高层建筑物轴线投测的内控法和外控法
63		建筑物变形观测的主要内容
64		厂房矩形控制网的测设
65		竣工总平面图如何编绘？

参 考 文 献

陈久强，刘文生，2006．土木工程测量[M]．北京：北京大学出版社．
胡伍生，潘庆林，2007．土木工程测量[M]．3版．南京：东南大学出版社．
李青岳，陈永奇，2008．工程测量学[M]．3版．北京：测绘出版社．
张敬伟，2009．建筑工程测量[M]．北京：北京大学出版社．
林乐胜，2010．建筑工程施工测量[M]．北京：中国建筑工业出版社．
顾孝烈，鲍峰，程效军，2011．测量学[M]．4版．上海：同济大学出版社．